Sabine Winkler
Eva-Maria Krämer
Barbara Schöning

Hunde

ALLES, WAS MAN WISSEN MUSS

KOSMOS

> 8 Hundeverhalten

> 58 Auswahl, Haltung und Pflege

Hunde begleiten den Menschen seit vielen Jahrtausenden und haben sich ihm so eng wie kein anderes Tier angeschlossen. Ihre Anpassungsfähigkeit ist erstaunlich: Jeder, der mit einem Hund zusammenlebt, kann von der wortlosen Verständigung berichten. Damit Sie Hunde noch besser verstehen, erfahren Sie in diesem Kapitel, wie der Wolf zum Hund wurde, wie ein Rudel funktioniert und wie Hunde miteinander kommunizieren.

Nun wissen Sie schon allerhand über Hundeverhalten, konnten sich einen Überblick über die Rassen verschaffen und Sie haben sich sicher schon für Ihren Traumhund entschieden. In diesem Kapitel erfahren Sie, wie Sie den passenden Züchter finden und was auf die Shoppingliste gehört, wie Sie Ihren neuen Freund gebührend empfangen, wie Sie ihn gesund ernähren und richtig pflegen.

Er hört aufs Wort, ist immer bei der Sache und folgt seinem Besitzer vertrauensvoll auf Schritt und Tritt. Wer wünscht sich nicht eine solch harmonische Mensch-Hund-Beziehung? Man muss allerdings ein wenig üben, um zum Dream-Team zu werden. In diesem Kapitel wird erklärt, wie Hunde lernen, was sie verstehen und was sie alles können sollten. Auf geht's, denn Erziehung beginnt am ersten Tag und bedeutet nicht nur Arbeit sondern auch jede Menge Spaß.

Inzwischen gibt es ein ausgefeiltes Freizeitangebot für Vierbeiner: Agility für geschickte, Dogdancing für rhythmische, Dummytraining für bringfreudige und Treibball für hütebegeisterte Hunde. „Ist das nötig?", werden Sie sich fragen. Ja, denn Hunde wollen geistig und körperlich ausgelastet werden. Wer keine Lust auf Hundesport hat und lieber zu Hause spielen möchte, findet hier zahlreiche Beschäftigungsideen für Sportliche, Schnüffelprofis und Denkertypen.

Die meisten Hundehalter wünschen sich einen unkomplizierten und pflegeleichten Hund – und viele bekommen ihn auch, wenn sie von Anfang an alles richtig machen. Doch gar nicht selten kommt es vor, dass der Vierbeiner Angst vor Gewitter hat, mit Nachbars Rüden Streit anfängt, Rehe jagt oder einfach nicht allein sein will. Hier erhalten Sie Lösungsansätze, wie Sie Ihr Problem in den Griff bekommen können.

Sie haben das Buch gelesen und möchten noch mehr Informationen? Kein Problem! Im Serviceteil finden Sie weiterführende Literatur zu den Themen Verhalten, Rassen, Haltung, Erziehung, Beschäftigung, Hundeprobleme und Gesundheit, des Weiteren erhalten Sie nützliche Adressen und Links, die weiterhelfen. Wenn Sie schnell etwas nachschlagen möchten, finden Sie die Stichworte im ausführlichen Register.

Dr. med. vet. Barbara Schöning

Dr. med. vet. Barbara Schöning ist Fachtierärztin für Verhaltenskunde und Tierschutz und Mitglied im wissenschaftlichen Beirat des VDH (Verband für das Deutsche Hundewesen). Zudem ist sie Sachverständige für „gefährliche Hunde" in Hamburg. Dort betreibt sie auch zusammen mit einer Kollegin eine Tierarztpraxis und die Hundeschule „Struppi & Co.", in der Hundehalter zu Fragen rund um Welpenentwicklung, Verhalten und Erziehung beraten und bei Problemen unterstützt werden. Ihre Ridgeback-Hündin „Rudi" ist fast 16 Jahre alt geworden und die neuen beiden „Willi" und „Franz" begleiten sie aktuell überall hin.

Eva-Maria Krämer

Eva-Maria Krämer ist eine international geschätzte Hundeexpertin. Ihr besonderes Interesse gilt den vielen verschiedenen Hunderassen, die sie weltweit auf Ausstellungen und bei ihrer ursprünglichen Aufgabe kennenlernt und mit der Kamera einfängt. Sie ist durch zahlreiche Fachbeiträge in Hundefachzeitschriften bekannt. Seit 1977 gibt sie die Zeitschrift Collie Revue heraus.
Nach jahrzehntelanger Colliehaltung lebt sie nun mit den beiden Whippetrüden „Sidi" und „Kedira" zusammen und nimmt mit ihnen aktiv an Ausstellungen und Sport teil.

Sabine Winkler

Sabine Winkler ist als Tochter eines Tierarztes mit Hunden aufgewachsen, hat Biologie mit Schwerpunkt Verhaltensforschung studiert und lebt seit über 30 Jahren mit eigenen Hunden zusammen. Sie leitet in Bielefeld die Hundeschule „aHa – die andere Hundeausbildung", ist als Fachbuchatorin und Referentin für Seminare rund um den Hund tätig und engagiert sich im BHV (Berufsverband der Hundeerzieher/innen und Verhaltensberater/innen e.V.).

Immer mit dabei sind ihre beiden Kurzhaarcollie-Hündinnen „Jamie Lee" und „Indiana".

Dr. med. vet. Barbara Schöning

Hunde begleiten den Menschen seit vielen Jahrtausenden und haben sich ihm so eng wie kein anderes
Tier angeschlossen. Ihre Anpassungsfähigkeit ist
erstaunlich: Jeder, der mit einem Hund zusammenlebt,
kann von der wortlosen Verständigung berichten.
Damit Sie Hunde noch besser verstehen, erfahren Sie
in diesem Kapitel, wie der Wolf zum Hund wurde, wie
ein Rudel funktioniert und wie Hunde miteinander
kommunizieren.

Vom Wolf zum Hund

Um Hundeverhalten im Ganzen verstehen zu können, muss man sich mit der Herkunft der Hunde beschäftigen. Hunde sollten heute nicht mehr als „kleine" oder „kindliche" Wölfe bezeichnet werden, wie es lange Jahre gemacht wurde. Aber sie wurden vor vielen tausend Jahren aus den damaligen Ur-Wölfen domestiziert und zeigen auch heute noch sehr viele Verhaltenselemente und Charaktereigenschaften, die denen von Wölfen entsprechen oder zumindest sehr ähnlich sind.

Domestikation des Wolfes

Hunde sind die ältesten Haustiere des Menschen. Vor 100 000 Jahren scheint der Domestikationsprozess mit einer Mischung aus „Selbstdomestikation" und gezieltem Handeln der prähistorischen Menschen begonnen zu haben. Mit „Selbstdomestikation" wird es bezeichnet, wenn sich wilde Tiere immer enger an menschliche Behausungen annähern und diese schließlich zu einem Bestandteil ihres Lebensraums und Territoriums werden. So wird der Weg für das gezielte Handeln

von Menschen geebnet. Die „Abfallverwerter" ziehen auch ihre Jungen näher an menschlichen Behausungen auf; Menschen finden Welpen und tragen sie in die Siedlungen hinein, wo sie dann aufwachsen – langsam, aber sicher teilten sich Ur-Wolf und Mensch große Bereiche ihres Lebens zum gegenseitigen Nutzen.

Veränderung und Anpassung

Domestikation bedeutet „Haustierwerdung". Angehörige einer Wildtierart werden durch den Menschen gezielt isoliert gehalten und vermehrt. So verändert sich auf Dauer der Genpool der isolierten Tiere. Dies ist weder vergleichbar mit Veränderungen der Gene im Laufe der Evolution noch mit einer Zähmung. Wenn man ein wildes Tier zähmt, wird es sich in seinem Verhalten gegenüber bestimmten Situationen ändern; die „wilden" Gene sind aber nach wie vor vorhanden. In der Evolution laufen Veränderungen langsam und über viele Generationen ab. Sinn ist es, sich an eine verändernde Umwelt optimal anzupassen, um darin zu überleben und sich fortzupflanzen.

Im Rahmen der Domestikation haben sich genetische Eigenschaften von Tieren sehr viel schneller und dramatischer verändert, als dies in der Evolution möglich wäre. Menschen haben gezielt bestimmte Tiere verpaart, weil sie für Menschen nützliche Eigenschaften mitbrachten. Weil sich der Mensch aber zunächst beim Wolf wohl nur auf bestimmte Eigenschaften konzentrierte (z. B. Jagdverhalten oder Territorialverhalten), konnten sich andere genetisch fixierte Eigenschaften als „Quasi-Überraschung" mit verändern. Dies betraf anfangs vor allen Dingen Äußerlichkeiten wie Fellfarbe und -länge, Ohren oder den Schwanz.

Verschiedene Rassen

Als der Mensch vor ca. 15 000 Jahren begann, Hunde gezielt zu verpaaren, stand zunächst der Gebrauchsnutzen im Vordergrund: Hunde waren Jagdhelfer, zogen und trugen Lasten, schützten Herden und menschliche Niederlassungen. Sogenannte „Damenhunde" (Schoßhunde) werden erstmalig in Texten aus dem 13. bis 14. Jahrhundert beschrieben.

Hundezucht im heutigen Rahmen, mit genau definierten phänotypischen Standards (äußerer Erscheinung) und Gebrauchszwecken sowie Zuchtzulassungsprüfungen, gibt es erst seit ca. 150 Jahren. Zurzeit werden weltweit ca. 400 verschiedene Hunderassen unterschieden; 359 davon sind bei der FCI eingetragen (FCI = Weltverband: Federation Cynologique Internationale. Deutscher Dachverband: VDH, Verband für das Deutsche Hundewesen). Für eingetragene Rassen gibt es jeweils einen FCI-Standard, der die Rasse mehr oder weniger genau vom Phänotyp und/oder mit bestimmten Verhaltenscharakteristika beschreibt.

Genetisch aufgeschlüsselt

Obwohl das Hundegenom zum aktuellen Zeitpunkt komplett entschlüsselt ist, gibt es noch keine Möglichkeit, über genetische Marker exakt die Rasse eines einzelnen Hundes zu bestimmen. Für die gesamte Hundepopulation lassen sich vier genetische Cluster (Gruppen) identifizieren, die Rassen mit ähnlichem geografischen Ursprung, ähnlicher Morphologie (Gestalt) und ähnlichem Gebrauchswert bzw. Nutzen für Menschen beinhalten. Einige wenige Rassen asiatischen Ursprungs sammeln sich im 1. Cluster (Shar-Pei, Shiba Inu, Chow Cow, Akita); der 2. Cluster wird durch

Jagdgebrauchshunderasse: Großer Münsterländer bei der Arbeit.

sich bei Bullterriern und Pudeln bestimmte Chromosomen im genetischen Aufbau (=Haplotyp) identisch; bestimmte Gensequenzen des American Staffordshire Terriers zeigen eine größere Ähnlichkeit zu analogen Gensequenzen eines Pudels (analog = gleiche Lage auf gleichem Chromosom) als zu analogen Gensequenzen anderer American Staffordshire Terrier. Bei anderen Rassen (z. B. Golden Retriever, Weimaraner, Hannoveraner Schweißhund) wurden innerhalb der Rassenpopulation unterschiedliche Haplotypen gefunden, die zeigen, dass Hunde dieser Rassen, obwohl äußerlich ähnlich, aus jeweils unterschiedlichen Domestikationslinien stammen müssen.

historisch alte nordische Rassen gebildet (Siberian Husky, Alaskan Malamute) und im 3. findet man afrikanische Rassen (Afghanen, Saluki, Basenji). Fast alle modernen (seit 150 Jahren entwickelten Rassen) bilden dann zusammen den 4. Cluster. Innerhalb eines Clusters sind einzelne Rassen aufgrund ihrer großen genetischen Variabilität nicht mit absoluter Sicherheit gegeneinander abzugrenzen. Z.B. zeigen

Hund und Mensch: Zucht und Anpassung

Hunde haben sich in ihrer Entwicklung vom Wolf an das Leben mit Menschen angepasst. Dabei sind einige Verhaltensmuster von Wölfen in den Hintergrund getreten und andere haben sich selektiv stark entwickelt.

Hofhunde hatten neben der Wachfunktion oft auch die Aufgabe, Lasten zu ziehen.

Die Elemente des Hüteverhaltens kommen ursprünglich aus dem Jagdverhalten.

Man kann Hunde heute fast als eigene Spezies betrachten – mit Verhaltenselementen, die denen von wilden Wölfen zwar recht ähnlich sind, aber eben nur fast. Es gibt im Verhaltensrepertoire der Hunde eigene Elemente, die wir so nicht beim Wolf finden, weil sie sich speziell im Zusammenleben mit dem Mensch entwickelt haben. Ein schönes Beispiel ist das „Lächeln". Die Lefzen hochzuziehen und die Zähne zu zeigen, eventuell noch mit leicht geöffnetem Maul, ist eigentlich ein Drohsignal unter Wölfen oder Hunden. Viele Hunde lernen jedoch, gerade Menschen mit hochgezogenen Lefzen zur Begrüßung „anzulächeln". Es ist keine Drohgeste; häufig zeigen sie dazu noch körperliche Merkmale der aktiven Demut. Es ist tatsächlich eine freundliche, nur dem Menschen vorbehaltene Begrüßung.

Auch die Tatsache, dass Hunde intensiver und variationsreicher bellen als Wölfe, ist ein Ausdruck der Anpassung an das Leben mit dem Menschen. Wölfe (und Hunde untereinander) kommunizieren im sozialen Miteinander schwerpunktmäßig über ihr optisches Ausdrucksverhalten.

Menschen sind auf diesem Gebiet nicht so begabt wie Hunde. Die Wölfe/Hunde, die ihr Ausdrucksverhalten variationsreich mit Geräuschen unterstützen konnten, hatten so eine größere Chance, bestimmte wichtige Dinge zu erreichen (Nahrung, Sozialkontakt etc.). Sicherlich hat der Mensch auch selektiv in bestimmten Bereichen „laute" Hunde bevorzugt verpaart. Ein nicht-bellender Wachhund macht herzlich wenig Sinn …

Zusammenarbeit zwischen Mensch und Hund

Die intensive Zusammenarbeit von Angehörigen verschiedener Arten, wie sie zwischen Hunden und Menschen besteht, ist im Tierreich einmalig. Hunde können menschliche Signale (Handzeichen etc.) sehr viel besser deuten als Schimpansen. Gezähmte und an Menschen gut sozialisierte Wölfe erreichten nicht das hohe Niveau der Zusammenarbeit mit Menschen, wie es bei Hunden jeder Rasse möglich ist.

Emotion und Motivation

Warum zeigen verschiedene Hunde in bestimmten Situationen individuell unterschiedliche Verhaltensweisen? Was motiviert sie dazu, muss man sie im Training motivieren und warum ist Angstbereitschaft erblich? Wer mit Hunden erfolgreich arbeiten will, muss sich mit dem Thema „Emotion und Motivation" auseinandersetzen.

Emotionen entstehen im limbischen System

Emotionen und Motivationszustände werden im Gehirn gebildet. Wie dies geschieht, ist mittlerweile gut erforscht. Bestimmte Bereiche im Gehirn, die zusammen das sogenannte limbische System bilden, sind dafür zuständig. Ohne Emotionen und die von ihnen ausgelösten Motivationszustände erfolgt kein Verhalten und auch kein Lernen.

Bedürfnis nach Selbsterhalt
Das wichtigste Bedürfnis ist der Selbsterhalt durch Ernährung und Schutz der körperlichen Unversehrtheit. Der Anblick eines Feindes löst

die Emotion Angst aus – und der Hund kann drohen oder flüchten. Der Anblick eines guten Freundes kann so etwas wie „Freude" auslösen – und der Hund nähert sich an und kann aktive Demut zur Begrüßung zeigen. Je nach Situation und Emotion wird das entsprechend optimale Verhalten gezeigt. Ob ein Hund das

> ### › Emotionen
>
> Emotionen sind psycho-physiologische Prozesse. Als Reaktion auf bestimmte äußere und innere Signale kommt es zur Aktivierung bestimmter physiologischer Prozesse im Gehirn und im Körper. Zum Beispiel kann die physiologische Stressreaktion aktiviert werden und es werden ganz bestimmte Gehirnbereiche erregt, die bestimmte positive oder negative Wahrnehmungen im Hund erzeugen. Damit kommt es zu einer Bewertung einer Situation oder eines Signals als negativ („Davor sollte man lieber weglaufen") oder positiv („Dafür lohnt es sich zu arbeiten"). Emotionen sind die Vermittler zwischen den Bedürfnissen eines Lebewesens und seinem Verhalten.

gleiche subjektive Gefühlserleben hat wie ein Mensch (Liebe, Trauer, Wut oder Glück etc.), wird z. zt. intensiv diskutiert. Es gibt aber durchaus Hinweise, dass dem so ist.

> Motivation

Der Begriff „Motivation" bezeichnet den aktuellen Zustand eines Lebewesens, der die Richtung und Energetisierung von Verhalten beeinflusst. Mit Richtung ist hierbei besonders „Ausrichtung auf ein Ziel" gemeint; Energetisierung meint die Aktivierung bestimmter Gehirnbereiche und darüber die Kanalisierung der Aktivität, sodass am Ende ein komplexes Verhalten (zum Beispiel Reißen der Beute) steht.

Sinn und Zweck von Motivation

Alles Verhalten eines Tieres ist darauf ausgelegt, das grundlegendste Bedürfnis überhaupt zu befriedigen: Am Leben zu bleiben, um die eigenen Gene in die nächste Generation zu bringen. Das klingt sehr egoistisch und banal – doch so ist die Natur. Genau dieses Hauptbedürfnis hat sich durch Millionen von Jahren in der Evolution als äußerst stabiler Hauptmotor für Entwicklungsprozesse erwiesen. Die verschiedenen Tierarten haben sich in ihren jeweiligen ökologischen Nischen entwickelt, weil nur diejenigen Tiere überlebten, die mit ihren Verhaltensmustern die Nische so perfekt nutzen konnten, dass dieses Grundbedürfnis optimal befriedigt wurde. Deshalb ist in den Genen aller Tiere, auch der Haustiere, dieser Egoismus „Mir muss es gut gehen und meine Gene sollen weiterkommen" fest verankert. Grundsätzlich ist das nichts Negatives. Menschen können Hunde zum Beispiel nur trainieren, weil dieser biologische Egoismus vorhanden ist. Es dient direkt der Optimierung der biologischen Fitness.

Biologische Fitness

Ein Tier mit einer hohen biologischen Fitness hat es geschafft, viele Nachkommen zu zeugen und auch dafür zu sorgen, dass diese selbst wieder bis in das fortpflanzungsfähige Alter hinein überleben. Nachkommen zu zeugen und großzuziehen kostet Energie. Es ist in der Natur nicht möglich, dass alle Individuen einer Art gleichzeitig ihre biologische Fitness hochhalten können; dafür stellt die Erde nicht genug Energie und Ressourcen bereit und so haben die verschiedenen Tierarten unterschiedliche Formen der „Geburtenkontrolle" entwickelt.

Altruismus

Bei Wölfen können Rudelmitglieder komplett auf Nachwuchs zugunsten einer einzigen Fähe verzichten. Alle helfen bei der Aufzucht ihrer Nachkommen – und diese vermeintliche Selbstlosigkeit der welpenlosen Wölfe ist im Grunde nichts anderes als ein versteckter Egoismus: Im Wolfsrudel sind alle miteinander verwandt. Wenn jeder im Rudel eigene Nachkommen aufziehen möchte, ist die Chance gering, dass alle überleben.

> Ressourcen

Ressourcen sind die Dinge, die zum Leben und Überleben nötig sind. Beim Hund sind dies: Futter, Wasser, Territorium, Sozialpartner und Sozialkontakt, eigene körperliche Unversehrtheit, die Möglichkeit Jagdverhalten zu zeigen, Fortpflanzungspartner, der eigene Status.
Alles gezeigte Verhalten dient immer dem Zweck, Ressourcen zu halten oder zu gewinnen. Ganz grundsätzlich geht es um Bedarfsdeckung und Schadensvermeidung auf dem Weg zum Ziel „Fortpflanzung". Banal kann man auch sagen: Alles gezeigte Verhalten dient immer dem einen Zweck, den eigenen Zustand zu optimieren.

Im Wolfsrudel sind auch Onkel und Tanten bei der Aufzucht der Jungen beteiligt.

Wenn eine Tante bei der Aufzucht ihrer Nichten und Neffen hilft, verhilft sie 12,5 % bis 25 % ihrer eigenen Gene in die nächste Generation. Wenn sie darauf besteht, eigene Nachkommen zu haben, kann es natürlich bedeuten, dass 50% ihrer Gene weiter bestehen – mit großer Wahrscheinlichkeit sind es aber nur 0 %, wenn die Umweltbedingungen nicht so gut sind, dass zwei Würfe gleichzeitig im Rudel überleben können.

Optimierung der Fitness

Es geht immer darum, den eigenen Zustand zu optimieren – dies gilt auch für das Training: Der Hund lernt nicht, um uns zu gefallen. Das, was früher als „will to please" bezeichnet wurde, existiert nicht in der biologischen Realität. Wenn wir Hunde trainieren, nutzen wir den Punkt, dass es ihnen um die Optimierung des eigenen Zustands geht. Wir setzen positive Verstärker (Belohnungen) und negative Verstärker (Strafen) ein, um das Hundeverhalten in bestimmte Richtungen zu beeinflussen. Weitere Informationen hierzu finden Sie im Erziehungskapitel.

> Bedeutung von Belohnungen

Eine Belohnung bedeutet sehr vereinfacht:

> Ressource gewonnen oder gehalten

> Erfolg: Biologische Fitness größer oder zumindest nicht kleiner geworden

> Fazit: Das Verhalten, das mir die Belohnung einbrachte, zeige ich öfter.

Eine Strafe bedeutet sehr vereinfacht:

> Ressource verloren oder nicht gewonnen

> Misserfolg: Biologische Fitness verringert/ bedroht

> Fazit: Das Verhalten, welches mir die Strafe einbrachte, zeige ich nicht mehr.

Das Aufhören/Verweigern einer Belohnung hat wiederum „Strafcharakter"; das Aufhören einer Strafe hat „Belohnungscharakter".

Der Hund als soziales Lebewesen

Typisch für soziale Tierarten ist, dass sie in der Evolution ganz spezifische Formen der Kommunikation etabliert haben, z.B. das Zeigen von Dominanz- und Unterwerfungsgesten, durch die offensiv ausgetragene Konflikte vermieden werden.

Hierarchie in der Gruppe

Der Konflikt um Ressourcen in einer Gruppe ist allgegenwärtig – wenn man aber jeden Tag aufs Neue über Ressourcen streiten müsste, hätte man wenig Zeit und Kraft für die wichtigen Dinge des Lebens: sich vor Feinden zu schützen, Nahrung zu finden und sich fortzupflanzen. Hierarchische Systeme, in denen die Gruppenmitglieder einen bestimmten Status zueinander haben, bieten hier Vorteile.

Ein etablierter Statusunterschied zwischen zwei Individuen regelt die Zugriffsrechte auf Ressourcen. Zu nichts anderem ist er da. Es stellt in der Natur keinen Selbstzweck dar, einen hohen Status zu haben; ein hoher Status bedeutet auch nicht, dass man andere Gruppenmitglieder permanent durch aggressives Verhalten zwingt, einem zu folgen, oder dass man bestimmte Ressourcen immer wieder mit Gewalt verteidigt. Aggressives Verhalten ist natürlich eine Möglichkeit, Ressourcen zu gewinnen und zu halten. Der Sinn des strukturierten Gruppenlebens liegt aber gerade darin, auf das regelmäßige Zeigen von offensiver Aggression zu verzichten.

Ausdrucksverhalten zur Konfliktvermeidung

In der Evolution haben sich bestimmte Elemente im Ausdrucksverhalten entwickelt, mit denen das Statusverhältnis zu einem anderen Individuuem erfragt und gezeigt werden kann

> **> Dominanz und Subdominanz**
>
> Die Begriffe Dominanz und Subdominanz charakterisieren ein Verhältnis zwischen zwei Individuen (allein ist niemand dominant!), welches sich im Laufe von wiederholten Kontakten etabliert hat.

(ranganmaßendes Verhalten wie zum Beispiel Imponierverhalten) oder mit denen Subdominanz signalisiert werden kann (ranggebendes Verhalten, zum Beispiel Demutsgesten). Dabei sind Dominanz oder Subdominanz keine angeborenen Eigenschaften wie die Fellfarbe oder die Beinlänge.

Statusverhältnisse

Damit ein Hund zu einem anderen ein Statusverhältnis entwickeln kann, müssen sich beide auf einer sozialen Ebene zumindest ein wenig kennengelernt haben. Beide müssen sich über das Interesse an und die Zugriffrechte auf bestimmte Ressourcen „unterhalten" haben und einer der beiden Partner muss das Ressourcen fordernde Verhalten des anderen durch passende Demutssignale (ranggebendes Verhalten) akzeptiert haben. Dann erst spricht man von einem Statusverhältnis.

In der Diskussion ist aktuell, ob Hunde Menschen gegenüber analoge Verhaltensmuster zeigen bzw. ob sich zwischen Mensch und Hund analoge Statusverhältnisse etablieren wie unter Hunden. Gerade in diesem Bereich wird zur Zeit intensiv geforscht und ein eindeutiges Ergebnis liegt noch nicht vor.

> ### Genetisch verankert

Das Bedürfnis unserer Hunde nach einem Leben in einer sozialen Gruppe ist genetisch verankert, genauso wie die Fähigkeit, die einzelnen Formen und Elemente des Sozialverhaltens, der Kommunikation etc. zu zeigen. Wann, wo und wie nun einzelne Elemente dieses Verhaltens (z. B. Drohverhalten, Submission, Angriff) gezeigt werden und was diese Elemente bei anderen Mitgliedern der Gruppe zu bedeuten haben, wird in der Sozialisationsphase gelernt.

Soziale Struktur von Hundegruppen

Die hierarchische Struktur von Hundegruppen ist kompliziert: Tier A hat einen bestimmten Status gegenüber Tier B und einen bestimmten Status jeweils gegenüber Tier C und Tier D. Tier B hat wieder individuelle Rangbeziehungen jeweils zu A, C oder D. Dabei muss aber nicht unbedingt eine lineare Rangfolge herauskommen wie: „Wenn A > B, und B > C, und C > D, dann auch B > D." Es könnte nämlich sein, dass B gegenüber C und D je den gleichen Status hat, unabhängig davon, wie C und D sich untereinander einigen. Es kommt zu zeit- und situationsabhängigen Statusverhältnissen, die sich, wenn nötig, im Zehnminutentakt über den Tag ändern – und situationsabhängig auch durchaus umkehren können. Situationsabhängig bedeutet z. B. auch, dass zwischen A und B eine unterschiedliche Statusbeziehung herrscht, je nachdem, ob C oder D anwesend sind oder nicht. Wenn man dann eine Gruppe von Hunden beobachtet, lässt sich so aus der Summe aller beobachteten einzelnen Zweierbeziehungen in einem bestimmten Zeitraum (z. B. 24 Stunden) eine Übersicht über die hierarchische Struktur der ganzen Gruppe gewinnen. Man kann dann sagen: „Der alte Schäferhund in der Gruppe ist bei 85 % all seiner Zweierbeziehungen der dominante (= der im Status höhere), und der etwas jüngere Labrador ist es nur bei 65 % all seiner Zweierbeziehungen – also ist der Schäferhund aus der Summe aller Zweierbeziehungen heraus in der Hierarchiestruktur über dem Labrador."

Dies bedeutet aber nach heutigem Wissensstand auch, dass man Situationen sehen wird, wo der Schäferhund durchaus als submissiver Partner hervorgeht, trotz seiner insgesamt hohen sozialen Stellung.

Der linke Hund droht mit leichter Unsicherheit (Blick fixiert nicht, Züngeln), der rechte meidet angespannt.

Status zeigen und Statusverhältnisse etablieren

Ein verlässliches Wissen um das Verhältnis zu den Sozialpartnern, deren Fähigkeiten und Bedürfnisse ist wichtig für jeden Hund. Weil es um die Erhöhung der biologischen Fitness geht, ist es für ein potenzielles Elterntier sinnvoll, sich einen „guten" Partner zu suchen (guter Partner = Sozial sehr kompetenter Partner und guter Jäger). Wer es aufgrund von sozialer Kompetenz und Kompetenz beim Jagen schafft, innerhalb seiner sozialen Gruppe eine hohe soziale Stellung einzunehmen, gibt diese Fähigkeiten auch anteilig an seine Nachkommen weiter. „Fähigkeiten" wie Muskelstärke und Bereitschaft zum Beißen spielen dabei eher eine zweitrangige Rolle.

Kosten-Nutzen-Rechnung

Letztendlich gelten für das Etablieren und Halten von Statusbeziehungen Kosten-Nutzen-Rechnungen! Im Sekundenbruchteil wird im Gehirn berechnet, ob sich ein bestimmtes Verhalten im Hinblick auf die biologische Fitness lohnt: Was kostet es (Energie, Gefahrenpotenzial) und was bringt es ein? Es macht z. B. für ein im Status hohes Tier keinen Sinn, immer und ewig seine Position herauszukehren. Sich aufzubauschen ist nutzlos und Energieverschwendung, wenn keiner hinguckt. Aber auch ein Aufbauschen, jedes Mal wenn einer hinguckt, stellt eine Energieverschwendung dar. Statuszeigendes Verhalten wird nur dort gezeigt, wo es nötig ist – und wo der Nutzen des rangzeigenden Verhaltens die Kosten

Passive Demut vor einem etwas schlecht gelaunten Rudelgenossen (siehe angespannte Maulspalte).

deutlich übersteigt. Darum vermeiden gut sozialisierte Hunde tendenziell eher einen offensiven Konflikt und zeigen im Verhältnis auch deutlich weniger Aggressionsverhalten.

Sicherheit und Unsicherheit

Unsichere Hunde zeigen häufiger auffälliges Verhalten als sichere Tiere. Im Status hohe und sichere Tiere zeigen im Verhältnis z.B. eher weniger rangzeigendes Verhalten – sie haben es aufgrund ihrer Souveränität nicht nötig. Diskutieren kann man natürlich darüber, ob nicht ein souveränes Auftreten als solches schon eine Art von rangzeigendem Verhalten ist.

Unsichere Tiere haben genauso Interesse an Ressourcen (um ihre biologische Fitness zu erhöhen) wie sichere. Und deshalb machen sie in der Regel ihren Anspruch umso massiver deutlich, z. B. wenn sie meinen, jetzt einen bestimmten Knochen unbedingt fressen zu müssen. Der Hund, der ein Familienmitglied anknurrt, das nach seiner Futterschüssel langt, muss also nicht unbedingt seinen Anspruch auf eine grundsätzlich hohe Statusposition innerhalb des „Familienrudels" deutlich machen – vielleicht hat er nur Angst vor dem Verlust dieser einen, ihm gehörenden Ressource. Je unsicherer er vom Grundcharakter ist, desto deutlicher wird er diese Angst zeigen

und desto höher wäre auch die Bereitschaft, nötigenfalls bis zum Äußersten zu gehen. Ein Charakterattribut wie „sicher" oder „unsicher" ist nicht gleichbedeutend mit „hoher Status" bzw. „niedriger Status". Man kann also nicht sagen, dass ein im Status hohes Tier automatisch auch ein sicheres Tier ist und umgekehrt. Gerade im Zusammenleben mit dem Menschen, der die Hundesprache nicht perfekt beherrscht, kommt es häufiger vor, dass Unsicherheit nicht deutlich genug wahrgenommen wird. Hier ist das Risiko von aggressiven Verhaltensweisen zur Sicherung von Ressourcen auch größer. Unsichere Hunde drohen und beißen in der Regel schneller als sichere. Wer viel hat, hat viel zu verlieren. Ein sicherer Charakter weiß, was er kann und welchen Status er hat – er muss nicht permanent schreien, um es auch allen anderen zu sagen. Der Unsichere ist derjenige, der schnell laut wird – und dafür gibt es im Tierreich nicht nur bei Wölfen und Hunden viele Beispiele.

Hund und Mensch als soziale Gruppe

Das Hauptattribut des im Status höheren Tieres ist (sehr vermenschlicht) sein Recht, in Bezug auf Ressourcen zu tun und zu lassen, was es will. Je nach Situation hat dieses Tier mehr Rechte auf Ressourcen und kontrolliert gegebenenfalls den Zugang anderer. Das im Status höhere Tier ist dasjenige Individuum, das soziale Interaktionen initiiert und/oder beendet und das insgesamt viel an sozialem Miteinander innerhalb der Gruppe aktiv steuert.

Gerade auf der Ebene des Schmusens oder des Abholens von kurzen Streicheleinheiten oder Aufmerksamkeit spielen sich auch zwischen Mensch und Hund die Hauptszenarien ab. Der Hund, der sich an seinen Besitzer drückt und zum Streicheln auffordert, sendet auch eine kurze Information: „Ich will das jetzt und ich weiß, dass es mir zusteht." Der Mensch, der die Aufforderung zum Streicheln befolgt, sagt: „Ja es steht dir zu!", und damit auch: „Ich erkenne deinen momentanen Status an."

Dies soll nicht heißen, dass man Hunde nicht mehr streicheln soll. Im Gegenteil: Es handelt sich um soziale Tiere und sie brauchen regelmäßig und oft Sozialkontakt am Tag. Es ist aber wichtig, diesen sozialen Aspekt dabei zu beachten.

Druck erzeugt Gegendruck

Viele Menschen denken nach wie vor, dass sie sich ihrem Hund gegenüber als Chef beweisen, wenn sie ihn ausschimpfen, körperlich züchtigen oder zu etwas zwingen. Ausschimp-
fen und die Züchtigung sind aus der Sicht des Hundes aggressive Handlungen. Bereits vorhandene Konfliktsituationen können gerade dann gefährlich eskalieren, wenn Menschen anfangen, den „strafenden Chef" herauszukehren. Wenn Sie dem Hund vorleben, dass Aggression anscheinend das Mittel der Wahl ist, um Konflikte innerhalb der Gruppe zu lösen, wird er es Ihnen mehr und mehr nachtun. Druck erzeugt Gegendruck – dieses simple physikalische Gesetz gilt auch hier. Dazu kommt, dass der Mensch durch eine aggressive Gegenreaktion häufig mehr Unsicherheit ausstrahlt als alles andere. Das Ziel, sich dem Hund als souveräner Sozialpartner zu präsentieren, wird durch Schimpfen, Zerren, Rucken, Schütteln oder sonst etwas, nicht erreicht. Außerdem erhöhen solche ineffektiven Maßnahmen noch zusätzlich den Stresslevel des Hundes mit allen negativen Konsequenzen (z. B. Reduktion des Lernvermögens).

Entspannte und freundliche Aufmerksamkeit bei Hund und Mensch: ein tolles Team.

Status zwischen Hunden und Kindern

Die meisten Eltern wollen, dass der Hund im Status unter den Kindern steht – und den wenigsten ist klar, dass dies erst der Fall sein kann, wenn das oder die Kinder die Pubertät erreicht haben. Vorher wird ein erwachsener Hund immer Statusbeziehungen etablieren, in denen er über den Kindern steht. Eine Statusbeziehung ist immer etwas, was aktiv zwischen zwei Individuen herausgebildet wird und Kinder bis zu einem bestimmten Alter können dabei einfach noch nicht aktiv mitarbeiten. Der Nachwuchs hat üblicherweise eine niedrige Position in der Gesamthierarchie der Familie. Dies liegt unter anderem an den sich erst entwickelnden kommunikativen Fähigkeiten. Ein weiterer Grund mag der sein, dass junge Hunde bis zum Einsetzen der Geschlechtsreife und der sozialen Reife keine große Konkurrenz für ältere Tiere darstellen und so nicht besonders aktiv in die Struktur der Gruppe integriert sind; dabei genießen sie natürlich den Schutz der Gruppe. So bekommen Welpen – und kleinere Kinder – manchmal Narrenfreiheit von den „Großen" zugestanden. Aber der Nachwuchs bekommt auch seine Warnungen, wenn er die Nase zu weit vorstreckt. Diese Warnungen gehen von subtilen Signalen (Imponieren) bis zu tatsächlichen Drohungen und offensiven Handlungen (Schnappen). Wenn Erwachsene schon Signale von Hunden falsch interpretieren oder übersehen, dann sind Kinder noch stärker gefährdet. Nicht umsonst stellen Kinder bis 15 Jahre die größte Gruppe, wenn Hunde Familienmitglieder beißen.

Hunde tun Kindern gut – aber solche engen Situationen müssen gut überwacht werden, damit die Freundschaft ungetrübt bleibt.

> Unter Aufsicht

Eltern sollten Kinder und Hunde nie unbeaufsichtigt lassen – zumal Kinder von sich aus auch ihre Späße mit Tieren treiben können.

Keine Zuweisung von Statuspositionen möglich

Eltern können Kindern keine Statusposition gegenüber dem Hund zuweisen. Solche Modelle sind von der Natur nicht vorgesehen. Einen Hund interessiert es wenig, wie sich die menschlichen Gruppenmitglieder sortieren, solange es ihm gutgeht und sich die anderen nicht permanent Ernstkämpfe liefern und damit das Überleben des gesamten Rudels gefährden. Eltern können das Verhalten des Hundes gegenüber Kindern steuern/beeinflussen, solange alle in einem Raum sind. Dies hat aber keine Auswirkungen in die Zukunft. Sind die Eltern abwesend, werden die Karten aus der Sicht des Hundes neu gemischt. Gerade das Hundelager ist ein konfliktträchtiger Ort und Kinder sollten lernen, Abstand zu halten.

Angst und Aggression

Angst und Aggression gehören zusammen: Aggressionsverhalten ist eine Komponente aus dem Sozialverhalten und fast alle aggressiven Handlungen eines Hundes geschehen aus Angst heraus. Aggression wird nicht als Selbstzweck oder aus Spaß heraus gezeigt. Aggressives Verhalten kostet Energie; es wird (als Normalverhalten) nur dort gezeigt, wo der Hund mit weniger kostenintensiven Verhaltenselementen nicht das gewünschte Ziel erreicht. Dort wo aggressives Verhalten wirklich ohne erkennbare Ursache/Auslöser auftritt, spricht man von einem gestörten Verhalten. Diese Fälle sind zum Glück eher selten. In den allermeisten Fällen, in denen Hunde mit aggressivem Verhalten auffallen, wird Normalverhalten gezeigt – zum falschen Zeitpunkt oder am falschen Ort/Objekt.

Angst als emotionaler Schlüssel

Die Emotion Angst ist der Schlüssel, um nötige Verhaltensmuster zu starten, damit die biologische Fitness hoch bleibt und um Ressourcen gewinnen oder halten zu können. Nur wer sich hin und wieder durch jemanden/etwas bedroht fühlt, wird aktiv werden, um die Bedrohung zu eliminieren oder ihr zu entfliehen. Wer dagegen niemals Angst empfindet (oder nur sehr selten), hat kaum eine Chance diese „angstfreien" Gene zu vererben. Im Gegenteil: Die Chance ist sehr groß, dass der Träger dieser angstfreien Gene über kurz oder lang an einen stärkeren Gegner gerät und getötet wird. Auf der anderen Seite ist ein Zuviel an Angst auch nicht gut. Wer vor allem und jedem Angst hat, wird seinen Zustand auf Dauer auch nicht optimieren. Permanent auf der Hut zu sein bedeutet, in einem chronischen Stresszustand zu sein. Chronischer Stress hat bei Tieren die gleichen körperlichen und psychischen Folgen wie bei Menschen und kann auf Dauer zum Tode führen. Es kommt also auf ein ausgewogenes Verhältnis zwischen dem Empfinden von Angst und Wohlbefinden an.

Prägung und Sozialisation

In der Evolution haben sich Mechanismen entwickelt, wie dieses ausgewogene Verhältnis möglichst oft garantiert werden kann. Für Wirbeltiere spielen dabei Gewöhnungs-, Prägungs- und/oder Sozialisierungsprozesse in der Jugendphase eine ganz wichtige Rolle. Die Umweltbedingungen, die man als Jungtier kennenlernt, sind in der Regel dieselben, in denen man den Rest seines Lebens verbringt. Dies gilt nicht nur für Örtlichkeiten oder klimatische Verhältnisse.

Der Collie hat dem kleinen Dalmatiner den Futterbeutel abgenommen und verteidigt ihn mit Drohverhalten.

Eine gute Sozialisation mit Hunden verschiedenster Rassen ermöglicht später eine subtile Kommunikation.

Man lernt als Jungtier auch die belebte Umwelt kennen, um später unterscheiden zu können, wer Familie, Freund oder Feind ist.

Natürlich ist es für einen Welpen nicht möglich, über „Versuch und Irrtum" jeden möglichen Feind kennenzulernen, um in Zukunft zu wissen, vor wem man weglaufen sollte. Hier wäre der erste Irrtum vermutlich auch der letzte. Der Welpe kann aber in relativ kurzer Zeit sicher lernen, wer auf alle Fälle ungefährlich ist: die eigenen Sozialpartner, die Gruppe, in die man hineingeboren wurde. Zusammen mit dem Punkt, dass angeborenerweise bei allen Tieren eine Angst vor Neuem/ Unbekanntem vorhanden ist, sichert dieses Lernen das Überleben. „Neu" ist dann unter Umständen der Staubsauger oder der Hund mit den vielen Falten, dem der Junghund zum ersten Mal mit fünf Monaten begegnet – und folgerichtig wird er Angst empfinden, eventuell weglaufen oder Drohverhalten zeigen.

Das Fight-Flight-System

In der Evolution hat sich ein System zur Optimierung des eigenen Zustands und zum Erhalt der biologischen Fitness bei Gefahr entwickelt: das „Fight-Flight-System" (Kampf-

> ### > Bedrohung ausschalten
>
> Aggressives Verhalten und das gesamte weitere agonistische Verhalten (Flucht, Deeskalationsverhalten im weitesten Sinne) zielt darauf ab, eine räumliche und/oder zeitliche Distanz zu einer Bedrohung/einem Konflikt herzustellen und darüber den eigenen Zustand zu optimieren.

Flucht-System). Dies bedeutet, dass grundsätzlich zwei gegensätzliche Strategien bestehen, um einer Gefahr zu begegnen:

Man kann vor einer Bedrohung/Gefahr fliehen oder man bleibt vor Ort und versucht, die Bedrohung durch aktives Verhalten (Aggression) auszuschalten. Welche dieser zwei Strategien in einer Gefahrsituation aktiviert wird, hängt von diversen Faktoren ab, z. B. vom Hund selbst (Alter, Geschlecht, Gesundheit und körperlicher Zustand, Kampferfahrung, soziale Kompetenz) oder von der Gefahr (wie stark ist sie und wie massiv ist die ausgelöste Angst, wie stark werden welche Ressourcen bedroht).

Neben Angriff oder Flucht haben sich bei einigen Tierarten noch zwei weitere Strategien entwickelt:

Man kann sich z. B. bei Gefahr klein und unauffällig machen und hoffen, dass der Feind an einem vorbeiläuft und einen nicht bemerkt oder für tot hält. Gerade soziale Tierarten wie Wölfe können (als vierte Möglichkeit) mit dem Kontrahenten in soziale Kommunikation treten und versuchen, ihn zu beschwichtigen beziehungsweise den Konflikt zu entschärfen. Diese Verhaltensstrategie wird vornehmlich gegenüber Mitgliedern der eigenen Art gezeigt.

Die 4 Fs

Aus der Englischen Sprache heraus werden diese vier groben Strategien als die „4 Fs" bezeichnet. Wenn man Angst vor irgendetwas oder durch irgendwen hat, kann man:

1. Fliehen und hoffen, dass der andere weniger schnell ist (englisch: Flight)
2. Erstarren und hoffen, dass der andere einen nicht mehr registriert (englisch: Freeze)
3. Angreifen und hoffen, dass der andere weniger stark ist (englisch: Fight)
4. Versuchen, mit dem anderen zu kommunizieren und zu erreichen, dass man sich ohne Kampf einigen kann (englisch: Flirt).

Fließende Übergänge

Diese Strategien sind aber nur grobe Richtungen und keine fixen Vorgaben im Sinne von „entweder ... oder". Ein Hund, welcher im Anblick einer Bedrohung zunächst die Konfliktentschärfung über Deeskalations- und Demutsgesten sucht, kann ohne Weiteres nach einer kurzen Zeit auf Flucht oder offensive Aggression umschwenken, wenn er merkt, dass „Flirt" ihm nicht den gewünschten Erfolg in dieser Situation bringt. Und er kann auch mehrmals zwischen allen Varianten hin und her wechseln, wenn er meint, dass es ihm in der entsprechenden Situation nützt.

Erfahrungen sammeln

Auf Dauer wird ein Hund Lernerfahrungen sammeln, welche Strategien in bestimmten Situationen erfolgreicher sind als andere. In Zukunft wird der Hund in sich wiederholenden Konfliktsituationen mehr oder weniger regelmäßig einer bestimmten Handlungsvariante den Vorzug geben, bevor er andere ausprobiert. Auch hier greift die Regel: Verhalten muss sich lohnen im Hinblick auf die biologische Fitness.

Begegnungen an der Leine können schneller eskalieren, weil die Bewegungsmöglichkeiten eingeschränkt sind.

Wenn ein Hund merkt, dass er mit Drohfixieren jedes Problem mit einem anderen Hund lösen kann, wird er auf dieser Stufe in der Eskalationsschraube stehen bleiben. Wenn er merkt, dass auf das Drohfixieren nicht reagiert wird und sein Knurren gegen den anderen Hund nur zur Folge hat, dass der Mensch von hinten plötzlich auch noch aggressiv wird (schimpfen, Leinenruck etc.), wird er in Zukunft bei jedem unbekannten Hund gleich mit Schnappen oder Beißen nach vorne springen, bevor sich der Nebenkriegsschauplatz von hinten aufbaut.

Angeboren oder erlernt?

Gerade beim Aggressionsverhalten wird intensiv diskutiert, wie viel angeboren und wie viel davon erlernt ist. Diese Frage lässt sich mangels gesicherter und statistisch aussagekräftiger Daten (noch) nicht beantworten. Es gibt mittlerweile diverse wissenschaftliche Arbeiten, die sich mit dem Aggressionsverhalten von Hunden unter verschiedenen Aspekten beschäftigt haben. Für bestimmte Rassen sind Zuchtlinien beschrieben, in denen das sogenannte „Wutsyndrom" vermehrt auftritt. Solche Hunde haben eine niedrige Frustrationstoleranz und reagieren in bestimmten Situationen schnell mit offensivem Aggressionsverhalten. Beschrieben wurde das Wutsyndrom z. B. für Berner Sennenhunde, Golden Retriever, Rote Cockerspaniel oder Westhighland White Terrier.

Wenn man sich die eben genannten Rassen anschaut, fällt auf, dass fast alle kürzlich Modehunde waren oder noch sind. Modehund zu sein bedeutet, dass von dieser Rasse viele Nachkommen produziert werden. Die Nachfrage ist groß und viele Hundevermehrer produzieren viele Hunde ohne Plan. Es wird nicht darauf geachtet, ob die Elterntiere enger oder weiter miteinander verwandt sind, ob sie ge-

Aus wildem Spiel kann schnell Ernst werden...

sund sind oder Charaktereigenschaften aufweisen, die eigentlich unerwünscht sind (z. B. eine erhöhte Ängstlichkeit). So findet eine extreme Zucht einer speziellen Linie in einer Rasse statt, mit allen negativen Folgen. Man darf das Wissen um bestimmte Zuchtlinien aber nicht auf eine ganze Rasse übertragen und verallgemeinernd in aggressive Rassen und weniger aggressive Rassen unterteilen; dies ist wissenschaftlich gesehen Unsinn.

Ein guter Grundgehorsam ist unter anderem auch wichtig, um Konflikte stressfrei zu beenden.

…es ist beim Spiel geblieben und einer rangelt jetzt aus der Rückenlage nach oben.

Aggressionsbereitschaft und Gehorsam

Eigene Untersuchungen zur Aggressionsbereitschaft von Hunden unterschiedlicher Rassen haben gezeigt, dass der Umweltfaktor (besonders der Besitzer als wichtigster Teil der Umwelt) eine viel größere Rolle spielt als die Rassenzugehörigkeit. Interessant war die Beobachtung, dass der Gehorsam (Kontrolle über Kommandos) signifikant mit der Aggressionsbereitschaft korreliert war. Hunde mit schlechtem Grundgehorsam reagierten in bestimmten Testsituationen deutlich schneller und stärker aggressiv als ihre gut erzogenen Kollegen. Auffällig war dabei auch, dass sich Besitzer gut erzogener Hunde insgesamt durch eine bessere Sachkunde auszeichneten. Eine gute Sachkunde beim Besitzer senkt das Risikopotenzial in der Hundehaltung, denn der sachkundige Besitzer wird eine kritische Situation meist auch früher erkennen und entsprechend besser handeln können.

Veranlagung von Ängstlichkeit

Man weiß heute, dass die Veranlagung für Unsicherheit/Ängstlichkeit mittelgradig erblich ist. Erste intensive Untersuchungen waren in den 1980er Jahren durchgeführt worden, um Programme zur Zucht von tauglichen Blindenführhunden zu entwickeln. Ängstliche Hunde sind nicht gut zur Führarbeit geeignet, da sie ein hohes Gefährdungspotenzial für ihren blinden Hundeführer bedeuten. Andere Forschungsarbeiten haben sehr deutlich hervorgehoben, welche wichtige Rolle die Sozialisationsphase für das Verhalten des ausgewachsenen Hundes spielt – besonders im Hinblick auf die generelle Ängstlichkeit und Aggressionsbereitschaft. Beide Elemente (Genetik, Lernen) müssen in der Hundezucht Beachtung finden.

Schutzhundeausbildung

Kontrovers wird die Schutzhundeausbildung beziehungsweise der Schutzhundesport diskutiert. Einige Menschen meinen, dass damit die Aggressionsbereitschaft eines Hundes erhöht wird. Eigene Untersuchungen haben gezeigt, dass eine korrekt nach den neuesten Erkenntnissen von Lern- und Hundeverhalten durchgeführte Schutzhundausbildung nicht bedenklich im Sinne einer erhöhten Aggressionsbereitschaft ist. Sinn des Trainings ist ja gerade, dass Elemente des Aggressionsverhaltens hoch ritualisiert unter Signalkontrolle gestellt werden.

Die Welpenphase:
Geburt bis vierter Lebensmonat

Neonatale Phase

Die ersten vierzehn Lebenstage eines Hunde-welpen werden als „neonatale Phase" bezeich-net. Die meisten Verhaltensweisen, die der Welpe in dieser Phase zeigt, sind relativ eng genetisch fixiert. Die Frage, wie viel am später gezeigten Verhalten oder am Charakter ange-boren, und wie viel erlernt ist, ist nach wie vor ein relevantes Diskussionsthema in der Ver-haltensbiologie. Niko Tinbergen (bekam 1973 zusammen mit Konrad Lorenz und Karl von Frisch den Nobelpreis) sagte, dass Verhalten zu 100 % angeboren und zu 100 % erlernt ist: Verhalten kann sich einerseits nur auf der Grundlage der genetisch fixierten Hardware entwickeln. Auf der anderen Seite findet von Anfang an eine Wechselwirkung zwischen Welpe und Umwelt (Umgebung) statt. Der Welpe zeigt ganz bestimmte Verhaltensweisen als Reaktion auf bestimmte Umweltsignale, und er lernt von Anfang an, welche seiner Reaktionen für ihn positive Konsequenzen haben und welche nicht.

Die Gene des Lebewesens stellen ein Angebot an die Umwelt dar. Von den individuellen Umwelterfahrungen hängt es dann ab, welche Verhaltensmuster und/oder charakterlichen Eigenschaften sich schwerpunktmäßig ent-wickeln und in welche Richtung sie dies tun.

Überleben sichern

Solche eng genetisch fixierten Verhaltens-weisen in den frühen Entwicklungsstadien sichern das Überleben der Welpen und haben sich in Millionen Jahren der Evolution entwi-ckelt und bewährt. Wenn eine erstgebärende Mutterhündin z. B. die Reaktion auf den Hilfe-schrei des Welpen erst durch Versuch und Irrtum lernen müsste, würde dies eine hohe Todesrate unter den Welpen des ersten Wurfes bedeuten.

Ausscheideverhalten und Sinnesorgane

Ausscheideverhalten wird noch nicht selbst-ständig gezeigt. Die Mutter leckt die Welpen, bis Kot und Urin abgehen; die Exkremente frisst sie meist auf. Sie massiert mit ihrer Zunge Bauch, Seiten und Rücken des Welpen, stimuliert so die Motorik von Blasen- und

Kontaktliegen ist für das Wohlbefinden der Welpen wichtig.

Darmmuskulatur und aktiviert damit die jeweiligen Schließmuskeln.

Die Augen und die Ohrkanäle sind in den ersten Lebenstagen noch verschlossen. Die Welpen können aber trotzdem eine typische „Schreckreaktion" auf laute Geräusche zeigen. Temperaturschwankungen werden wahrgenommen; zur eigenständigen Regelung der Körpertemperatur sind die Welpen aber noch nicht in der Lage. Das Schmerzempfinden ist bereits voll ausgebildet und obwohl Mes-

> ## > Typische angeborene Verhaltensweisen von Welpen

> Horizontal pendelnde Suchbewegungen mit dem Kopf, um eine Zitze zu finden. Biologischer Sinn: Bei halbkreisförmigen Suchbewegungen ist die Chance größer, zufällig gegen eine Zitze zu stoßen, als wenn man mit dem Kopf nur nach vorn stoßen würde.

> Kriechende, halbkreisförmige Vorwärtsbewegungen. Biologischer Sinn: Wenn ein Welpe nur geradeaus nach vorn kriechen würde und durch einen dummen Zufall zu Beginn eine ungünstige Richtung hätte, könnte er sich sehr weit von der Geschwistergruppe entfernen. Damit besteht das Risiko der Unterkühlung. Bei kreisförmigen Bewegungen ist dieses Risiko geringer, denn der Welpe wird sich ab einem bestimmten Punkt automatisch wieder in Richtung der Gruppe orientieren.

> Quäkender „Hilfeschrei" bei Gefahr. Gefahr in dieser Lebensphase bedeutet Kälteempfindung oder akuter Schmerz. Welpen schreien oft, wenn sie isoliert, also ohne Körperkontakt mit Wurfgeschwistern oder Mama sind. Auf diesen Schrei zeigt die Mutter auch ein typisches, genetisch fixiertes Verhalten: Sie sucht die Geräuschquelle und trägt sie ins Nest zurück.

sungen der Gehirnströme (im EEG) Dauerschlafwellen anzeigen, finden wesentliche Wachstums- und Differenzierungsprozesse von Körper, Gehirn und Nervensystem statt.

Das Nervensystem

Handlungsbereitschaften werden im Gehirn erzeugt. Hier entstehen und wirken die Emotionen.

Jede einzelne Verhaltensäußerung wird als Reaktion auf interne oder externe Signale oder Reize gezeigt. Interne Signale sind zum Beispiel der Blutzuckerspiegel, die Wirkung von Sexualhormonen oder ein Eingeweideschmerz. Externe Signale wären Geräusche, Gerüche oder etwas, was man sieht. Die Signale werden von speziellen internen und externen Rezeptoren (Messfühlern/Empfängern) wahrgenommen und von diesen über entsprechende Nervenbahnen in das Gehirn geleitet. Dort werden sie weiterverarbeitet und ihnen wird ein bestimmter Informationsgehalt gegeben. Je nach Tierart muss der Informationsgehalt bestimmter Signale intensiver, derjenige anderer Signale weniger intensiv gelernt werden.

Die Nervenzellen

Neuronen bestehen aus einem Zellkörper mit Zellkern und verschiedenen Fortsätzen. Das Axon ist der Fortsatz, über den die Reizweiterleitung (Weitergabe der Information) von einer Zelle zur anderen stattfindet. Die zahlreichen Dendriten sind die Fortsätze, die den Kontakt zu anderen Zellen herstellen, um von dort Informationen zu erhalten. Die Reizweiterleitung erfolgt so immer nur in eine Richtung: Von den Dendriten in das Neuron und von dort gegebenenfalls über das Axon wieder hinaus. Wichtig sind dabei die Verbindungsstellen zwischen einzelnen Neuronen, dort, wo die Reizweiterleitung von einer Zelle auf die nächste erfolgen muss. Diesen Bereich nennt man Synapse. Hier laufen sehr spezielle Vorgänge ab, die auch eine Rolle bei der Bildung von Emotionen und beim Lernen spielen.

Die beiden Neuronen, die eine Synapse bilden, sind nicht direkt miteinander verbunden. Zwischen ihnen liegt der sogenannte synaptische Spalt wie eine Art Isolierung. Der am Axonende des einen Neurons angekommene Reiz löst hier eine Reihe biochemischer Reaktionen aus, sodass aus zahlreichen Bläschen (Vesikeln) chemische Botenstoffe (Neurotransmitter) in den Spalt entlassen werden. Diese Botenstoffe wandern durch den Spalt zum zweiten Neuron und setzen sich dort an der Zellmembran (Zellwand) fest. Damit lösen sie spezielle Reaktionen in diesem Neuron aus und am Ende wird dort eine Fortsetzung der Reizweiterleitung in Gang gesetzt, die beim ersten Neuron am Ende aufgelaufen war. Die Reizweiterleitung im Gehirn erfolgt sehr schnell; Neuronen leiten mit einer Geschwindigkeit von bis zu 120 m/sec.

Bereiche im Gehirn

Das Gehirn ist in bestimmte Bereiche unterteilt, die spezifische Aufgaben haben. Die einzelnen Bereiche haben sich in der Evolution entwickelt.

Je niedriger ein Organismus im Tierreich angesiedelt ist, desto weniger differenzierte Bereiche weist sein Gehirn auf. Wichtig für die Verhaltenssteuerung ist das sogenannte limbische System – der Bereich im Gehirn, in dem Emotionen kreiert und verarbeitet werden, wo Handlungsbereitschaften entstehen und Lernvorgänge stattfinden. Die Gedächtnisinhalte werden dann in der Großhirnrinde gestapelt und können von dort wieder abgerufen werden.

Neurotransmitter

Die Neurotransmitter sind die entscheidenden Faktoren für die Arbeit des Gehirns. An den Synapsen entscheidet sich, ob ein Verhaltensoutput geblockt oder verstärkt wird und wenn ja, wie massiv. Hier entscheidet sich, ob ein bestimmter Informationsgehalt wichtig ist und beim Verrechnen berücksichtigt werden muss; hier entscheidet sich auch, ob ein Informationsgehalt so wichtig ist, dass er „gelernt" werden sollte oder ob eine Emotion wie Angst ausgelöst wird.

Über 100 verschiedene Neurotransmitter sind heute bekannt. Bei vielen ist noch nicht geklärt, wie sie genau wirken; bei anderen entdeckt man mehr und mehr unterschiedliche Funktionen.

> ### Leistungsfähiges Gehirn

Das Gehirn wird durch Umwelterfahrungen (durch Herausforderungen und Stressoren) leistungsfähiger und lernfähiger, kann den Organismus immer besser kontrollieren, wird stress- und frustrationstolerant.

Vernetzungen

Wenn der Welpe auf die Welt kommt, liegen die anatomischen Grundstrukturen schon vor. An der Anzahl der Neurone und der grundsätzlichen Vernetzung wird sich im Leben nicht mehr viel ändern.

In den ersten Lebensmonaten werden sich jedoch bestimmte Synapsen zurückbilden und neue hinzukommen sowie bestimmte Synapsen sehr fest ausbilden. Parallel eichen sich die Neurotransmittersysteme in den einzelnen Gehirnbereichen und fangen an, sich gegenseitig zu beeinflussen und zusammenzuarbeiten.

Langsam und schnell leitende Neuronen

Auch an den Neuronen des Körpers kommt es in den ersten Lebenswochen zu Veränderungen. Wie gesagt unterscheidet man bei den Neuronen solche, die schnell leiten (ca. 120 m/sec.), und solche, die langsam leiten (ca. 1 m/sec). Die schnellen sind diejenigen, über die unter anderem die Informationen von außen zum Gehirn gebracht werden und über die dann z. B. Kommandos vom Gehirn an die Muskeln gehen. Langsame und schnelle Nervenzellen unterscheiden sich in ihrer Anatomie: Die langsamen sind „nackt", während die schnellen von einer Eiweißhülle, der sogenannten Myelinscheide, umgeben sind. Diese Hülle ist aber nicht von Anfang an vorhanden. Hundewelpen werden mit vollständig nackten Neuronen geboren. Erst im Laufe der Entwicklung in den ersten zwei Lebenswochen

> ### Milder Stress
>
> Milder Stress ist grundsätzlich wichtig und nötig, damit sich der Organismus korrekt entwickelt. Dies kann man eigentlich gar nicht oft genug wiederholen. Milder Stress in diesem frühen Lebensabschnitt fördert die Entwicklung des Immunsystems und legt den Grundstein für die Befähigung des Hundes, mit Stress und Belastungen umzugehen.

werden bestimmte Neurone im Bereich ihres Axons mit der Myelinscheide umhüllt. Diese Umhüllung folgt einer ganz strengen Regelmäßigkeit: Begonnen wird dort, wo die Nerven das ZNS verlassen – je näher am Kopf, desto eher. Aus diesem Grund werden Welpen auch nie mit dem Hinterteil zuerst aktiv! Immer sind die Axone derjenigen Neurone, die die Motorik der Vorderbeine steuern, eher umhüllt und damit leistungsfähiger als die der Hinterbeine.

Man kann dieses „Wachsen" der Myelinscheide vom Vorderkörper über den Rücken hinunter zu den Hinterbeinen tatsächlich an den immer besser werdenden motorischen Fähigkeiten der Welpen verfolgen.

Nahrungsaufnahme an der Milchbar. Die spitzen Milchzähne machen der Mutter ganz schön zu schaffen.

Mit einer entspannten Mutter kann man erste Lernschritte im Fach „Kommunikation" problemlos meistern.

Die Übergangsphase

Zum Ende der neonatalen Phase öffnen sich beim Welpen die Augen und die Ohrkanäle, sodass er zu Beginn der dritten Lebenswoche (Übergangsphase) anfängt, diese Sinneseindrücke intensiver zu verarbeiten. Im Großen und Ganzen kann man diesen Abschnitt als eine Konsolidierungsphase (Konsolidierung = Festigung) bezeichnen, in der der Welpe mehr und mehr Möglichkeiten erhält, mit seiner Umwelt in Kontakt zu treten und von der Umwelt zu lernen. Bis der Welpe visuelle (= sichtbare) und auditive (= hörbare) Signale aus seiner Umgebung aber gut verarbeiten kann, dauert es bis zum Ende der dritten Lebenswoche. Erst dann erhalten diese Umweltsignale eine Bedeutung für ihn. Hinsichtlich seiner motorischen Fähigkeiten bekommt der Welpe jetzt auch mehr und mehr Übung. Gegen Ende der Übergangsphase kommt es zu ersten kontrollierten Bewegungsfolgen sowie zu selbstständigem und lokalisiertem Harnen und Koten. Die Aktivitätszyklen verändern sich. Die Schlafperioden werden kürzer, und es kommt zu intensiveren Interaktionen der Welpen untereinander und mit der Mutter.

Grundsteine zur Stubenreinheit

Mit dem selbstständigen und lokalisierten Harnen und Koten beginnt ein wichtiger Vorgang im Hinblick auf die spätere Stubenreinheit: Die Prägung auf den Untergrund – d. h., welchen Boden der Welpe und Hund später am liebsten unter seinen Pfoten spürt, während er Harn oder Kot absetzt. Diese Vorliebe bleibt ein Leben lang bestehen. Züchter sollten ihren Welpen darum möglichst frühzeitig die verschiedensten Untergründe zum Ausscheiden anbieten: Zeitung, Kacheln, Teppich und verschiedene Stoffe (z. B. Frottee). Spätestens ab der vierten Lebenswoche sollten hauptsächlich Erde, Laub, Gras oder Stroh angeboten werden.

Die Sozialisationsphase

Die Sozialisationsphase beim Hund beginnt etwa mit der vierten Lebenswoche und beginnt ungefähr um die zwölfte/vierzehnte Lebenswoche herum langsam, sich abzuschwächen. Früher wurde diskutiert, dass sie bei den nordischen Rassen (Husky etc.) etwas länger dauert, aber heute wird das Ende insgesamt nicht mehr so abrupt gesehen. Wichtig ist nur, dass Welpen tatsächlich in der Zeitspanne zwischen der vierten Lebenswoche und ungefähr dem dritten bis vierten Lebensmonat extrem empfänglich für Umwelteindrücke sind, rasant lernen und Lerndefizite in dieser Zeit später nur mühsam aufgeholt werden können. Alles, was in dieser Phase gelernt wurde, ist im Gehirn ein Leben lang verankert.

> ## Prägung

Prägung bedeutet einen relativ festen Lernvorgang, der in einer in den Genen genau festgelegten Entwicklungsphase abläuft und nur auf wenige individuelle Auslösesignale hin stattfindet.

Prägung und Sozialisation

Im Alltagssprachgebrauch mischen sich häufig die Begriffe Prägung und Sozialisation. Wissenschaftlich sind damit zwei leicht unterschiedliche Entwicklungsvorgänge gemeint.

Ein Prägungsvorgang ist es zum Beispiel, wenn sich ein Gänseküken direkt nach dem Schlüpfen auf den ersten sich bewegenden Gegenstand hin orientiert (es muss sich dabei um kein Lebewesen handeln) und diesen zeitlebens als Mutter ansieht. Prägungsvorgänge sind schwer rückgängig zu machen.

> ## Sozialisation

Bei der Sozialisation gibt es zwar auch ein „Lernfenster", in dem Lernvorgänge optimal und mit der größtmöglichen Effektivität stattfinden – dieses Lernfenster ist aber weiter/ größer als bei Prägungsvorgängen. Die Tiere reagieren auf eine Vielzahl von Signalen, und die daraus resultierenden Lernvorgänge und dann gezeigten Verhaltensmuster sind innerhalb eines breiten Spektrums möglich und zeigen sich nicht so sehr nach dem Prinzip „entweder – oder", wie das bei Prägungsvorgängen häufig der Fall ist.

Fürs Leben lernen

Qualität und Quantität der in der Sozialisationsphase erfahrenen Umwelteindrücke bilden ein Referenzsystem heraus. Dieses wird der Hund bei allen späteren Entscheidungen im Leben als Vergleich heranziehen. Dinge, die hier nicht vorkommen (weil er ihnen in der Sozialisationsphase nicht begegnet ist), werden im späteren Kontakt erst einmal Angst auslösen. Fehlen Umweltreize in der Sozialisationsphase massiv, kommt es zu Entwicklungsstörungen im Gehirn, den sogenannten Deprivationsschäden. Diese können unter Umständen irreparabel sein.

Kontakt zu Artgenossen

Hunde sind obligat sozial – das bedeutet, der Kontakt zu Artgenossen ist lebensnotwendig. Hunde sind dabei recht flexibel in der Wahl der „Artgenossen": andere Hunde, Menschen, oder auch andere Tiere wie Pferde oder Katzen. Alles, was der Hund während seiner Sozialisationsphase an Lebewesen gut kennenlernt, kann mehr oder weniger als „Artgenosse" abgespeichert werden. Später wird sich ein Hund dauerhaft nur noch in der Umgebung von „Artgenossen" wohlfühlen und entspannt sein.

Beißhemmung lernen Welpen nur durch Zahneinsatz.

Angemessenes Verhalten und Habituation

Um ein normales, arttypisches Sozialverhalten zu entwickeln, benötigt der Welpe in der Sozialisationsphase die entsprechenden Signale. Die sozialen Gesten an sich, also z. B. Drohgebärden oder die Körpersprache der Unterwerfung, sind dem Hund zwar angeboren – die Fähigkeit, diese beim Sozialpartner zu erkennen, richtig zu deuten und dann korrekt darauf zu antworten, aber nicht. Genau dieses Lernen wird als Sozialisation bezeichnet.

Habituation bedeutet die Gewöhnung an die unbelebte Umwelt. Alles, was der Welpe in dieser Phase nicht kennenlernt, wird später bei ihm Angst auslösen. Welpen, die hinter der letzten Milchkanne auf einem Dorf aufwachsen, bringen ein schlechtes Rüstzeug für ein eventuelles späteres Leben in der Stadt mit. Typisch sind dann Hunde, die vor jeder Mülltonne, jedem Fahrrad auf dem Gehweg Angst haben; Lastwagen, Knallerei, pfeifende Heizkörper, Motorräder, Flatterbänder an Baustellen ... die Liste kann unendlich fortgesetzt werden.

Neugier oder Angst?

Welpen sind der belebten und unbelebten Umwelt gegenüber zunächst nur neugierig und aufgeschlossen; erst ab ca. der fünften Lebenswoche entwickelt sich bei ihnen die Fähigkeit, Angst zu empfinden. Dabei überwiegt bis zur achten Lebenswoche noch die Neugier gegenüber Neuem und Unbekanntem, während danach immer stärker ängstlich reagiert wird, wenn ihnen etwas „komisch vorkommt". Diese Entwicklungsphasen haben sich bei Wölfen in der Evolution entwickelt, weil sie nützlich für das Überleben sind: In seinen ersten Lebenswochen wird ein Wolfswelpe nur Heimat und Rudelkumpane kennenlernen. Zusätzlich muss er die Kommunikation unter Wölfen und die Spielregeln im Zusammenleben lernen. Dafür ist es praktisch, wenn der Organismus neugierig und unbefangen (also nicht ängstlich) ist. Wird der kleine Wolf älter und kontrollierter in seinen Bewegungen, entfernt er sich auch mehr vom Bau und läuft Gefahr, einem Feind zu begegnen. Würde er dann keine Angst zeigen, wäre er schnell gefressen!

Der adäquate Umgang mit Aggression wird in der Sozialisationsphase gelernt.

Welpengruppe: Gewöhnung an einen „komischen" Untergrund.

Umgang mit Aggression

Wer Welpen in Watte packt und ihnen jede negative Erfahrung erspart, ermöglicht ihnen keinen guten Start ins Leben. Der Welpe muss lernen, auch mit Angst umzugehen um später in entsprechenden Situationen richtig reagieren zu können. Eine der wichtigsten Lernerfahrungen in der Sozialisationsphase ist deshalb der adäquate Umgang mit Aggression. Aggressives Verhalten (vor allen Dingen Beißen) tritt bei Hundewelpen erstmals während der vierten bis fünften Lebenswoche auf. Es hat keinen speziellen Auslöser, richtet sich gegen die Wurfgeschwister und wird allein durch deren Anblick provoziert. Es kommt also zunächst zu Aggressionsverhalten in der Interaktion der Welpen untereinander, ohne dass schon echtes Sozialverhalten gezeigt wird. Erst später kommt es zu objektbezogenem Aggressionsverhalten, z. B. bei der Auseinandersetzung um Knochen o. ä., und zu Aggression in weiteren Auseinandersetzungen um mögliche Ressourcen. Nur im Beißspiel mit Wurfgeschwistern, den älteren Verwandten und anderen Welpen können Welpen die Beißhemmung einüben.

Welpengruppen

Welpengruppen sind wichtig für die Sozialisation: Hier spielen Welpen verschiedenster Rassen miteinander und lernen so die Kommunikation mit Schlappohren, Stehohren, kurzen Faltengesichtern, Langnasen, Vollbartträgern, Rastalocken und Ramsnasen. Dazu bieten Welpengruppen eine Plattform, auf der die Besitzer eine Reihe wichtiger Fragen loswerden können und wo mit den Welpen auch schon ganz spielerisch erste Kommandos trainiert werden können. Nie lernen Lebewesen besser und schneller als in dieser Phase.

Umgang mit Frustration

Eine wichtige Lernerfahrung, die Welpen machen müssen, ist der Umgang mit Frustration. Unter den Hunden, die später mit unerwünschtem aggressiven Verhalten auffallen, sind überproportional viele Hunde, die nur eine mangelhafte Frustrationstoleranz haben. Aus dem emotionalen Zustand der Frustration heraus kennen sie dann häufig nur eine Handlungsmöglichkeit: Nach vorne gehen und beißen.

Alleingelassen und frustriert wird geheult.

Kein Welpenschutz bei Fremden: Wenn sich der Kleine nicht benimmt, werden ihm die Grenzen gezeigt.

Angemessen reagieren

Frustration tritt dann ein, wenn man etwas haben will und es nicht bekommt oder erreicht; mit anderen Worten: Wenn die Realität nicht der Erwartungshaltung entspricht. Welpen sind es zunächst gewöhnt, dass die Milch frei fließt. Ab der 5. Lebenswoche machen sie dann allerdings erste unangenehme Erfahrungen: Die Mutter lässt sie unter Umständen nicht mehr zu Ende trinken; oder die Milchquelle versiegt vorzeitig beim Saugen, weil die Gesäugekomplexe mit der Produktion nicht nachkommen.

Die Welpen müssen akzeptieren, dass bestimmte Dinge im Leben nicht so laufen, wie sie sich das vorstellen. Die meisten Welpen reagieren anfangs wenig variabel: Sie jammern und/oder zeigen Aggression. An der Reaktion ihrer Umgebung wiederum lernen sie, welches Verhalten passend für die jeweilige Situation ist – sie lernen, auf den Frustrationsreiz angemessen und variabel zu reagieren. Da die Mutter zu dieser Zeit meist auch schon für immer längere Etappen das Nest oder die Wurfkiste verlässt, lernt der Welpe, dass auch andere Dinge nicht permanent verfügbar sind – und dass deshalb die Welt nicht zusammenbricht.

Abgabealter der Welpen

Über den besten Zeitpunkt, an dem ein Welpe in sein neues Zuhause kommen sollte, kann man durchaus diskutieren. Üblicherweise geben Züchter die Welpen ab der achten Lebenswoche ab; die Tierschutzhundeverordnung schreibt auch vor, dass jüngere Welpen nur ausnahmsweise und nicht einzeln von der Mutter getrennt werden dürfen. Um die achte Lebenswoche herum halten sich Neugier- und Angstverhalten die Waage und so ist es grundsätzlich vernünftig, jetzt den Wechsel von Ort und sozialer Gruppe vorzunehmen.

Variable Zeiträume

Untersuchungen einer englischen Arbeitsgruppe haben jedoch gezeigt, dass man dieses Datum nicht ganz so eng sehen sollte. In Fällen, wo der Züchter eine korrekte Sozialisation nicht gewährleisten kann, ist ein Abgeben mit sechs Wochen (nach dem Abstillen) überaus sinnvoll; umgekehrt schadet es nicht, wenn die Welpen länger beim Züchter bleiben, sofern er sich intensiv und ausgiebig um eine korrekte Sozialisation der jungen Hunde kümmert.

> Welpenschutz

„Welpenschutz" besteht bei Wölfen nur innerhalb einer Familie, eines Rudels. Er kommt dadurch zustande, dass zum einen die Wölfe eines Rudels miteinander verwandt sind und die eigene Verwandtschaft sich selten tötet – zum anderen auch dadurch, dass die Welpen schnell die entsprechenden Gesten der Submission und Deeskalation lernen und sie im Krisenfall (unfreundlicher Onkel etc.) anwenden, um nicht gebissen zu werden.

Kein Welpenschutz bei fremden Hunden

Hunde, die sich im Park treffen, sind in der Regel nicht miteinander verwandt. Es ist also völlig normal, wenn ein Welpe auch mal angeknurrt oder nach ihm geschnappt wird. Ein gut sozialisierter Welpe zeigt die entsprechenden Unterwerfungsgesten, ein gut sozialisierter Hund versteht sie und geht weg. Das ist Welpenerziehung unter Hunden. Man darf „Welpenschutz" aber nicht so interpretieren, dass per se der Welpe machen kann, was er will. Und man sollte auch keinen älteren Hund als pathologisch aggressiv hinstellen, wenn er Welpen anknurrt. Traurige Einzelfälle gibt es, in denen ein Welpe zu Schaden kommt – und häufig entwickeln sie sich, weil entweder der erwachsene Hund oder der Welpe keine ausreichende Sozialisation genossen haben.

Junghundphase (Juvenile Phase)

An die Sozialisationsphase schließt sich die juvenile Phase an. Ab ca. der 16. Lebenswoche ist der Hund ein Junghund. Jetzt festigt und übt er die vorher erlernten sozialen Fähigkeiten und übt sich weiter in der Beißhemmung. Die juvenile Phase endet mit dem Eintritt in die Pubertät. Ca. um den Zeitraum der Pubertät herum durchlaufen viele Hunde noch einmal eine sogenannte zweite sensible Phase. Hier sind sie besonders empfänglich gegenüber angst- oder stressauslösenden Umweltsignalen und viele Angstprobleme etablieren sich jetzt erst massiv. Besonders Geräuschängste (z. B. Angst vor Gewitter) werden von den Besitzern meist erst in dieser Phase beachtet.

Welpen spielen oft rau miteinander, das ist normal. Man sollte nicht gleich bei jedem „Geschrei" eingreifen.

Aufmerksam guckt er über seine Territoriumsgrenze.

Der erwachsene Hund

Man unterscheidet zwischen den „körperlich erwachsenen" und den „sozial erwachsenen" Hunden. Die meisten Hunde sind körperlich erwachsen/ausgewachsen, wenn sie geschlechtsreif geworden sind. Bei Hunden größerer Rassen kommt es jetzt höchstens noch über einige Monate zu einer leichten Zunahme an Muskelmasse. Die soziale Reife tritt bei den verschiedenen Rassen zu unterschiedlichen Zeitpunkten ein. Hunde kleiner Rassen haben die soziale Reife in der Regel mit ca. zwölf Monaten erreicht. Bei mittelgroßen bis größeren Rassen kann es bis zum 18. oder sogar 24. Lebensmonat dauern. Für Herdenschutzhunde wie zum Beispiel den Owtscharka sagt man, dass die soziale Reife erst mit 36 Monaten erreicht ist. Nachdem die soziale Reife erreicht wurde, werden sich Verhaltensmuster und Charakter kaum noch grundlegend ändern, es sei denn, der Besitzer investiert viel Zeit in spezielles Training. Zu einer Änderung ohne konkretes Training bedürfte es letztendlich gravierender traumatischer Erlebnisse.

Territorialverhalten

Hunde sind territoriale Lebewesen und das Territorium stellt deshalb auch eine Ressource dar. Wenn unsere heutigen Hunde noch wie Wölfe regelmäßig ihr Kernterritorium verteidigen würde, hätten wir deutlich mehr Probleme im Zusammenleben Mensch-Hund. Menschen haben über Jahrtausende unterschiedlich ausgeprägtes Territorialverhalten züchterisch geformt. Territorialität ist innerhalb der einzelnen Rassen unterschiedlich ausgeprägt. Ein stärkeres Territorialverhalten findet man z. B. bei Hofhund-Rassen, und auch bei Herdenschutzhunden.

Hunde mit einem starken Territorialverhalten stellen hohe Anforderungen an den Halter, was Aufzucht, Erziehung/Ausbildung und die Entwicklung der sozialen Struktur der Gruppe angeht. Dies bedeutet, dass sehr viel Zeit in den Hund investiert werden muss. Wer einen Hund als Familienmitglied, zum Spaß und eventuell für den hobbymäßigen Hundesport haben will, macht sich, seiner Familie und seiner Umwelt das Leben leichter, wenn er einen (seiner Herkunft nach) weniger territorial veranlagten Hund kauft. Eine entsprechende Wachfunktion kann solch ein Hund immer noch ausüben.

Territorialität
Es ist ein Ausdruck der sozialen Kompetenz und Flexibilität unserer Hunde, dass sie Mitglieder fremder Gruppen und/oder fremder Arten in ihrem Territorium meist problemlos erdulden. Aber man sollte es nicht als selbstverständlich ansehen, dass dieses immer und überall klappt. Menschen beeinflussen auch hier über die Erziehung, wie sich der Hund später benehmen wird.

Ein alter Hund blinzelt in die Sonne.

Letztendlich ist auch das Verständnis um die Wichtigkeit von Ressourcen eine Frage der Sozialisation und der weiteren Erziehung. Und so ist es von der Sozialisation und Erziehung abhängig, wie wichtig der Hund die Ressource Territorium nimmt und wie massiv er bereit ist, dafür zu handeln bzw. sie zu verteidigen.

Nicht bei jedem Konflikt, der auf dem Territorium stattfindet, muss es sich um einen Konflikt um das Territorium handeln. Ein Hund kann auch auf seinem eigenen Territorium aus anderen Gründen Drohverhalten zeigen oder offensiver reagieren, z.B. aus Angst vor Verletzung. Echtes Territorialverhalten zeigen Hunde erst nach dem Erreichen der sozialen Reife.

Der alte Hund

Es ist allgemeiner Konsens, einen Hund in seinem letzten Lebensdrittel als alten Hund zu bezeichnen. Große Hunde haben insgesamt eine kürzere Lebenserwartung als Hunde kleiner Rassen. Ein Zwergpudel, Dackel oder kleiner Terrier kann ohne Weiteres 15 bis 17 Jahre alt werden. Bei Rassen wie Labrador Retriever oder Schäferhund ist das durchschnittliche Höchstalter mit 12 Jahren erreicht und „Riesen" wie der Irish Wolfhound werden im Schnitt nur knapp sieben Jahre alt.

Nachlassende Sinnesleistungen und Verhaltensänderungen

Die Sinnesleistungen lassen im Alter nach. Die Hunde hören und/oder sehen schlechter und das beeinflusst wiederum ihr Verhalten. Sie reagieren auf bestimmte Signale (z.B. Kommandos) nicht mehr und sie können aufgrund der eingeschränkten Umweltinformationen schreckhafter werden. Das Lernverhalten kann sehr reduziert sein.

Weitere Verhaltensänderungen können durch eine eingeschränkte körperliche Leistungsfähigkeit (z.B. Herzprobleme) und schmerzhafte Prozesse (z.B. Arthrose) entstehen. Die Hunde spielen und laufen weniger; einige können aufgrund von Schmerzen aggressiv bei Berührungen an bestimmten Körperstellen reagieren. Kognitive Dysfunktionen (bis hin zu Alzheimer-ähnlichen Zuständen) und Verlust der Kontrolle über die Funktion von Blase und Enddarm können auftreten.

> ### > Sich aufeinander einstellen

> Wichtig ist, diese Verhaltensveränderungen als das zu sehen was sie sind: altersbedingt. Der Hund darf für „mangelnden Ungehorsam" oder Verlust der Stubenreinheit nicht bestraft werden. Er gehört in der Tierarztpraxis vorgestellt, um zu sehen, inwieweit ihm klinisch geholfen werden kann und wie eventuell altersbedingte Verhaltensänderungen aufgehalten werden können. Dies gilt besonders für die Linderung möglicher Schmerzen.

Kommunikation

Kommunikation bedeutet Nachrichtenaustausch. Ein Sender sendet eine Information aus und ein Empfänger empfängt sie. Der Träger der Information ist dabei das Signal (Zeichen, Reiz oder Stimulus). Ohne Kommunikation finden keine Lernvorgänge statt. Beim Lernen verarbeitet das Gehirn Informationen von innen (z. B. Schmerzsignale aus dem Körperinneren) und/oder außen (Umweltinformationen). Erhält es diese Informationen nicht, ist es quasi lahmgelegt und solch ein Organismus fällt dadurch auf, dass er kaum Verhaltensänderungen zeigt.

Sender-Empfänger-Systeme

Man unterscheidet zwischen zwei verschiedenen Sender-Empfänger-Systemen. Im ersten System wird ganz bewusst vom Sender an einen bestimmten Empfänger gesendet (z. B. ein Hund knurrt einen anderen an); im zweiten System sendet der Sender nicht an einen bestimmten Adressaten (z. B. wenn ein Hund ein bestimmtes Areal mit seinem Kot oder Urin markiert).

Das Signal

Kommunikation klappt nur da perfekt, wo beide Kommunikationspartner mit einem bestimmten Signal exakt den gleichen Informationsgehalt verknüpfen. Den Erfolg eines Kommunikationsversuches erkennt der Sender daran, ob der Empfänger auf das Signal mit dem erwarteten/gewünschten Verhalten reagiert. Dort, wo sich der Empfänger nicht in der vom Sender gewünschten Art und Weise verhält, ist bei der Kommunikation etwas schiefgelaufen. Der Sender ist dafür zuständig, dass der Empfänger ihn versteht – nicht umgekehrt. Der Empfänger merkt ja unter Umständen gar nicht, dass er mit Informationen versorgt wird. Wenn ein Mensch seinem Hund „Sitz" zubrüllt, vorher aber nicht dafür gesorgt hat, dass der Hund mit diesem Zischgeräusch einen bestimmten Informationsgehalt verknüpft, wird dieser sich kaum hinsetzen. Vielleicht zuckt er zusammen, weil das Trommelfell gereizt wurde; dann hat er das Geräusch wohl wahrgenommen – kann mit dem Inhalt aber nichts anfangen oder er zeigt ein anderes Verhalten wie z. B. Hinlegen.

Signale mit Informationen füllen

Je sauberer und konkreter man beim Training ein Signal mit Informationen füllt, desto besser kann der Hund gehorchen und desto mehr wird er die Erwartungen des Menschen erfüllen.

Soziales Miteinander regeln

Sinn und Zweck der fein differenzierten Kommunikation ist es, Kooperation und Konkurrenz im sozialen Miteinander zu regeln. Das Kommunikationsverhalten gehört zum Sozialverhalten und spielt hierbei eine tragende Rolle. Einzelne Gruppenmitglieder müssen miteinander kooperieren, da sonst jeder in seinem Weiterleben gefährdet wäre. Hunde kommunizieren innerhalb der sozialen Gruppe schwerpunktmäßig über ihr optisches Ausdrucksverhalten und sekundär über Berührungen und Gerüche. Dort wo Körpersprache und Mimik allein nicht ausreichen, um den gewünschten Informationsgehalt zu vermitteln, werden Geräusche eingesetzt.

Bedeutungsänderung am Beispiel Anspringen

Manche Signale können ihre Bedeutung im Laufe eines Hundelebens ändern. Ein schönes Beispiel hierfür ist das Anspringen. Anfangs ist das Anspringen ein Signal aus dem Funktionskreis Nahrungserwerb. Wenn die Welpen abgestillt werden, bringt die Mutter (in der Natur) in ihrem Magen geschlagene Beute ins Nest. Die Welpen springen an der Mutter hoch, stoßen mit ihren Vorderpfoten gegen die Schnauze und den oberen Hals und belecken die Mundwinkel der Mutter. Auf dieses Signal hin würgt die Mutter reflexartig die Beute hervor, und die Welpen können das vorverdaute Futter fressen. Wer nicht anspringen

kann, bleibt unter Umständen hungrig! Später, wenn vorverdaute Nahrung nicht mehr nötig ist, wird das Anspringen zu einem Begrüßungssignal, das von den Welpen und Junghunden gegenüber älteren und ggf. im Status höheren Rudelmitgliedern gezeigt wird. Es übernimmt eine „Deeskalationsfunktion" und bedeutet so viel wie: „Guten Tag, schön dass du da bist. Ich bin klein und dumm und will dir nichts Böses, und wenn du vielleicht schlecht gelaunt nach Hause kommst, bitte tu mir nichts." Die übliche und „korrekte" Reaktion des älteren Tieres darauf wäre ein kurzer Körper- oder Blickkontakt, danach dann aber ein Ignorieren bzw. Übergehen zur Tagesordnung. Wenn Welpen Menschen wiederholt anspringen, fehlen ihnen genau diese „korrekte" Reaktion zur Beendigung.

Aktive Demut des Welpen gegen die Mutter: Stupsen mit der Schnauze in deren Maulwinkel.

Akustische Kommunikation: über Geräusche

Akustische Signale haben den Vorteil, dass sie über weite Distanzen gesendet werden können. Sie haben darum wie keine andere Signalgruppe die Funktion der Gruppenzusammenführung, der Stimmungsübertragung auf Distanz und bieten die Möglichkeit der Steuerung gemeinsamer Aktivitäten, z. B. auf der Jagd.

Akustische Signale von Hunden

Mucken	Mucken wird nur innerhalb der ersten drei Lebenswochen bei minimalem Stress gezeigt; sowohl bei beginnendem als auch bei abklingendem Unwohlsein. Aus ihnen entwickeln sich später die Brummlaute, die ältere Tiere bei Wohlbehagen, aber auch bei einer sehr kurzen und nicht intensiven Störung zeigen können.
Murren	Murren ist ebenfalls ein Zeichen von Unwohlsein/Stress. Die Welpen zeigen es bei stärkerem bis starkem Unwohlsein, und aus ihnen entwickeln sich später die Knurrlaute.
Fiepen	Welpen fiepen bei Schreck oder Schmerz, aber auch bei andauerndem Stress, wenn das Murren keinen Erfolg gebracht hat. Dabei können Fieplaute im Extremfall auch „geschrien" werden.
Winseln	Winsellaute treten auf, wenn Welpen schon einige Wochen alt sind, und werden dann ein ganzes Hundeleben hindurch gezeigt. Bei psychischem Unwohlsein (Unsicherheit, aktive Demut, Isolation) wird mehr oder weniger lautes Winseln geäußert. Winselnde Welpen bewirken in ihrem Rudel Unruhe und erreichen eine sofortige freundliche Kontaktaufnahme aller Rudelmitglieder mit ihnen.
Brummen	Brummen wird von älteren Tieren bei Wohlbehagen, aber auch bei einer sehr kurzen und nicht intensiven Störung gezeigt.
Heulen	Auch Hunde zeigen dieses wolfstypische akustische Signal, allerdings sehr viel seltener. Bei Hunden tritt es zumeist als „Loneliness-Cry" auf – wenn der Hund isoliert von den anderen Sozialpartnern ist und eine Gruppenzusammenführung bewirken will. Hunde können auch in den Loneliness-Cry anderer einstimmen.
Knurren	Zum Beginn bzw. kurz vor dem Beginn der Sozialisationsphase fangen Welpen an, Knurrlaute zu äußern. Knurrlaute werden anfangs sehr undifferenziert im Sozialspiel gezeigt und scheinen zunächst mehr ein Ausdruck für eine generelle Erregung als eine differenzierte Form der Kommunikation zu sein. Erst im Laufe der Sozialisation wird Knurren zu einem Signal, das Droh- und Warnfunktion im entsprechenden sozialen Kontext hat, aber auch weiterhin durchaus als Zeichen der Erregung im Spiel oder bei der Jagd eingesetzt werden kann.
Bellen	Bellen stellt eine stoßhafte Lautäußerung bei mehr oder weniger geöffnetem Maul dar. Welpen zeigen ein infantiles Bellen als Einzellaut. Im Spiel zeigen Hunde ein Spielbellen, das tonal und atonal auftreten kann. Besonders das atonale Spielbellen wird geäußert, wenn aus Spiel Ernst zu werden droht, zum Beispiel bei Überschreiten der Schmerzgrenze bei Beißspielen von Welpen. Bellen kann sich darüber zu einem Drohsignal entwickeln. Bellen ist eines der wenigen Signale, die auch in räumlich engeren sozialen Situationen unfokussiert, also nicht konkret gegen einen Sozialpartner gerichtet sind („Hunde bellen einfach in den Raum"). Echtes Drohbellen ist ein sehr tiefer Laut, der häufig in einer schnellen Folge von drei Einzellauten geäußert wird. Das in einigen Büchern/Texten über Hunde beschriebene „Wuffen" stellt ein gedämpftes Warnbellen dar.

"Hier war ich!" Olfaktorische Kommunikation über Urinmarken.

Hundewelpen benutzen akustische Signale auch dazu, um auf sich aufmerksam zu machen. Sie können bestimmte „Distress-geräusche" absondern. Diese zeigen sie zum Beispiel bei Hunger oder wenn ihnen kalt ist. Im sozialen Kontext werden Geräusche bei Hunden sekundär zur „Verstärkung und Unterstützung der optischen Argumente" eingesetzt.

Olfaktorische Kommunikation: über Gerüche

Hunde können bewusst und unbewusst „Duft-spuren" hinterlassen. Unbewusst tun sie es über die Haut, besonders an den Pfoten. Sie hinterlassen ihr individuelles „Körperparfüm", wenn sie irgendwo gelegen haben oder ent-langgegangen sind. Bewusst wird Duft über das Markieren mit Urin oder Kot und über das Markieren mit Analsekret hinterlassen. Dabei stellt das Markieren mit Kot eine Kombination aus einer geruchlichen und einer optischen Markierung dar. Während Wölfe tatsächlich häufiger mit Kot markieren, ist dies bei unseren Hunden seltener.

Markieren

Rüden markieren regelmäßig mit Urin. Ab dem Erreichen der Geschlechtsreife stellen sie sich dazu auf drei Beine, heben ein Hinterbein so hoch wie möglich und spritzen kleinere Mengen Urin an den zu markierenden Gegen-stand. Zum Teil wird nach dem Urinabsatz noch heftig mit den Hinterbeinen gescharrt. Neben der wohl eher zweitrangigen Verteilung des Geruchs wird so auch noch eine optische Markierung gesetzt. Auch Hündinnen markie-ren mit Urin, und sie tun es zum Teil auch auf drei Beinen – allerdings im Verhältnis nicht so intensiv wie Rüden.

Analsekret

Analsekret wird aus den Analdrüsen abgeson-dert, die rechts und links neben dem After des Hundes liegen. Dieses sehr ölige Sekret ist bei jedem Hund ein ganz individuelles Parfüm. Es wird beim Kotabsatz aus den Drüsen heraus-massiert und ist die eigentliche individuelle Geruchskomponente des Kots. Hunde können Analsekret aber auch gezielt absondern und damit wie mit Urin markieren. Sie tun dies, indem sie den Schwanz heben, den Rücken auf-krümmen und das Hinterteil mit feinen und kurzen Trippelschritten der Hinterbeine gegen das zu markierende Objekt wenden. Manch-mal können sie das Hinterteil auch am zu mar-kierenden Gegenstand reiben. Analsekret kann bei massiver Angst oder Panik auch schlag-artig aus den Analdrüsen entleert werden.

Taktile Kommunikation: über Berührungen

Hunde können rempeln, schieben, anspringen, mit den Pfoten oder dem Kopf stoßen etc. Viele taktile Signale werden mit der Zunge und den Zähnen beziehungsweise der Schnau-ze als Ganzes gegeben. Die Zunge wird für die eigene Körperpflege und auch für die ent-spannte gegenseitige Körperpflege benutzt. Dieses sogenannte Allogrooming wird zwi-schen befreundeten Hunden ausgetauscht und auch von der Mutter gegenüber den Wel-pen gezeigt.

Es dient der Bestätigung und Stabilisierung der gegenseitigen Bindung und findet eigentlich nur im entspannten Kontext statt. Hierzu gehören auch ein vorsichtiges gegenseitiges Fassen und Knabbern mit den Zähnen, das sogenannte Gnabbeln oder Gniepen. Ein besonderes Element ist die sogenannte „Schnauzenzärtlichkeit". Ein Hund umfasst vorsichtig mit seiner geöffneten Schnauze die geschlossene Schnauze des anderen. Hunde zeigen diesen Einsatz ihrer Schnauzen auch gegenüber uns Menschen – und es sollte vom Menschen im Hinblick auf eine stabile Bindung geduldet und erwidert werden. Dabei muss der Mensch nicht sein Gesicht anbieten – er kann diese Form der taktilen Kommunikation gut mit den Händen durchführen.

In seltenen Fällen setzen Hunde Allogrooming auch in einem Stresszustand als Übersprungshandlung ein, um einen Konflikt zu entschärfen. Meist geht diese intensive Form der taktilen Kommunikation dann aus einer Sequenz der aktiven Demut hervor.

Optische Kommunikation: über das Ausdrucksverhalten

Hunde setzen ihren ganzen Körper ein, um optische Signale zu senden. Die Körperhaltung an sich, aber auch die Position von Lefzen, Ohren, Schwanz oder Kopf besitzen Signalfunktion. Gerade hier haben Menschen durch die Zucht auf äußere Erscheinungsformen Probleme in der zwischenhundlichen Verständigung verursacht.

> Kupierverbot

Das Kupieren der Ohren ist in Deutschland seit 1986 verboten, das Kupieren der Schwänze seit 1998. Ausnahmen für das Kupieren der Schwänze gelten bei jagdlich genutzten Hunden einiger Jagdhunderassen.

> Mimik

Ein erwachsener Wolf kann über die unterschiedliche Stellung von Lefzen, Gesichtshaut, Ohren, Augen etc. über sechzig verschiedene Gesichter zeigen. Bei einem Hund mit hängenden Lefzen, angeborenen Falten im Gesicht, kleinen und unbeweglichen Schlappohren und eventuell noch einer platten Nase reduzieren sich die möglichen verschiedenen Gesichter unter Umständen auf fünf bis sechs.

Emotionen zeigen

Über ihr Ausdrucksverhalten signalisieren Hunde Emotionen und Handlungsabsichten (Motivation). Sie machen deutlich, wie sie ihren Status im Verhältnis zu einem anderen Gruppenmitglied sehen und welches Interesse sie an bestimmten Ressourcen haben. So regelt sich das Gruppenleben auf subtilem Wege zum Vorteil von jedem einzelnen.

Probleme im sozialen Miteinander entstehen dort, wo dem Hund die Möglichkeit zur optischen Verständigung genommen wurde. Maßstab für alle Kommunikation ist dabei immer der Wolf als das Bild des ursprünglichen Hundes.

Gruppen des Ausdrucksverhaltens

Das Ausdrucksverhalten der Hunde lässt sich in verschiedene Gruppen einteilen. Die einzelnen Verhaltenselemente dieser Gruppen können sich zum Teil überlappen. Im Folgenden sind die einzelnen Gruppen aufgeführt. Die Tabelle listet noch einmal die dazugehörigen auffälligsten körpersprachlichen Merkmale in ihrer stärksten Ausprägung. Sie müssen aber nicht bei jedem Hund und in jeder Situation so ausgeprägt vorliegen.

Verhalten der sozialen Annäherung

Hierunter fallen alle Verhaltenselemente, mit denen Hunde den Abstand zum Gegenüber verringern und es gibt einen Übergang zur taktilen und olfaktorischen Kommunikation. Die Tiere laufen aufeinander zu, umkreisen sich, beriechen, beknabbern und belecken sich oder legen sich eng nebeneinander hin.

Aktive Demut

Ein wichtiges Element aus dem Bereich der sozialen Annäherung ist die aktive Demut (aktive Submission), die entweder im Vollbild oder als sogenanntes „Display" gezeigt werden kann (Display = Darstellung; hier: Gesichts-

Enger Körperkontakt bei der gemeinsamen Inspektion eines Mauselochs.

ausdruck). Beim submissiven Display sind schwerpunktmäßig die mimischen Elemente des Kopfes beteiligt.

Über das submissive Display oder die intensivere aktive Demut wird beim Gegenüber erfragt, ob eine Distanzunterschreitung erwünscht/erlaubt ist. Mögliches Konfliktpotenzial bei solchen Kontakten wird darüber entschärft. Aktive Demut kann unabhängig vom aktuellen Statusverhältnis gezeigt werden, das heißt auch ein im Status hohes Individuum kann sie in einem bestimmten Kontext gegen ein im Status niedriges Tier zeigen. Submissives Display bzw. aktive Demut kennzeichnen Situationen, die zwar leicht bis mittelgradig angespannt sein können, trotz erhöhtem Stresslevel aber grundsätzlich noch freundlich getönt sind. Dort, wo die Stimmung eindeutig unfreundlich wird, werden Hunde mehr auf Distanzvergrößerung bedacht sein bzw. passiver gegenüber dem Interaktionspartner werden (siehe unten).

Auch in Situationen, in denen ein soziales Verhältnis noch gar nicht besteht oder sich gerade langsam über verschiedene Interaktionen entwickelt, wird aktive Demut oder ein submissives Display von gut sozialisierten Hunden häufiger gezeigt. Damit soll ein sich anbahnender Konflikt beim Kennenlernen gleich im Keim erstickt werden. Aktive Demut oder das submissive Display werden so auch zur Deeskalation von Konflikten zwischen unbekannten Hunden eingesetzt.

Passive Demut

Passive Demut zeigen Hunde, wenn sie sich massiv von einem Gegenüber bedroht fühlen und andere Optionen zur Entschärfung der Krise (z. B. Flucht, aktive Demut, Übersprungsverhalten) nicht möglich sind. Vom Display her ist die passive Demut eine extreme Form der aktiven Demut zielt aber auf Distanzvergrößerung ab. Die Hunde werden passiv und machen sich klein, setzen sich hin oder rollen sich im Extremfall sogar auf den Rücken vor dem Gegenüber. Dieses Verhalten imitieren Welpen in den ersten Lebenswochen und es wird spekuliert, dass es beim Gegenüber eine Art Pflegeverhalten beziehungsweise die Motivation dafür auslöst. Dieses Pflegeverhalten ist unvereinbar mit einer aggressiven Grundstimmung und darüber wird ein Konflikt deeskaliert.

Auf den Rücken gelegt

Die passive Demut ist also auch, trotz des Namens, ein aktives Hundeverhalten. Der am Boden liegende Hund wird von seinem Gegenüber nicht in diese Position geschubst oder gerissen. Er wird auch nicht mit körperlicher Gewalt in dieser Position fixiert. Insofern ist auch die sogenannte „Alpharolle" (Mensch schmeißt Hund auf den Rücken, fixiert ihn dort und erzählt ihm dann, wie böse und ungezogen er gerade war) eine nutzlose und kontraproduktive Idee.

Über das Umschmeißen und Fixieren des Hundes wird weder das Statusverhältnis zwischen Hund und Mensch geklärt oder gefestigt, noch hat es einen erzieherischen Wert. Es belastet einzig und allein das Vertrauen des Hundes zu seinem Menschen und ist gefährlich, weil Hunde anfangen können, um ihr Leben zu kämpfen.

Keine „passive Demut" sondern Gerangel von unten.

Diese Geruchskontrolle ist etwas konfliktträchtig.

> ### > Wirklich passiv?
>
> Vorsicht: Nicht jeder Hund, der vor einem anderen auf dem Rücken liegt, zeigt passive Demut. Von unten kann man auch Drohen, Schnappen oder Beißen. Dann „darf" der obere Hund auch weiter aggressiv reagieren.

Imponierverhalten

Imponierverhalten dient dazu, Stärke zu zeigen und Ansprüche auf Ressourcen deutlich zu machen, ohne den direkten Kontakt und eventuell den offensiv-aggressiv ausgetragenen Konflikt zu riskieren. Das Verletzungsrisiko wird dadurch reduziert; Provokationen sollen vermieden werden. Besonders häufig imponieren Hunde gegeneinander, die annähernd gleich stark sind und im Bezug auf Ressourcen gleiche Interessen haben. Bei diesen Hunden würde der offensiv ausgetragene Konflikt für beide Partner ein erhebliches Verletzungsrisiko beinhalten. Innerhalb einer etablierten Gruppe imponieren besonders häufig Hunde gegeneinander, die zueinander nur einen minimalen Statusunterschied haben. Wenn sich unbekannte gleichgeschlechtliche Hunde begegnen, ist das Imponieren eine

Der Konflikt entlädt sich im Vorspringen und endet mit Imponierverhalten (Kopf auflegen) des Ridgebacks.

Möglichkeit, mit geringem Risiko Informationen auszutauschen. Rüden können auch gegenüber Hündinnen imponieren, um für diese attraktiver zu sein.

Umkreisen, schubsen, Pfote auflegen

Hunde können sich beim Imponieren umkreisen und setzen manchmal zwischendurch Urin oder Kot ab mit intensivem Scharren (Imponierscharren). Bei zunehmender Stressbelastung in der Begegnung kann es auch zum Körperkontakt kommen. Die Hunde können sich gegenseitig schieben oder legen den Kopf oder eine Pfote auf den Rücken des anderen.

T-Sequenz

Oft kann man dabei auch die sogenannte T-Sequenz beobachten: Hier hat sich einer der Hunde dem anderen so in den Weg gestellt, dass der aktive den Querbalken und der andere den Längsbalken eines „Ts" bilden. Haben sich über solche Interaktionen Statusverhältnisse etabliert, hat meist der aktive Hund den höheren Status; beim anderen ist dann häufig Demutsverhalten zu beobachten. Allerdings können sich gerade solche Sequenzen im Sekundenbruchteil ändern und es ist für menschliche Beobachter manchmal schwer, dies zu verfolgen.

Agonistisches Verhalten: Verhalten bei Bedrohung

Wenn ein Hund sich oder etwas, was für ihn wichtig ist, subjektiv bedroht fühlt, hat er neben der Flucht die Möglichkeit, das Gegenüber durch aggressives Verhalten auf Abstand zu halten. Hierbei können Eskalationsstufen von minimalem Drohen (aggressive Kommunikation) bis hin zum offensiven Beißen (offensive Aggression) durchlaufen werden.

Drohverhalten

Drohverhalten soll einen Konfliktpartner abschrecken. Je weniger intensiv gedroht werden muss, um den gewünschten Erfolg zu erreichen, desto besser. Wie beim Imponieren auch soll die Distanz zum Konfliktpartner erhalten bleiben und ein engerer körperlicher Kontakt (mit dem Risiko der Beschädigung) vermieden werden. Gedroht wird dort schnell, wo sich die Konfliktpartner in Alter und Geschlecht (und darüber meist auch in der Körperkraft) deutlich unterscheiden. Hier kann schneller mit den Waffen gerasselt werden, denn das Verletzungsrisiko wäre für den „Stärkeren" bei einer etwaigen Eskalation niedrig. Andererseits wird auch dann schnell gedroht, wenn es aus Sicht des Drohenden um etwas wirklich Wichtiges geht, wenn er also seinen Anspruch auf eine Ressource zügig und massiv deutlich machen muss. Insofern ist verständlich, warum auch im Status sehr niedrige Hunde einen ranghöheren massiv anknurren können, um zum Beispiel einen Knochen für sich zu behalten.

Abstufungsformen des Drohverhaltens

Drohverhalten kann ein für den ungeübten menschlichen Beobachter kaum sichtbares Fixieren des Gegenübers sein – bis hin zum Vorspringen (ohne Berührung) mit Schnappen und Knurrbellen. Üblicherweise verläuft die Eskalationskaskade so, dass immer mehr Ausdruckselemente in immer intensiverer Ausprägung beteiligt werden. Wenn ein Drohfixieren reicht, um den vierbeinigen Rudelgenossen vom Knochen wegzutreiben, wird auch nur dies gezeigt. Es wäre Energieverschwendung, hier gleich zu Beginn des Konfliktes mit Knurren oder Schnappen zu reagieren. Wenn das Gegenüber nicht im gewünschten Sinne reagiert, wird das Drohen intensiviert. Z. B. können mimische Elemente wie Maul und Nasenrücken dazukommen oder ein Vorspringen gezeigt werden. Am Ende der Eskalationsstufen stehen dann Kieferklappen und

Körpersprachliche Merkmale kompletter Ausdrucksbilder

	Aktive Demut	Imponieren	Passive Demut
Maulspalte	Lippen zurückgezogen	Lippen gerade nach hinten gezogen	lange Maulspalte
Schnauze	Stoßen gegen den Körper oder den Kopf des anderen; Lecken der Maulwinkel beim anderen	glatter Nasenrücken	glatter Nasenrücken
Augen	schlitzförmig, Blick vom Gegenüber abgewandt	vom Gegenüber abgewandt	schlitzförmig, Blick vom Gegenüber abgewandt
Stirn	glatt gezogen	glatt, ohne Falten	glatt gezogen
Ohren	seitlich gedreht, zeigen nach hinten	Ohrwurzel nach vorne gedreht und nach oben zusammengezogen. Schlappohren werden seitlich am Kopf hochgezogen	Je nach Intensität der Bedrohung nach hinten gedreht bis komplett nach hinten gelegt; z.T. bis sich die Ohrspitzen berühren
Kopf	niedrig getragen	aufgerichtet	niedrig getragen, abgewandt
Körper	klein bis niedrig, geduckt, zusammengeschoben. Pföteln, Herandrängen oder Anspringen möglich	So hoch wie möglich aufgerichtet; alle Gelenke werden durchgedrückt; steifer Gang. Nackenfell als Zeichen von Stress kann aufgerichtet sein	Klein, geduckt. Die Hunde können sich hinsetzen oder auf den Rücken fallen lassen. Bleiben dann passiv in der Position
Rute	gesenkt, evtl. unter den Bauch gezogen, wedeln	So hoch wie möglich getragen. Bei Erregungszunahme schnelles, steifes Wedeln	gesenkt bis komplett unter den Bauch gezogen

Schnappen. Im Endeffekt beeinflussen sich beide Interaktionspartner gegenseitig in der Intensität ihrer Reaktionen. Zeigt der eine Konfliktpartner zum Beispiel Demutsverhalten, kann er damit die Eskalationsschraube beim anderen stoppen.

Sicheres und unsicheres Drohen

Drohverhalten kann zusammen mit einem sicheren oder unsicheren Display gezeigt werden und wird so grob in „sicheres Drohen" und „unsicheres Drohen" unterteilt. Beim unsicheren Drohen zeigt der Hund seinen emotionalen Zustand „Unsicherheit/Angst" und damit seinen Stresszustand mehr oder weniger deutlich, während er beides beim sicheren Drohen vertuscht. Abgesehen von den zum Glück sehr seltenen krankhaften Zuständen (Verhaltensstörungen) gibt es für Drohverhalten immer einen Grund, der im Bereich „Ressourcenkontrolle" und „Optimierung des eigenen Zustandes" liegt. Das bedeutet aber auch, dass jedes Drohen ein Ausdruck einer inneren Stressreaktion und einer mehr oder weniger ausgeprägten Emotion „Unsicherheit/Angst" ist. Über seine Ausdruckselemente zeigt der Hund dann, wie massiv er sich in der Defensiven fühlt.

Sicheres Display	Sicheres Drohen	Unsicheres Display	Unsicheres Drohen
kurze, runde Maulspalte	kurze, runde Maulspalte	lange Maulspalte	lange Maulspalte
geschlossener Fang, eventuell leichtes Hecheln als Zeichen von Erregung/Stress	Leicht geöffnet, vordere Zähne können sichtbar sein. Leichtes Nasenrückenrunzeln möglich	geschlossener Fang bis hin zu starkem Hecheln	stark gekräuselter Nasenrücken, Maul kann voll aufgerissen sein (Zähneblecken)
entspannt-unfokussiert bis Fixieren des Gegenübers	Fixieren des Gegenübers	Flackern: Blickkontakt wird vermieden, die Hunde gucken immer nur kurz auf das Gegenüber	Flackern: Blickkontakt wird vermieden, die Hunde gucken immer nur kurz auf das Gegenüber
neutral-entspannt bis zusammengezogen	zusammengezogen	glatt	glatt
neutral-entspannt bis auf das Gegenüber gerichtet	auf das Gegenüber gerichtet	mehr oder weniger weit zurückgelegt	weit zurückgelegt
erhoben	erhoben	nach hinten zurückgezogen, eventuell bis zwischen die Schulterblätter	nach hinten zurückgezogen, eventuell bis zwischen die Schulterblätter
aufgerichtet, eventuell leicht angespannt	Angespannt, aufgerichtet, eventuell hochgestelltes Nackenfell als Zeichen von Stress. Vorspringen mit Schnappintention möglich	zusammengekauert, klein; Nackenfell als Zeichen von Stress	zusammengekauert, klein; Nackenfell als Zeichen von Stress Vorspringen mit Schnappintention möglich
neutral bis hoch getragen	hoch getragen, angespannt	gesenkt bis komplett unter den Bauch gezogen	gesenkt bis komplett unter den Bauch gezogen

Offensiv aggressives Verhalten

Gehemmter Angriff

Reicht Drohverhalten nicht aus, um einen Konflikt erfolgreich zu beenden, kann in der Eskalationsschraube noch höher geschaltet werden. Beim gehemmten offensiv-aggressiven Verhalten wird zunächst massiv der Körper eingesetzt. Man springt gegeneinander, rempelt sich oder stößt sich um. Hier kann es auch zum Umreißen oder Niederringen des Gegners mit dem Maul kommen.

Konflikt mit gehemmt aggressivem Verhalten; der schwarze Schäferhund zeigt Unsicherheit.

Verletzungen können bei diesen gehemmten Angriffen als Unfall vorkommen. In ein (geplantes) Schnappen auf Distanz kann der Gegner hineinlaufen; die Haut eines sich wehrenden Gegners beim Rempeln und Umreißen kann punktiert oder eingerissen werden. Die meisten der von Tierärzten nach Hundebeißereien behandelten Wunden gehören in diese (Unfall-)Kategorie und sind nicht Ausdruck einer Beschädigungsintention oder eventuell sogar Tötungsintention.

Ungehemmter Angriff

Ungehemmter Angriff bedeutet, dass der Hund jetzt tatsächlich seine Zähne gezielt als Waffe einsetzt. Dabei muss nicht bei jedem Biss eine Tötungsabsicht oder eine massive Beschädigungsintention dahinterstehen. Auch auf der Stufe des ungehemmten Angriffs muss es sich noch nicht um einen Ernstkampf handeln, sondern der Kampf kann noch als Ritual, als Kommentkampf ablaufen. Jetzt wird allerdings schon versucht, den Gegner so zu beschädigen, dass er demoralisiert den Rückzug antritt oder kampfunfähig wird. Solange die Hunde noch in einer ritualisierten Kampfsituation sind, wird auch auf dieser Eskalationsstufe Demutsverhalten eines Partners den Konflikt beenden können.

> Ernstkampf

Ziel eines Ernstkampfes ist es nicht, Statusverhältnisse dauerhaft zu etablieren. Dies geschieht über Kommentkämpfe (ritualisierte Kämpfe) und mit so wenig Kostenaufwand wie möglich/nötig. Mit einem Ernstkampf soll ein Kontrahent dauerhaft aus der Gruppe entfernt werden. Dafür gibt es nur zwei Möglichkeiten: Der Kontrahent flieht für immer oder er wird getötet. Auch das intensive Zeigen von Demutssignalen führt bei einem Ernstkampf nur selten zum Abbruch des aggressiven Verhaltens beim anderen.

Schnuppern am Boden als Übersprungshandlung, auch so kann man Konflikte vermeiden.

hat eine deeskalierende Wirkung, weil dadurch die direkte Kommunikation mit dem Gegenüber abgebrochen wird. Dies kann in vielen Fällen auf den Konfliktpartner die gleiche Wirkung haben wie submissives Verhalten.

Verhalten bei Stress und zur Deeskalation

Neben den Zeichen von Unsicherheit oder Angst, Demutsverhalten oder agonistischem Verhalten gibt es noch andere Verhaltenselemente, an denen man erkennen kann, ob der Hund in einem Stresszustand ist; diese können einzeln oder zu mehreren zu beobachten sein, je nach Intensität des Stresszustandes im Hund:

> Häufiges Gähnen
> Hecheln
> Lecken der eigenen Schnauze
> Beim Rüden Ausschachten des Penis
> Aufstellen der Nackenhaare
> Generelle Unruhe
> Zeigen von Spielverhalten
> Übersprungsverhalten
    Daneben gibt es noch körperliche Symptome wie Durchfall, Erbrechen, weite Pupillen, Fieber oder schneller flacher Puls.

Übersprungsverhalten

Als Übersprungsverhalten bezeichnet man Verhaltensweisen, die in der aktuellen Situation, in denen der Hund sie zeigt, eigentlich nicht passend sind. Zum Beispiel gibt es Hunde, die sich aus einer Konfliktsituation heraus plötzlich umdrehen und anfangen zu buddeln. Dieses Buddeln stellt das Übersprungsverhalten dar. Es ist keine direkte Geste der Demut – trotzdem kann es aggressives Verhalten beim Gegenüber hemmen. Übersprungsverhalten

Entwicklung von Übersprungsverhalten
Die deeskalierende Wirkung von Übersprungsverhalten hat sich vermutlich sekundär in der Evolution entwickelt. Ursprünglich mag ein Kratzen hinter dem Ohr für den potenziellen Verlierer in einem Konflikt eine alternative Möglichkeit zur Aktion und zum Adrenalinabbau in einer Stresssituation gewesen sein, in der die primär beste Handlung (Kampf mit Sieg oder Flucht) unmöglich wurde. Die Gegner in solchen Konflikten sahen, dass nach dem Kratzen hinterm Ohr keine Gefahr mehr vom anderen ausging und so konnten sie sich ihrerseits entspannen. Übersprungsverhalten wird nur dort eine deeskalierende Wirkung haben, wo der Konflikt nicht zu weit eskaliert ist. Ist die Schwelle des reinen Drohens überschritten, wird es kaum mehr eingesetzt, da sich Konfliktpartner dadurch nicht mehr ausreichend hemmen lassen würden.

> ### Submission

Submission bedeutet Demut, Ergebenheit oder Unterwürfigkeit. Über das Zeigen von Submission kann aggressives Verhalten (schlechte Stimmung im weitesten Sinne) beim Gegenüber beschwichtigt oder deeskaliert werden. Aus dem englischsprachigen Raum wird oft auch der Begriff „Calming signals" als Synonym für Beschwichtigungs- oder Deeskalationsverhalten verwendet. Zum Beschwichtigen/Deeskalieren von Konflikten setzen Hunde weit mehr Verhaltenselemente ein als nur ihr Submissionsverhalten.

Am Verhalten des grauen Schäferhundes ist zu erkennen, dass es sich um kein „Spaß-Spiel" handelt.

Spielverhalten zur Deeskalation

Stresssymptome wie Spielverhalten, Gähnen oder das Lecken der eigenen Schnauze stellen ebenfalls Verhaltenselemente dar, mit denen Konflikte auf einem mittleren bis niedrigen Niveau noch deeskaliert werden können. Spielverhalten wird dabei aktiv gegen das Gegenüber gezeigt und die Partner gucken sich sogar öfter dabei an (allerdings wird nicht intensiv fixiert). Ein sich anbahnender Konflikt bzw. eine Stresssituation wird so in eine gemeinsame Aktivität umgelenkt, bei der man sich auch über eigene Interessen, Stärken und Schwächen austauschen kann, ohne dass direkt eine Ernstfallsituation vorliegt. Sollte es subjektiv für einen oder beide der Konfliktpartner aber nötig werden, kann aus Spiel auch schnell wieder auf Ernst umgeschaltet werden. Dies ist eine weitere Situation, bei der Menschen (besonders Kinder) im Hundekontakt häufig überfordert sind. Sie bekommen dieses Umschalten meist erst verspätet mit – mit allen negativen Konsequenzen.

Meideverhalten

Beim Gähnen oder dem Lecken der eigenen Schnauze wird das Gegenüber nicht angeguckt (man guckt knapp aneinander vorbei oder kneift deutlich die Augen zusammen) oder der Hund wendet sich dazu sogar demonstrativ ab (das heißt, er zeigt Meideverhalten). Dieses Abwenden kann nur mit dem Kopf oder mit dem ganzen Vorderkörper erfolgen. Meideverhalten ist ein genauso deutliches „Ausbrechen" aus einem Konflikt und aus der Kommunikation wie das Kratzen oder Buddeln; es hat allerdings für den Ausführenden nicht dieselbe potenziell stresslösende Wirkung, weil es bedeutet, relativ passiv in der abgewendeten Haltung zu bleiben. Aus diesem Grund wird man Meideverhalten (eventuell auch gefolgt von langsamem vorsichtigen Weggehen) eher in den Anfängen von Konflikten finden; im Status hohe und parallel sichere Tiere zeigen allerdings auch später in Konflikten noch Meideverhalten – sie haben die Souveränität, sich dies leisten zu können.

Das Aufreiten des Rechten ist ein Zeichen von Stress.

Signale für Stress und Deeskalation

Gähnen, Schmatzen und Lecken der eigenen Schnauze könnte bedeuten: „Sieh her, ich zeige meine Waffen, aber mache mich parallel verwundbar!"; vielleicht reicht es aber einfach auch schon, einem potenziellen Konfliktpartner zu sagen: „Sieh her, auch ich habe Stress!", um diesen zu entspannen und Konfliktpotenzial zu reduzieren.

Spielverhalten

Spiel zeichnet sich durch typische Elemente wie z. B. das Spielgesicht oder sehr übertriebene Bewegungen aus. Ein Spielgesicht ist eine Mischung aus Demutsgesicht, Imponieren und Angreifen. Auf der einen Seite sind die Augen weit aufgerissen und die Ohren auf den Partner gerichtet, auf der anderen Seite wechselt die Maulpartie zwischen langer und kurzer Maulspalte, geschlossenem oder aufgerissenem Maul, Nasenrückenrunzeln oder Glattziehen der Stirnhaut.

Am Spielgesicht merkt das Gegenüber: Jetzt wird gespielt – es ist kein Ernst. Die Übergänge vom entspannten Spiel hin zur ernsten Interaktion sind fließend und erschließen sich einem menschlichen Beobachter nicht unbedingt direkt. Für Menschen kann es manchmal schwer nachzuvollziehen sein, wann und warum aus einem fröhlichen Spiel plötzlich bitterer Ernst wird.

Spielgesicht und Vorderkörpertiefstellung

Im Spiel werden die unterschiedlichsten Elemente aus dem Ausdrucksverhalten bunt gemischt. Dazu zeigen spielende Hunde mehr Lautäußerungen (Knurren, Bellen). Bezeichnenderweise werden einzelne Bewegungen im Spiel häufig übertrieben ausgeführt – dazu gibt es noch typische Spielelemente im Verhalten wie z. B. die Vorderkörpertiefstellung. Hierbei sacken die Hunde mit dem Vorderkörper zu Boden, während das Hinterteil in der Luft „wackelt"; die Vorderbeine sind lang nach vorne gestreckt und der Kopf meist erhoben.

> Let's play!

Im Spiel werden Ausdauer, Koordination, Kraft und Motorik geübt. Schnelles Ausweichen bei einem Angriff trainiert man besser im sicheren Umfeld des Sozialspiels mit Gleichaltrigen als im Ernstfall. Neben den körperlichen Fähigkeiten werden im Spiel auch soziale Fähigkeiten und die Kommunikation mit Artgenossen geübt. Beide Partner in einer Spielsequenz wissen: „Jetzt wird gespielt" – und so kann die ganze Palette an agonistischen Verhaltenselementen benutzt werden, ohne dass hinterher einer verletzt ist oder zwei nicht mehr in einer Gruppe zusammenleben können. Gerade durch Spielsequenzen regeln gut bekannte Hunde sehr subtil Auseinandersetzungen um Ressourcen.

Deeskalation über „Albernheit" beim unteren.

Es sieht gefährlich aus, ist aber nur ein Spiel.

Jagdverhalten

Jagdverhalten ist eng genetisch fixiert und wurde im Laufe der Domestikation nur wenig verändert. Man findet es bei Hunden aller Rassen, vom Chihuahua bis zur deutschen Dogge. In Qualität und Quantität gibt es Unterschiede bei den einzelnen Rassen, denn bei bestimmten wurde Jagdverhalten sehr selektiv in der Zucht gefördert und bei anderen nicht. Komplett verschwunden aus dem Genom ist es aber bei keiner Hunderasse.

Auslöser des Jagdverhaltens

Jagdverhalten kann unabhängig vom Hungergefühl auftreten. Der häufigste Auslöser zum Hetzen ist der Anblick eines „Beuteobjekts", möglichst noch in schneller Bewegung. Viele Hunde reagieren auch zügig auf bestimmte Geräusche und/oder Gerüche mit einer hohen Erregungslage und entsprechendem Orientierungs- oder Suchverhalten. Das schnelle Reagieren auf bestimmte Geräusche (Rascheln, Quietschen) ist angeboren; schon Welpen zeigen frühzeitig Orientierung Richtung Stimulus und Folgereaktion.

> Elemente des Jagdverhaltens

Jagdverhalten ist selbstbelohnend und deshalb sehr schwierig über Training zu verändern oder zu beeinflussen. Jagdverhalten dient direkt der Optimierung des eigenen Zustands, denn darüber beschafft sich der Hund die Ressource „Nahrung".

Zum Jagdverhalten gehören die folgenden Verhaltenselemente:

> Suchen und Stöbern (Einsatz von Nase und Ohren)

> Nachfolgen (zusätzlich/alternativ Einsatz der Augen)

> Erstarren beim Aufspüren (das extreme Vorstehen bestimmter Jagdhunderassen wurde daraus selektiv gezüchtet)

> Fixieren (allein oder mit deutlichem Erstarren)

> Lauern und Anschleichen

> Hetzen und Angreifen/Packen

> Töten und danach sofortiges Fressen, oder Wegtragen mit späterem Fressen oder Verbuddeln

Fortpflanzungsverhalten

Pubertät

Das Wort Pubertät bedeutet „Geschlechtsreife" – die Hunde sind jetzt fortpflanzungsfähig. Bei Hündinnen ist dieser Zeitpunkt anhand der ersten Läufigkeit genau zu erkennen, bei Rüden ist er nicht so akkurat zu bestimmen. Man kann sich innerhalb einzelner Rassen aber daran orientieren, wann durchschnittlich bei den Hündinnen die erste Läufigkeit auftritt. Üblicherweise kommen Hunde in die Pubertät, wenn sie das Körpergewicht eines erwachsenen Hundes der jeweiligen Rasse erreicht haben. Bei kleinen Rassen kann dies schon mit sechs Monaten sein, bei großen meist erst mit einem Jahr. Eine verzögerte erste Läufigkeit kann man bei Hunden mit verlangsamter Gewichtsentwicklung (durch schlechte Haltung, Krankheit etc.) beobachten.

Läufigkeit

Hündinnen werden im Durchschnitt zweimal pro Jahr (alle 6–7 Monate) läufig – meist im Frühjahr und Herbst. Die Schwankungsbreite bei den Läufigkeitsintervallen ist allerdings groß. Einige Hündinnen werden sogar alle vier Monate läufig (häufiger bei kleinen Rassen) und andere nur alle 12 Monate (z. B. typisch für Dingo oder Basenji).

Ein Läufigkeitszyklus ist in vier Phasen unterteilt:

1. **Proöstrus:** Hier bereitet sich der Körper auf den Deckakt vor. Die Schamlippen schwellen an und es kommt zu blutigem Ausfluss. Diese Phase dauert durchschnittlich neun Tage; die Hündinnen sind jetzt schon für Rüden interessant, lassen sich aber noch nicht von ihnen decken. Sie reagieren oft aggressiv gegen aufdringliche Rüden.

2. **Östrus** (die eigentliche Läufigkeit): Dauer ca. neun Tage. Der Scheidenausfluss wird wässrig-bräunlich und manchmal leicht schleimig. Jetzt ist die Hündin deckbereit und wird Rüden nicht mehr „wegbeißen". Sie wird bei Annäherung stehen bleiben, das Hinterteil eventuell sogar noch dem Rüden entgegendrücken und den Schwanz zur Seite halten. Die Eisprünge (Ovulationen) beginnen meist am 2.–4. Tag und dauern 24 bis 48 Stunden.

Diese Hündin ist deckbereit und lässt den Rüden aufspringen.

3. **Metöstrus** (Gelbkörperphase): Diese Phase dauert 9–12 Wochen. Manchmal lassen sich Hündinnen in den ersten Tagen sogar noch decken.
4. **Anöstrus:** Hormonelle Ruhephase – die Blutwerte der Sexualhormone sind sehr niedrig. Auf den Anöstrus folgt in dem für den individuellen Hund typischen Intervall dann der nächste Proöstrus.

Der Deckakt

Rüden sind, mit individuellen Unterschieden, das ganze Jahr über an läufigen Hündinnen interessiert und könnten auch erfolgreich decken. Wenn sich ein Rüde für eine Hündin interessiert, wird er Verhalten der sozialen Annäherung zeigen, gepaart mit Imponierverhalten und Spielverhalten. Wenn die Hündin es zulässt (meist erst nach einiger Zeit des „Balzens"), wird der Rüde von hinten oder leicht seitlich von hinten aufspringen („aufreiten"), sich mit dem Vorderkörper quasi auf den Rücken der Hündin legen und sie im Beckenbereich mit den Vorderbeinen umklammern. Gleichzeitig wird die deckbereite Hündin ihren Schwanz zur Seite halten und der Rüde wird mit einigen Stoßbewegungen den Penis einführen. Danach kommt es zum sogenannten „Hängen": Die Schwellkörper des Penis schwellen an und der Rüde hängt für diese Zeit in der Scheide der Hündin fest, während es parallel zur Ejakulation kommt. Beim Hängen steigt der Rüde wieder von der Hündin ab und dreht sich dabei um ca. 180°. Die Hunde stehen dann während des restlichen Deckaktes, der 10 bis 60 Minuten dauern kann, „Po an Po". Nach der Ejakulation schwellen die Schwellkörper wieder ab, die Hunde zeigen dabei leichte Unruhe und trennen sich dann.

Trächtigkeit und Geburt

Die Tragezeit dauert im Durchschnitt 63 Tage. Hündinnen beginnen drei bis vier Tage vor dem Geburtstermin damit, sich ein Nest „zu bauen". Sinnvoll ist es also, spätestens eine Woche vorher die Wurfkiste als Lager anzubieten und diese mit Materialien auszustatten, aus denen man gut ein Nest bauen kann (alte Tücher und Bettlaken zum Beispiel). Ca. zwei bis drei Tage vor dem Geburtstermin kann Milch aus den Zitzen austreten und das Gesäuge beginnt, sich anzubilden. Im Schnitt werden die Hündinnen dann einen Tag vor dem Geburtstermin erkennbar unruhig, können zittern und hecheln. Ca. zwölf Stunden vor Geburtsbeginn beginnen Sie dann intensiver zu hecheln.

Brutpflegeverhalten

Das Brutpflegeverhalten ist Hündinnen grundsätzlich angeboren; sie müssen es nicht lernen, wenngleich es natürlich im Laufe mehrerer Trächtigkeiten über Erfahrungen verbessert werden kann. Gerade bei erstgebärenden Hündinnen kann es hin und wieder leichte Zeitverzögerungen geben, bevor sie korrektes Brutpflegeverhalten zeigen. Dies wäre noch keine Verhaltensstörung. Dort, wo Hündinnen aber auf Dauer kein korrektes Brutpflegeverhalten zeigen, liegen echte Verhaltensstörungen vor.

Scheinträchtigkeit

Hündinnen, die nicht oder nicht erfolgreich gedeckt wurden, können um den Zeitpunkt der (fiktiven) Geburt herum eine sogenannte „Scheinträchtigkeit" entwickeln. Einige Hündinnen können Gesäuge heranbilden und sogar Milch produzieren, andere zeigen typische Verhaltensmuster wie Nestbau, Herumtragen von Spielsachen (fiktive Welpen), Verteidigen von Objekten (fiktiven Welpen) oder auch alles auf einmal. Die Hunde können in einem gleich hohen Stresszustand und genauso schnell erregbar sein wie eine Hündin mit realen Welpen. Für einige Hündinnen kann solch ein Zustand sehr anstrengend sein und

> ### > Elemente des Brutpflege-verhaltens
>
> Zum Brutpflegeverhalten gehören:
>
> > Belecken (Trockenlecken, Weglecken von Plazentaresten) direkt nach der Geburt; Durchtrennen der Nabelschnur.
>
> > Seitlich liegen bleiben und erdulden, dass die Welpen auf dem Bauch herumkrabbeln, um eine Zitze zu finden; „Hinschubsen" der Welpen mit der Nase Richtung Zitze
>
> > Liegen bleiben während des Saugens und nachfolgendes Lecken, damit Kot und Urin bei den Welpen abgehen, Auflecken der Exkremente
>
> > Ins-Nest-Tragen von Welpen, die abseits liegen; vorsichtiges Tragen mit dem Maul.
>
> > Aktives Verteidigen der Welpen gegen subjektive oder objektive Bedrohungen.
>
> > Ab ca. der dritten/vierten Lebenswoche der Welpen: Hervorwürgen von halbverdautem Futter, wenn die Welpen mit den Vorderpfoten oder der Schnauze an die Maulwinkel der Hündin stupsen.

sie können darauf mit klinischen Krankheitszuständen reagieren. Bei einer Hündin, die regelmäßig nach jeder Läufigkeit stark scheinträchtig wird, wäre eine Kastration aus gesundheitlichen Gründen durchaus sinnvoll. Dies gilt auch für Hündinnen, die regelmäßig im Zuge der hormonellen Veränderungen während der Läufigkeit mit deutlichen Verhaltensveränderungen zum Negativen hin auffallen (z. B. deutlich ängstlicher sind als sonst). Natürlich sollte jeder Einzelfall vor solch einem Eingriff intensiv mit dem jeweiligen Haustierarzt oder der Haustierärztin besprochen werden.

Die Welpen sind ca. fünf bis sechs Wochen alt und sind fast abgestillt.

Eva-Maria Krämer

Nun wissen Sie schon allerhand über Hundeverhalten, konnten sich einen Überblick über die Rassen verschaffen und Sie haben sich sicher schon für Ihren Traumhund entschieden. In diesem Kapitel erfahren Sie, wie Sie den passenden Züchter finden und was auf die Shoppingliste gehört, wie Sie Ihren neuen Freund gebührend empfangen, wie Sie ihn gesund ernähren und richtig pflegen.

Die Auswahl des Hundes

Warum ein Hund?

Das ist die erste Frage, die gestellt werden muss, wenn man mit dem Gedanken spielt, sich einen Hund ins Haus zu holen. Es genügt nicht, irgendwo mal einen gesehen und schön gefunden zu haben, denn man adoptiert ein vollwertiges Familienmitglied. Ein Hund als Prestigeobjekt zum Auffallen, der überhaupt nicht in die Familie passt, verliert ganz schnell seinen Reiz!

Die gesamte Familie muss in die Vorüberlegungen einbezogen werden, ebenso wie Personen, die sich zur zeitweiligen Betreuung bereit erklärt haben!

Eine ehrliche, realistische Antwort zeigt den richtigen Weg.

> Wohnung
> Beruf
> Alleinstehende Menschen
> Familie
> Allergiker
> Zeit
> Urlaub
> Fitness
> Kosten
> Gesetze
> Auslaufgebiete
> Langhaar – Kurzhaar
> Rüde oder Hündin
> Ein oder zwei Hunde
> Rasse oder Hundetyp
> Hundekauf
> Ein Hund aus dem Tierschutz

Sind Sie hundefit?

Jetzt kommen die entscheidenden Punkte, die gründlich durchdacht und abgewogen werden müssen, denn die Voraussetzungen, die wir bieten können und wollen, bestimmen die Wahl unseres Hundes.

Wohnung

Auch wenn Gerichtsurteile entschieden haben, dass Hundehaltung nicht verboten werden kann, sollte man unbedingt die schriftliche Erlaubnis des Vermieters einholen, um Ärger zu vermeiden.

Je höher gelegen die Wohnung, desto kleiner sollte der Hund sein, auch wenn ein Aufzug vorhanden ist.

Ein Garten ist eine schöne Sache, um sich dort mit dem Hund zu beschäftigen oder um einen Löseplatz einzurichten. Aber die meisten Hunde halten sich bei ihren Menschen auf und nutzen den Garten alleine nicht. Manche Hunde sehen ihre Erfüllung in der Bewachung eines eigenen Reviers und sind vorzugsweise draußen.

Beruf

Wer länger als vier Stunden außer Haus sein muss, braucht einen Hundesitter, der zwischendurch mit dem Hund rausgeht. Hat man den Platz, bietet sich für größere, widerstandsfähige Hunde an, den Garten zum Hundegehege abzusichern; mit einem wetterfesten Haus, um dort zwei Hunde während der Abwesenheit einen interessanten Lebensraum zu bieten. Das bedeutet allerdings, dass man sich nach der Arbeit einige Stunden lang intensiv mit den Hunden beschäftigen muss. Schön, aber leider noch viel zu selten möglich, ist, den Hund mit zur Arbeit nehmen zu dürfen.

Alleinstehende Menschen

Gerade Alleinstehende brauchen den Hund als Sozialpartner. Aber es muss vor der Anschaffung abgeklärt werden, wer sich um den Hund in ihrer Abwesenheit kümmert. Schon eine mehrtägige Bettruhe wird ohne Hilfe zum Problem. Es empfiehlt sich unbedingt ein kleiner, pflegeleichter Hund, der überall gerne gesehen ist und wenig Aufwand bedeutet.

Heute gibt es vielerorts professionelle „Tagesmütter". Allerdings verschließt sich mir der Sinn einer Hundehaltung, wenn der Hund die meiste Zeit seines Lebens in einer fremden Familie mit anderen Hunden verbringen soll. Für den Notfall und vorübergehend ist dagegen nichts einzuwenden, aber als Dauerlösung verträgt das sicher nicht jeder Hund.

Familie

Kinder und ältere Personen im Haushalt bedürfen besonderer Berücksichtigung.

Es gibt keine lebenden Kinderspielhunde. Nur dem Wunsch der Kinder zu folgen, ist nicht sinnvoll, denn auch ältere Kinder sind mit der alleinigen Verantwortung für einen Hund überfordert. Letztlich bleibt die Betreuung an der Mutter hängen! Kleine Kinder fordern die Familie. Reicht die restliche Zeit für einen Hund aus? Er ist wie ein zusätzliches Kleinkind! Nur erfahrenen Hundehaltern ist das zu empfehlen. Für die anderen heißt es lieber warten, bis das Kind 10 bis 12 Jahre alt ist. Bei der Wahl des Hundes kommt es darauf an, wie stark das Kind in den Umgang einbezogen werden soll. Soll es beteiligt werden oder sogar mit ihm sportlich aktiv sein?

Ein Welpe fügt sich leichter ein, macht aber auch anfangs mehr Arbeit. Einen erwachsenen Hund unbekannter Vergangenheit aufzunehmen, ist immer ein Risiko und nur erfahrenen Hundeleuten anzuraten.

Allergiker

Leider kommen Allergien gegen Hunde immer wieder vor. Sie werden ausgelöst durch Hautpartikel oder Speichel. Es gibt keine Hunderasse, die keine Allergien auslösen kann. Fliegen jedoch viele Haare in der Luft, verteilen sich die Allergene besser. Allergiker sollten vor der Anschaffung den Hund (nicht Rasse!) ihrer Wahl austesten lassen.

Zeit

Die Zeit, die ein Hund erfordert, ist nicht zu unterschätzen. Ist man zu Hause, hat aber wenig Zeit, darf es kein sportlicher oder lauffreudiger Hund sein. Ein sportlicher Hund will bei jedem Wetter an jedem Tag im Jahr hinaus. Wenigstens zwei Stunden täglich müssen eingeplant werden. Arbeitsfreudige Hunde brauchen zwischendurch Aufgaben und Ansprache. Nichts ist schlimmer als ein unterforderter Arbeitshund, der sich selbst seine Beschäftigung sucht. Selten findet er eine, die uns Menschen Freude macht. Das Gegenteil ist eher der Fall. Es gibt genügend Rassen, die keinen Entertainer brauchen. Auch der Pflegeaufwand muss als Zeitfaktor eingerechnet werden!

Urlaub

Wer mit dem Hund in den Urlaub fährt, wird keine Hotel-Strand-Urlaube in der Hochsaison oder Studienreisen mehr einplanen können. Den Süden wird man wegen der lauernden Krankheiten meiden und stattdessen ein hundefreundliches Wandergebiet in mäßigem Klima suchen.

> ### Urlaubsangebote für Hundehalter

> Inzwischen hat sich das Urlaubsangebot für Hundehalter verbessert. Es gibt Homepages, auf denen Hundehaltern Unterkünfte in verschiedenen Urlaubsregionen angeboten werden, organisierte Wanderungen mit Hund und Reiseführer für Hundehalter.

Bei den Unterkünften muss man sich mit denen begnügen, die Hunde zulassen. Spontanreisen sind schwierig, denn man findet nicht immer auf Anhieb eine hundefreundliche Unterkunft. Das heißt sorgfältig planen und sich für jede Übernachtung, egal ob Hotel, Pension, Ferienhaus oder Campingplatz schriftlich absichern lassen, dass der Hund willkommen ist. Manchmal kommt es auf den Hund an; kleine oder kurzhaarige Hunde sind willkommener als große, gefährlich anmutende oder langhaarige Hunde.

Erkundigen Sie sich bei Auslandsreisen bitte frühzeitig nach den Einreisebestimmungen. Neben der üblichen Tollwutimpfung verlangen manche Länder eine Wurmkur, in manchen herrscht Maulkorbzwang oder bestimmte Rassen dürfen nicht einreisen. Die Botschaften, das örtliche Veterinäramt oder der Tierarzt können Auskunft erteilen.

Viele Hunde lieben Wasser – Strandurlaube außerhalb der Saison sind ideal.

Urlaubsbetreuung

Soll der Hund zu Hause bleiben, braucht man zuverlässige Menschen, die ihn versorgen, eine Hundepension oder Urlaubspaten, vielleicht im Austausch mit befreundeten Hundebesitzern. Das muss vorher gut geplant sein und kann ordentlich ins Geld gehen.

Fitness

Auch darüber muss man nachdenken. Einen lebhaften, ungestümen Hund muss man halten können; toben große Hunde, muss man standfest sein. Hier gibt es große Unterschiede – fein- und grobmotorische Vierbeiner. Natürlich gibt es Hunde, die auf gebrechliche Menschen eingehen und ganz zart sein können, egal, wie groß und schwer sie sind – es gibt aber auch Rüpel! Ist man selbst kein ausdauernder Läufer, erübrigt sich ein sportlicher Hund. Wer körperlich nicht wirklich fit ist, sollte sich auf einen kleinen, leichten Hund beschränken, den er noch gut tragen kann.

Kosten

Ein sehr wichtiger Faktor! Der Kaufpreis eines Rassehundes ist eine einmalige Ausgabe. Die laufenden Kosten sind beim Rassehund nicht anders als beim billigeren Mischling. Sparen kann man nur über die Futtermenge eines kleinen Hundes. Steuer, Haftpflicht, Tierarzt usw. sind für alle Hunde gleich.

Erfragen Sie bei der Gemeinde die Hundesteuer, bei Ihrer Haftpflichtversicherung die Hundehaftpflicht und fragen Sie Tierärzte nach dem Preis für Impfungen und Wurmkuren. Vergleichen Sie im Fachhandel Preise für Zubehör und Futter. Wenn Sie alles zusammenrechnen, kommen Sie auf einen Mindestbetrag pro Jahr. Mit Mehrkosten müssen Sie rechnen, insbesondere Tierarztkosten.

Gesetze und Verordnungen

Erkundigen Sie sich bei Ihrer Stadtverwaltung oder Gemeinde nach Hundeverordnungen wie Leinenzwang, Auflagen für bestimmte Rassen, abzulegenden Sachkundenachweis usw.

Auslaufgebiet

Selbst auf dem Land kann es schwierig sein, Freilaufmöglichkeiten für Hunde zu finden. Eigentlich herrscht überall Leinenzwang, Jagdgesetze überschneiden sich mit landwirtschaftlichen Verordnungen. In Naturschutzgebieten herrscht grundsätzlich Leinenzwang. Ganze Küstenregionen sind für Hunde tabu. Da ist es manchmal in der Stadt einfacher, wenn Grünflächen mit Hundeauslaufgebieten gut zu Fuß zu erreichen sind. Gut erzogene, jagdeifrige Hunde kann man dort eher frei laufen lassen, weil mit Wild nicht zu rechnen ist.

Man sollte relativ nah an Grünflächen für Hunde wohnen und für die täglichen Gassigänge nicht auf Auto oder Verkehrsmittel angewiesen sein. Gehen Sie die Wege ab, sprechen Sie mit Hundebesitzern aus der Nachbarschaft, erkundigen Sie sich, welche Schwierigkeiten auf Sie zukommen könnten. Die Umwelt steht uns mit Hund leider nicht uneingeschränkt zur Verfügung.

Langhaar – Kurzhaar

Straffes, glattes Langhaar verfilzt nicht und ist pflegeleichter als gelocktes, wolliges oder seidiges. Sehr dickes Fell muss täglich gebürstet werden, um nicht zu verfilzen. Das kostet Zeit und bei einem größeren Hund Kraft. Langhaarige Hunde schleppen sehr viel Schmutz mit ihrem Fell ins Haus. Für sie sollte die Möglichkeit bestehen, bei schlechtem Wetter abgeduscht zu werden. Dafür lassen sich lange Haare gut mit einem feuchten Tuch und dem Staubsauger von Textilien entfernen.
Wolliges Haar wie beim Pudel muss, da es nicht ausfällt, täglich gekämmt, regelmäßig gewaschen und geschoren werden, um adrett und sauber zu sein.
Stockhaar nennt man straffes, harsches Deckhaar mit dichter, pelziger Unterwolle. Es bietet optimalen Witterungsschutz und ist das typische Haarkleid des Wolfes. Es ist mal länger, mal kürzer, aber immer pflegeleicht und gut sauber zu halten. Diese Hunde verlieren während des Fellwechsels im Frühjahr und Herbst Unmengen an Haaren, und auch zwischendurch. Diese fliegen durch die Wohnung und bleiben überall hängen.
Rau- und Drahthaar wird meist getrimmt, d. h. ausgezupft, wenn es abstirbt und auszufallen droht. Mit Haaren hat man wenig zu tun, wenn regelmäßig zum richtigen Zeitpunkt getrimmt wird. Ansonsten ist es recht pflegeleicht.
Kurzhaarige Hunde ohne Unterwolle sind besonders pflegeleicht, verlieren aber auch Haare, die sich in Textilien pieken und schlecht entfernen lassen. Diese Hunde sind nicht sehr witterungsgeschützt, lieben weiche und warme Liegeplätze. Vor allem nicht abgehärtete Wohnungshunde sollten bei längerem Aufenthalt in Kälte, bei Wind und Nässe auf einer Decke liegen und einen Mantel tragen.

Manche Rassen und Hunde haben einen starken, unangenehmen, an ranziges Fett oder Käse erinnernden Eigengeruch. Wer empfind-

Das schlichte Langhaar ist pflegeleicht.

lich ist, sollte bei der Rassewahl auf den Geruch achten. Normaler Hundegeruch, besonders bei nassem Fell, ist nicht unangenehm.

So hat jedes Fell sein Für und Wider – auch hier sollte man praktisch denken, denn die pflegeaufwendigen Rassen sind nur schön, wenn sie stets wirklich sorgfältig gepflegt werden!

Rüde oder Hündin

Wer viel reist und seinen Hund überallhin mitnehmen will oder an sportlichen Wettkämpfen teilnehmen möchte, der ist mit einem Rüden besser bedient. Das Gemüt der Hündin unterliegt hormonellen Schwankungen – vor der Hitze wird sie unkonzentriert, während der Hitze fällt sie aus, und wenn man Pech hat, wird sie scheinträchtig. Die Gemütsschwankungen können auch in der Familie zu Problemen führen. Unkomplizierter ist der Rüde! Bei manchen Rassen sind Rüden sehr viel selbstbewusster als Hündinnen, sodass man überlegen muss, was besser in die Familie passt. Verschmust sind beide gleichermaßen.

Leidet eine Hündin zu sehr unter einer Scheinträchtigkeit, wird oft zur Kastration geraten. Zum richtigen Zeitpunkt durchgeführt, entfallen dadurch kritische Zeiten und „Launen".

Rüden sind immer mehr oder weniger an Hündinnen interessiert. Manche gehen auf Wanderschaft, fressen nicht mehr und sitzen nur noch heulend vor der Tür, wenn Nachbars Hündin heiß ist. Man sollte sich vor der Anschaffung umsehen, wer so alles in der näheren Umgebung wohnt.

Lässt sich ein Rüde zu sehr von seinem Geschlechtstrieb leiten, hilft eine Kastration. Der Eingriff ist bei einem Rüden einfacher als bei der Hündin. Kastration als vorbeugende Maßnahme oder aus Bequemlichkeit ist per Gesetz verboten!

Ein oder mehrere Hunde

Der Trend zum Zweit- oder Dritthund ist groß. Der Anfänger sollte auf keinen Fall zwei Hunde gleichzeitig aufnehmen. Auch wenn sie sich miteinander beschäftigen, machen sie trotzdem doppelte Arbeit, denn jeder muss individuell erzogen, beschäftigt und gepflegt werden. Auch die Kosten sollte man nicht vergessen, denn die Hundesteuer ist beim Zweithund oft drastisch höher.

Bei gleichgeschlechtlichen Paaren kann es zu Rangeleien bis hin zu unüberwindbaren Feindschaften mit ernsthaften Raufereien kommen. Bei Rüde und Hündin verteidigt der Rüde seine Hündin gegen andere Rüden. Auch wenn sich mehrere Hunde in der Familie scheinbar vertragen, kann es zu unterschwelligem Stress kommen, der sich in verschiedenen Verhaltensstörungen und Krankheitsbildern ausdrücken kann. Es kommt auf die Rasse und die individuelle Persönlichkeit an.

An die Anschaffung eines Zweithundes sollte man erst denken, wenn der Erste zuverlässig folgt.

Rasse oder Hundetyp – die richtige Wahl

Haben Sie all diese Punkte gut durchdacht, dann ist die Liste der infrage kommenden Rassen gar nicht mehr so lang! Informieren Sie sich über Fachbücher und setzen Sie sich mit Zuchtvereinen der Rassen Ihrer engeren Wahl in Verbindung; lassen Sie sich Adressen, Treffpunkte und Termine nennen und lernen Sie die Hunde und ihre Menschen persönlich kennen.

Nehmen Sie sich die Zeit, die einzelnen Rassen auf sich wirken zu lassen! Diese Erkundungserfahrungen kommen Ihnen auch zugute, wenn Sie einen Hund aus dem Tierheim aufnehmen möchten.

Keine Mitleidskäufe

Vorsicht vor Verkäufern, die mehrere Rassen oder gezüchtete Mischlinge anbieten oder „jede Rasse besorgen" können. Solchen Welpen fehlt es meist an sorgfältiger Aufzucht, Prägung, Impfungen und Wurmkuren; importierte Welpen werden zu früh der Mutter weggenommen usw.

Weder bei einem Züchter noch im Tierschutz und schon gar nicht bei einem Hundehändler darf Mitleid eine Rolle spielen. Es hilft weder Ihnen noch dem Hund, wenn Sie eine falsche Entscheidung treffen! Gut gemeint ist längst nicht gut getroffen!

Kein Kauf über Internet

Internethändler, die die Welpen unter tierschutzwidrigen Umständen, oftmals illegal, aus dem Ausland beziehen, verstehen es hervorragend sich zu tarnen und verleiten gutgläubige Menschen zum Kauf, besonders bei Rassen, die gerade „in" sind und beim Züchter hier nur mit Wartezeiten und teurer zu bekommen sind. Information über das Internet ja - aber in jedem Fall vor dem Kauf persönlich vorsprechen und die Verhältnisse kritisch überprüfen!

Der Hund vom Züchter

Einen Rassehund kauft man bei einem seriösen Züchter. Adressen bekommen Sie über den VDH. Zuchtstätten, Zuchthunde und Welpen werden von geschulten Fachleuten überprüft und müssen hohe Auflagen erfüllen. Besuchen Sie mehrere Anbieter, denn innerhalb einer Rasse können Vorlieben des Züchters die Hunde in Aussehen und Verhalten prägen. Erklären Sie offen und ehrlich, was Sie sich vorstellen und wie Sie leben, damit er den geeigneten Welpen aussuchen helfen kann. Je mehr er über die zukünftige Familie seines Welpen wissen will, desto besser. Vielleicht rät er sogar von seiner Rasse ab, was Sie ernstnehmen sollten. Ein schlechtes Zeichen ist es, wenn er nur am Verkauf interessiert scheint.

Gut gepflegte Welpen

Die Welpen sollen in sauberer, gepflegter Umgebung aufwachsen. In einer Schlechtwetterphase dürfen sie ruhig auch mal im Matsch (Rasen hält Hundepfoten nicht stand!) herumstapfen, aber sie dürfen nicht unangenehm riechen, sich kratzen, schuppige Haut, aufgeblähte Bäuche, verschmutzten After, triefende Augen und Nasen haben.

Zugang zur Wohnung und Kontakt mit der Familie muss gegeben sein. Wichtig ist Platz zum Spielen und Toben im Freien, um alle möglichen Umwelteinflüsse hautnah zu erleben und an frischer Luft aufzuwachsen. Das fördert die körperliche und geistige Gesundheit. Welpen, die nur in geschlossenen Räumen, gar Laufställchen oder Boxen gelebt haben, werden schwer stubenrein, sind verzärtelt und nicht auf die Umwelt geprägt. Das kommt leider häufig bei Kleinhunden vor.

Welpen sollen aufgeschlossen und neugierig auf Fremde zugehen und schon vom Züchter sorgfältig mit der Umwelt vertraut gemacht worden sein, wie z.B. mit Autofahren, unterschiedlichem Gelände, verschiedenen Menschen und Tieren.

Wie Züchter mit ihren Hunden leben sollten

Wichtig ist es, sich das Leben der Züchter mit den erwachsenen Hunden anzusehen. Bei großen Rassen und mehreren Hunden mag eine Gehegehaltung angebracht sein, denn nicht alle Hunde können und wollen in der Wohnung leben. Viel Freilauf, frische Luft und ein gutes Hundehaus sind ein guter Lebensraum. Zu viele Hunde auf zu engem Raum gehalten verursachen ungesunden Stress in der Gruppe. Alle Hunde sollten eine innige Beziehung zum Züchter haben und auf leise Worte gehorchen. Wird er seiner Hunde nicht Herr, hat er sich nicht ausreichend mit ihnen beschäftigt. Oftmals hört man „dazu haben wir keine Zeit" – dann haben diese Menschen zu viele Hunde!

Gemeinsam mit der Züchterin wird der Welpe ausgesucht.

Ein Hund aus dem Tierschutz

Ob aus dem Tierheim oder über Tierschutzorganisationen, ein solcher Hund ist immer eine Wundertüte, man weiß nie, was in ihm steckt. Bei Abgabehunden sind oft die Informationen, wenn es denn überhaupt welche gibt, falsch, bei Fundhunden weiß man gar nichts über ihr Vorleben. Man kann großes Glück haben und einen tollen Hund finden, aber man muss auch damit rechnen, dass der Hund so seine Probleme hat. Einiges kann mit viel Mühe und Aufwand besser werden, aber negative Erlebnisse in der Vergangenheit oder schlechte Angewohnheiten lassen sich nicht einfach auslöschen. Mit so einem Hund fängt man ganz von vorn an, wie mit einem Welpen – nur dauert alles viel länger. Man braucht Geduld, Verständnis und muss bereit sein, ihn so zu akzeptieren, wie er ist. Auch hier müssen hohe Folgekosten für professionelle Beratung und Tierarztkosten eingerechnet werden. Solche Hunde sollten nicht in unerfahrene Hände gehen. Wer kleinere Kinder oder ältere Menschen im Haus hat, muss seinen neuen Gefährten besonders sorgfältig auswählen.

Wichtig ist, dass die Hunde nachweislich geimpft und entwurmt sind, dass Importe auf typische Krankheiten in ihrer Heimat untersucht wurden und frei davon sind.

Leider wird mit dem Mitleid und dem guten Willen der Menschen, einem Tier zu helfen, viel Schindluder getrieben. Auch mit einer relativ geringen „Schutzgebühr" lässt sich im großen Stil sehr viel Geld verdienen!

Wer sich auf Reisen in einen Streuner verliebt oder einen Tierheiminsassen befreien möchte, sollte vor Ort von einem Tierarzt die Gesundheit des Hundes abklären lassen und sich über die notwendigen Formalitäten für die Heimreise informieren. Es werden leider mit diesen Hunden schwere Krankheiten eingeschleppt, die langsam hier Fuß fassen und schlimmstenfalls Menschen gefährden können.

> Geimpft, entwurmt, mit Papieren

Welpen werden nur geimpft, entwurmt und mit Ahnentafel abgegeben (im Preis enthalten). Meist sichert ein Kaufvertrag die Transaktion ab. Bei Mängeln hat der Käufer unbestimmten Voraussetzungen Ersatzansprüche.

Hunde aus Privathand

Muss jemand schweren Herzens für seinen Hund neue Besitzer suchen, kann man einen angenehmen, erwachsenen Hund bekommen. Bei Welpen aus „Privathand" gibt es keine Überprüfung durch Fachleute. Oft verbergen sich dahinter Massenvermehrer oder Händler. Der Welpe sollte noch vor Kaufabschluss einem Tierarzt vorgestellt werden, sonst büßt man das am Kaufpreis gesparte Geld später vielleicht durch Tierarztkosten oder andere Probleme ein.

Was Hunde brauchen

Halsband, Leine und Co.

Das Angebot an Nützlichem und Schönem, vor allem an Unnötigem ist riesig. Aber nichts macht dem Hundehalter mehr Freude, als ab und zu ein neues „Kleidchen" für den Liebling zu kaufen. Über Geschmack lässt sich streiten. Zunächst sollte das Nützliche Vorrang haben.

Brustgeschirr

Ich bin ein großer Freund des Brustgeschirrs. Es schont nicht nur die empfindliche Halswirbelsäule und Kehle (besonders bei Hunden, die keine schützende Halskrause besitzen), wenn der Hund in Freude, Panik oder um zu streiten losstürmt. Ebenso wichtig erscheint mir, dass der Hund körpersprachlich mit anderen Hunden kommunizieren kann. Er kann den Kopf wegdrehen und so Konfrontation vermeiden, was er am straff hochgezogenen Halsband nicht kann und dadurch genau das heraufbeschwört, was er vermeiden will, nämlich aggressive Konfrontation.

Beim Welpen ist das Brustgeschirr unerlässlich, um ihn blitzschnell aus Gefahrensituationen herauszuheben.

Ich wähle immer das Geschirr, wenn ich mit dem Hund zwischen vielen Menschen, Tieren oder auf schwierigen Wegen gehe.

Das Brustgeschirr erlaubt das sichere Anschnallen des Hundes in jedem Auto.

Es muss sehr gut passen, weich gepolstert sein und darf nicht in den empfindlichen Achselhöhlen reiben.

Halsband

Der gut erzogene erwachsene Hund hat natürlich sein Halsband. Hier sind der Fantasie keine Grenzen gesetzt. Es hängt vom Fell und der Anatomie des Hundes ab, welches sich am besten eignet. Sehr fein und kurz behaarte Hunde sollten ein breites, weich gepolstertes Halsband tragen.

Es muss gut am Hals sitzen, weit genug, dass man zwei Finger bequem zwischen Hals und Band stecken kann, aber nicht so weit, dass es über den Kopf rutscht. Zughalsbänder sollten einen Stopper haben, der ein Zuziehen nur so weit erlaubt, dass es nicht über den Kopf rutschen kann. Vorsicht, manche Hunde winden sich mit erstaunlichem Geschick aus allen Bändern!

Es gibt zahlreiche Hilfsführmittel, die den Hund davon abhalten sollen, an der Leine zu ziehen, die ich grundsätzlich ablehne. Es mag Ausnahmesituationen geben, wenn sie Fachleute für kurze Trainingszwecke einsetzen.

Auf Dauer – und vor allem falsch – eingesetzt, bezeugen diese Hilfsmittel die Unfähigkeit des Hundebesitzers mit seinem Hund hundegerecht umzugehen, und viele gehören für mich, da sie Schmerzen auslösen, in den Bereich der Tierquälerei.

Leine

Die Leine ist ein wichtiges Bindeglied zwischen Hund und Mensch. Erfüllt sie diesen Zweck, lässt sich ein Hund gerne anleinen, weil er sich an der Hand seines Besitzers sicher fühlt. Die Leine sollte nicht zu lang und nicht zu kurz sein und gut in der Hand liegen. Die Stabilität muss dem Hund angepasst sein. Prüfen Sie regelmäßig den Karabinerhaken, denn er kann sich durch Abnutzung von der Leine lösen. Das passiert je nach Qualität des Materials früher oder später immer dann, wenn man den Hund sicher festhalten muss.

Leder oder Nylon?
Ob Leder oder Nylon, das ist Geschmacksache. Muss man den Hund kurzzeitig anbinden, sollte man eine Kettenleine benutzen, denn manche beißen selbst starke Lederleinen blitzschnell durch.

Flexible Leine
Ich bin kein Freund der flexiblen Ausziehleinen. Keinesfalls darf man einen Welpen daran führen. Die Sicherheit einer festen Leine und die Begrenzung seines Freiraums sind wichtige Elemente beim Beziehungsaufbau. Bei einer flexiblen Leine bestimmt der Hund die Distanz zum Menschen. Besonders dramatisch ist es in für den Hund riskanten Situationen, wenn in der Aufregung vergessen wird, die Leine festzustellen.

Außerdem bringt man dem Hund das Ziehen bei, denn nur durch Zug erreicht er das Verlängern der Leine und das Ausdehnen seines Freiraums. Es werden falsche Botschaften übermittelt, die die gesamte Erziehung erschweren.

Die flexible Leine hat zweifellos ihren Sinn, wenn man den erwachsenen, gut erzogenen Hund nicht frei laufen lassen kann oder darf. So kann man ihm etwas Freiraum schenken, den er sich mit der Bemerkung „Lauf" nehmen darf. Sie gehört deshalb zur Ausstattung und muss unbedingt der Kraft des Hundes angepasst sein. Es gibt große Qualitätsunterschiede. Sicherheit hat ihren Preis.

Maulkorb
Er kann bei Auslandsreisen, je nach Rasse und Verordnungen auch hier, Pflicht sein. Nützlich ist er unter Umständen beim Tierarzt, wenn schmerzhafte Behandlungen anstehen. Um für alle Fälle gerüstet zu sein, sollte der ausgewachsene Hund an einen gut passenden, aus Stoff gearbeiteten Maulkorb gewöhnt werden.

Der Australian Shepherdwelpe fühlt sich in seinem Geschirr sicher und unbeschwert.

Wer möchte sich und seinem Hund diesen Genuss verwehren?

Fühlt er sich auf dem zugedachten Platz offensichtlich nicht wohl, schaut man, wo er gerne läge und warum. Liegt er „zufällig" immer dort, wo alle über ihn klettern müssen und er das Kommen und Gehen im Haus kontrolliert, muss man sich durchsetzen und ihm den Platz unbequem machen. Beim Welpen steigt man nicht über ihn, sondern schiebt ihn sanft, aber bestimmt zur Seite. Da man in dieser Zeit leider ständig durch diese Tür oder Passage gehen muss, wird er schließlich genervt begreifen, dass sein Bestreben nicht fruchtet. Sollte er knurren und sich wehren, dann haben Sie es mit einer Persönlichkeit zu tun, die Sie nicht auf die leichte Schulter nehmen dürfen! Deshalb schon beim Welpen sehr konsequent sein, bei dem ein tadelndes „No" genügt, um ihm die Grenzen aufzuzeigen.

Wo Hunde schlafen

Hunde suchen sich ihre Ruheplätze am liebsten selbst aus. Es liegt an uns, ob wir diese dulden oder den Platz bestimmen wollen. Hat die Wahl des Platzes für uns eher praktische Aspekte, so misst der Hund seinem Ruheplatz weit mehr Bedeutung bei. Wo er sich bevorzugt aufhält, liegt stark an seiner Persönlichkeit. Sehr anhängliche Hunde wollen bei ihren Menschen sein und haben überall dort, wo er sich aufhält, möglichst körpernah ihren Platz. Andere wollen einen strategisch wichtigen Posten in Beschlag nehmen, von dem sie alles im Blick haben. Manche liegen gerne hoch, andere bevorzugen versteckte Ecken.

Der geeignete Platz
Eine Empfehlung ist eine geschützte, zugfreie Ecke im Wohnbereich, jedoch nicht direkt an der Heizung, von der aus der Hund zwar einen Überblick hat, aber nicht im Mittelpunkt liegt. Hier kann er ein wenig abseits vom Tagesgeschehen entspannen, ohne weggesperrt zu sein.

Sofa – ja oder nein?
Ob Ihr Hund auf den Möbeln residieren darf, ist einzig und allein Ihre Entscheidung. Die Betonung liegt auf „darf". Kuschelt er sich brav an Sie oder beschränkt er sich auf die Decke, die dort für ihn liegt, ist alles in Ordnung. Macht er sich aber breit, schiebt gar Personen auf die Seite und mag auf eine leise Aufforderung „Runter bitte" nicht folgen, ist es wie mit der Tür: Nun wird das Liegen auf dem Sofa auf einmal sehr unbequem, Menschen machen sich breit und schieben ihn hinunter, manchmal liegen Sachen darauf wie umgekehrte Hocker oder Stühle.

> ### › Die richtige Größe
>
> Das Hundebett, egal ob Kissen, Matte, Korb, Schale, Box oder Kudde, sollte so groß sein, dass sich der ausgewachsene Hund bequem ausstrecken kann und eine Möglichkeit zum Kopfauflegen bieten.

Das Hundebett

Das Hundebett ist so individuell wie der Hund selbst. Manche wollen gar nichts, scharren jede Decke zur Seite, andere lieben kuschelig weiche Knautschbetten oder ein Fell im Plastik- oder Weidenkorb. Ein Weidenkorb ist nicht für Welpen und Junghunde zu empfehlen, weil sie ihn anknabbern und Bruchstücke schlucken, die den Verdauungsapparat schwer verletzen können. Für kleine Welpen tut es ein Lebensmittelkarton aus dem Supermarkt, mit einem alten Biberbetttuch ausgestattet, der seiner Größe angepasst wird, bis er nicht mehr knabbert und der endgültige Korb gekauft werden kann. Bis dahin kennt man auch seine Vorlieben. Kurzhaarige Hunde mögen es warm und weich, um die kaum geschützten Gelenke zu schonen, langhaarige mit viel Unterwolle lieber kühl.

Liege für große Hunde

Für große Hunde kann man ein Lattenrost mit an drei Seiten niedrigen Randbrettern zum Anlehnen und Kopfauflegen basteln, das auf etwa 20 cm hohen Beinen steht, damit Feuchtigkeit, Kälte und Zugluft nicht an die Auflage kommen. Darauf kommt eine Matratze mit einem auswechselbaren, waschbaren Bezug. Die Wände um das Lager werden abwaschbar verkleidet, denn Tapeten werden schnell unansehnlich oder auch mal angeknabbert. Die Größe entspricht dem ausgestreckt liegenden, ausgewachsenen Hund. Der Welpe kann sich in die Ecke kuscheln.

Trampolinbetten

Sehr beliebt sind Trampolinbetten. Unseres wird von Gasthunden und wenn wir unterwegs sind neidisch beäugt und sofort in Beschlag genommen, wenn es nicht besetzt ist! Zusammenklappbar reist es mit, und unser Hund liegt immer warm, weich und trocken, egal wo man ist.

Ein weiches Bett und ein paar Spielsachen lassen den Welpen gerne auf seinem Platz verweilen.

Boxen

Boxen können ein gutes Hilfsmittel für die Erziehung zur Stubenreinheit sein, und man hat den Hund auf hundesportlichen Veranstaltungen, auf Schauen oder unterwegs sicher untergebracht. Niemals darf die Box als Daueraufenthalt gedacht sein. Der Welpe sollte vom ersten Tag an lernen, sie als sichere Schlafhöhle zu lieben. Manche Hunde lehnen sie allerdings vehement ab, damit muss man sich dann wohl abfinden.

Für unterwegs gibt es leichte, zusammenklappbare Soft-Boxen aus stabilem Gewebe. Sie bieten jedoch eher eine psychische Sicherheit, da sie nicht ein- oder ausbruchsicher sind.

Unterlagen

Als Unterlage bevorzuge ich die im Fachhandel erhältlichen Kunstfelle, Vetbed®, Drybed® und dergleichen, die für die Krankenpflege entwickelt wurden. Sie lassen Nässe durch, aber nicht von unten aufsteigen, sind maschinenwaschbar und trocknergeeignet. Sie sind sehr lange haltbar und lohnen die Investition. Schaffelle sind zwar sehr schön und beliebt, aber schlecht sauber zu halten.

Kissen werden gerne zerrupft und angefressen, Kunststoffteilchen sollte der Hund nicht schlucken.

Der Essplatz

Der Ort, wo gefressen wird, hat für viele Hunde besondere Bedeutung. Manche bevorzugen Sicherheit und tragen möglichst alles ins Wohnzimmer, wo sie im Zentrum der Gruppe essen, andere wollen dagegen lieber unbeobachtet bleiben. Versuchen Sie es zunächst mit dem Ort Ihrer Wahl. Wenn Sie ein trockenes Fertigfutter geben, ist es eigentlich egal, wo Sie es anbieten. Bei Nass- und Frischfutter wird schon mal gekleckert, der Boden muss leicht zu reinigen sein. Meist bietet sich die Küche an. Hunde putzen sich anschließend gerne den Mund an Möbeln und Wänden ab. Da mag es für Sie praktischer sein, nicht im Wohnbereich zu füttern.

Mag der Hund nicht fressen, behagt ihm vielleicht der Platz nicht. Bieten Sie ihm Alternativen an. Ich bin dafür, nach Möglichkeit den Bedürfnissen des Hundes nachzugeben. Das hat nichts mit Verwöhnen zu tun, sondern mit Kommunikation. Meine Hunde haben mir im Laufe der Jahre viel zu oft gezeigt, dass ich sie missverstanden habe. Jeder muss für sich selbst entscheiden, wie er mit seinem Hund lebt. Unserer hat in unserem Wohnbereich eine Essdecke, nachdem ich erkannt habe, dass er die Sicherheit im engsten Wohnbereich sucht. Wasser wurde bisher überall angenommen.

Futter- und Wassernäpfe

Ich empfehle hochwertige Edelstahl- oder Porzellanschüsseln für den menschlichen Bedarf. Billige Keramiken oder Metalle können Schadstoffe abgeben und Allergien auslösen. Plastikschüsseln werden gerne zerbissen.

Die Schüsseln sollten rutschfest stehen und nicht vom Hund fortgeschoben werden können. Die Futterschüssel soll gerade die richtige Menge fassen, zu groß verleitet dazu, zu viel hineinzutun. Der Napf wird nach jeder Mahlzeit gespült. Frisches Wasser sollte dem Hund stets überall zur Verfügung stehen.

Garten

Sehr viel Wert wird meist von Züchtern darauf gelegt, dass der Welpe in einen Haushalt mit Garten kommt. Der Garten hat unterschiedliche Bedeutung, ist für die einen lebens- und für die anderen unwichtig.

Für den Hundebesitzer ist er eine Erleichterung, weil er als Löse- und Spielplatz zwischendurch dienen kann.

Für Wächtertypen und für Sportler

Große, sehr territoriale Rassen, die es als Lebensaufgabe betrachten, Haus und Hof zu bewachen, brauchen ein großes Grundstück, dessen Grenzen sie abschreiten können. Sie halten sich vorzugsweise draußen auf und sind vollkommen glücklich, scheinbar dösend alles im Griff zu haben. Ein kleiner Reihenhausgarten reicht nicht aus, insbesondere, da diese Hunde ihr Areal nicht gerne unbewacht zurücklassen und sportlich wenig zu motivieren sind. Nachbarschaft und regelmäßig begangene Wege beziehen sie in ihr Revier ein, das sie verteidigen – sie entwickeln sich zu „Raufern".

Sportliche Rassen genießen den Garten zum Spielen und Toben zwischendurch. Man kann einen kleinen Parcours mit Sportgeräten aufbauen, Bälle werfen usw.

Die meisten Hunde halten sich ohne ihre Menschen selten im Garten auf. Manchen Hunden, denen kein Garten zur Verfügung steht, geht es manchmal besser, weil sich ihre Menschen intensiver mit ihnen beschäftigen als ein Gartenbesitzer, der seinen Hund vor die Tür schickt und sich nicht sorgt, regelmäßig mit ihm auszugehen.

Der Löseplatz

Dem Hund einen Löseplatz zuweisen zu können hat große Vorteile. Vor allem wenn Kinder im Garten spielen, hat Hygiene Vorrang. Die meisten Hunde lehnen es ab, sich auf dem eigenen Grundstück zu lösen.

Die wachsamen Wolfspitze halten gerne die Hofeinfahrt im Blick.

Das kann zu einem richtigen Problem werden, wenn man einmal nicht in der Lage ist, mit dem Hund spazieren zu gehen. Man sollte den Welpen auf einen bestimmten Platz konditionieren. Eine ihm zugedachte Ecke, ein nicht zu kleiner Sandkasten, den man leicht sauberhalten kann und muss, da er sonst nicht mehr benutzt wird, ist eine praktische Lösung.

Er sollte häufiger abgegraben und neu aufgefüllt werden, um keine Wurmeier zu beherbergen.

> ### › Ein Löseplatz ersetzt Spaziergänge nicht

Natürlich darf der Löseplatz nicht dazu verleiten, auf regelmäßige Ausgänge zu verzichten. Vorsicht: Der Hund löst sich dann vielleicht nur noch im Garten – das kann bei längeren Ausgängen zum Problem werden.

Das kommt in die Tüte

Selbstverständlich duldet man keinen Kot auf fremden Grundstücken. Dazu gehören auch Weiden und bewirtschaftetes Land. Man sollte sich deshalb, wenn man die Gartenlösung nicht wahrnimmt, vorher überlegen, wo man rasch mit dem Hund zu einem Löseplatz gelangt, ohne andere zu belästigen. Das Tütchen zur Entsorgung gehört sowieso in jede Jackentasche.

Kleinhunde in einer Stadtwohnung kann man an ein Katzenklo gewöhnen, das mit einer saugfähigen Unterlage oder Zeitungspapier ausgelegt ist. Bitte keine Katzenstreu verwenden, da sie gerne gefressen wird.

Giftpflanzen

Man staunt, wie viele alltägliche Gartenpflanzen giftig sind. Ich habe es noch nicht erlebt, dass unsere Tiere – nicht nur die Hunde – solche Pflanzen angeknabbert hätten.

Aber man kann es nicht ausschließen. Überprüfen Sie die Gartenflora und grenzen Sie sie bei besonders nagefreudigen Welpen mit einem Drahtgeflecht ab, bis diese Zeit vorbei ist. Man wird auch nicht mit einem Eibenzweig Stöckchen spielen. Bei Gartenarbeiten helfen Hunde gerne mit und finden Blumenzwiebelbuddeln hochinteressant – bitte ein wenig mitdenken und aufpassen! Sollte der Hund Vergiftungserscheinungen zeigen, immer auch daran denken! Dasselbe gilt übrigens auch für Zimmerpflanzen.

Der Gartenteich

Teiche und Swimmingpools können besonders für Welpen tödliche Fallen sein und müssen abgesichert werden, bis der Hund damit umgehen kann. Trittsteine im Teich bieten dem Hund notfalls Ausstiegsmöglichkeiten.

Bewegung

Neben der geistigen Beschäftigung ist Bewegung für die Gesundheit unerlässlich. Der Organismus des Hundes ist darauf ausgerichtet, sich ausdauernd, schnell und wendig zu bewegen, wenn er Jagderfolg haben und am Leben bleiben will. Bewegung ist daher für ihn lustvoll. Natürlich muss das Maß an Bewegung der Rasse angemessen sein, denn leider gibt es einige, die der Mensch so verzüchtet hat, dass sie sich zwar gerne bewegen würden, aber nicht mehr dazu in der Lage sind. Auch Menschen macht Sport keinen Spaß, wenn Bewegung mit Mühsal verbunden ist.

Auch kleine Hunde lieben Bewegung, und Hunde, die wir für die Stadt oder gar für Couchpotatoes (die wenigsten) geeignet erachten, brauchen ihre Spaziergänge und Bewegungsspiele. Diese können sie wegen ihrer geringen Größe gut in der Wohnung, im Garten oder im Park befriedigen. Alle sportlichen Hunde sollten sich einmal am Tag so richtig auspowern. Dazu eignen sich Radfahren, Tretrollerfahren, Joggen, Walken oder Reiten.

Schon der Junghund lernt, auf ein bestimmtes Signal hin auch rechts bei Fuß zu gehen, denn bei diesen sportlichen Betätigungen sollte der Hund immer auf der dem Verkehr abgewandten Seite gehen.

Dampf ablassen

Vor jeder Laufrunde muss der Hund Gelegenheit haben, sich zu lösen; der erste Dampf wird durch ein Wurfspiel abgelassen und auch ein paar Gehorsamsübungen sollten nicht fehlen. Dann heißt es: Auf geht's!

Der Hund sollte sich auf das Laufen konzentrieren und zügig mitgehen. Pausen für ein Spiel zwischendurch lassen den Ausdauerlauf nicht langweilig werden, es geht ja nicht um Rekorde. Die offizielle Ausdauerprüfung

Der Pointer ist zum Laufen geboren. Besonders lauffreudige Rassen müssen Dampf ablassen können.

> **Tipp: Klein anfangen**

Selbstverständlich werden junge und untrainierte Hunde langsam über kurze Strecken antrainiert. Ehe man mit dem erwachsenen Hund mehrere Kilometer angeht, sollte er auf gesunde Hüften und Herz untersucht werden.

erstreckt sich über 20 Kilometer am Rad, die ein Schäferhund oder Collie mühelos bewältigen kann.

Regeln für Reitbegleithunde und andere Powertypen

Der Reitbegleithund muss an den freundlichen, doch achtsamen Umgang mit dem Pferd gewöhnt werden. Da man sich mit dem Pferd sehr schnell entfernen kann, sind die meisten Hunde bestrebt, den Kontakt nicht zu verlieren und neigen weniger dazu, in die Büsche zu verschwinden als bei einem Spaziergang.

Selbstverständlich muss der Hund aufs Wort gehorchen. Er darf nicht selbstständig losstromern und muss andere Jogger, Reiter und Radfahrer ignorieren, da er sonst eine Gefahr für seinen Besitzer und andere ist.

Der Fachhandel bietet Zubehör für sicheres Radfahren, Gürtel für Jogger, Packtaschen für den Hund usw. an.

Regelmäßige Powerrunden halten Sie und Ihren Hund gesund und machen riesigen Spaß.

Das sichere Haus

Die Überlegungen, die sowohl für ein Krabbelkind als auch einen jungen Hund angestellt werden müssen, sind die gleichen. Sie dürfen nicht an Stromkabel kommen, beim Toben Lampen und Vasen umwerfen usw. Treppen sollten mit einem Trenntürchen abgesichert werden.

Manche Welpen haben ein ausgeprägtes Selbstschutzverhalten und riskieren nichts, andere bringen sich ständig in Gefahr. Hat man einen ausgesprochenen „Schadnager" erwischt, der alles anknabbert, wird man ordentlich und räumt immer alles auf. Wichtige, für uns wertvolle Dinge und solche, die dem Hund schaden können, muss man in dieser Zeit, die manchmal erst mit dem Durchbruch der bleibenden Zähne abgeschlossen ist, in Sicherheit bringen. Vorbeugen ist immer besser als strafen, und es gibt genug Regeln, die der Junghund zu beachten hat bei Dingen, die man nicht wegräumen kann. Dafür muss der Hund geeignetes Spielzeug bekommen, an dem er sich austoben kann, und man muss sich viel mit ihm beschäftigen.

Was gibt es Schöneres, als Frauchen zu Pferd zu begleiten?

Bei zu kleinen Bällen besteht Erstickungsgefahr!

Spielzeug

Der Handel bietet eine unendliche Auswahl. Bitte achten Sie auf gute Qualität. Stofftiere mit Einzelteilen und Füllungen, die verschluckt gefährliche Fremdkörper sind, eignen sich nicht. Ein alter Lederschuh ohne Metallschnallen, zusammengeknotete Socken und Handtücher, glatte, große Holzstücke, Lebensmittelkartons, Papprollen von Toilettenpapier und Küchentüchern oder Bälle, so groß, dass sie nicht verschluckt werden können – das alles kann der Welpe gebrauchen.

Unterwegs mit Hund

Ins Reisegepäck gehören das gewohnte Futter Näpfe, ein Kanister mit Wasser (bei großer Hitze zum Kühlen), Decken oder Hundebett, die Soft-Box, Ersatzleine und Halsband, evtl. Mantel, Utensilien zur Beschäftigung, notwendiges Pflegewerkzeug, Zeckenzange, kleine Hundeapotheke mit dem Leitfaden zur Ersten Hilfe unterwegs, eine Rolle Papiertücher und ein Handtuch für schmutziges Wetter.

Dazu gehört außerdem ein Rucksack, den ich bei längeren Spaziergängen trage. Darin befinden sich die Reiseapotheke mit dem Nötigsten und Wasser für den Hund und mich. Futterbeutel, Schleppleine, Spielzeug und Regenjacke passen ebenfalls hinein.

Die mobile Hundedecke
Die Hundedecke begleitet uns überallhin, ob zu Vorträgen, ins Restaurant oder zu Freunden. Das ist bei einem kurzhaarigen Hund nicht nur ein Gebot der Bequemlichkeit, denn Liegen auf hartem Boden tut den wenig geschützten Gelenken weh und bei Kälte kühlen manche Hunde aus.

An seiner Decke kann sich der Hund orientieren. Sie wird so platziert, dass er sich sicher fühlen und entspannen kann, also unter einer Bank oder in einer Ecke, niemals vor meinen Füßen oder in einem Durchgang. Das ist nicht nur gefährlich, sondern behagt dem Hund nicht. Man muss sich nicht wundern, wenn er dann unruhig wird und nervt. Ein bisschen mitgedacht, und man hat überall den bravsten Hund.

Tüten zur Entsorgung
Selbstverständlich sorgt der verantwortungsvolle Hundehalter für die Entsorgung der Hinterlassenschaften. Für kleine bis mittelgroße Hunde genügen Butterbrottütchen aus Kunststoff. Für umfangreichere Hinterlassenschaften gibt es Tüten im Fachhandel. Man hat am besten in jeder Jackentasche, Rucksack usw. immer einen Vorrat oder der Hund ein dafür gedachtes Behältnis am Halsband.

> **Tipp: Nicht aus der Pfütze**

Nicht aus Pfützen trinken lassen, das Wasser könnte Düngemittel und Pestizide aus nahegelegenen Äckern und Wiesen enthalten. Im Sommer können sogar fließende Gewässer krankmachende Keime und Algen enthalten.

Am besten ist immer das eigene Wasser.

Man gewöhnt sich daran, beim nächsten Papierkorb oder beim Nachhausekommen die Taschen mit gefüllten Tütchen zu entsorgen. Es ist übrigens für die Gesundheit des Hundes nützlich, seine Hinterlassenschaften genau zu kennen und Veränderungen wahrzunehmen.

Mit dem Auto

Mehrere Hunde oder einen größeren transportiert man im Auto am besten in einem fest eingebauten Käfig auf der Ladefläche eines Kombi. Sicherheitstests haben ergeben, dass Netze oder nicht fest installierte Gitter, Drahtkäfige, Flugboxen usw. keinen ausreichenden Schutz bei einem Unfall bieten. Kleinere Hunde können auf dem Rücksitz im Geschirr angeschnallt mitfahren. Hundedecken, die an den Sitzen befestigt werden und ein Abstürzen in den Fußraum sowie Verschmutzen verhindern, sind wärmstens zu empfehlen. Ein weiches Hundebett sorgt besonders bei kleinen Hunden für Komfort auf langen Fahrten.

Junge Hunde hebt man ins Auto hinein und hinaus. Ältere und unter Gelenkerkrankungen leidende Hunde können über eine Rampe einsteigen.

Nicht allein im Auto lassen

Hunde alleine im Auto zu lassen birgt Risiken. Tatsächlich droht die Gefahr des Diebstahls, da man Fenster geöffnet lassen muss, falls man kein Schiebe- oder Hubdach hat. Die größte Gefahr droht allerdings durch Wärme. Autos heizen sich rasch auf, auch wenn die Sonne nicht prall auf das Auto scheint. Übersteigt die Innentemperatur die Körpertemperatur des Hundes, stirbt er an einem Kreislaufkollaps. Er erstickt nicht aus Sauerstoffmangel. Deshalb reicht es nicht aus, die Fenster ein wenig zu öffnen. Die Sonne wandert sehr schnell und ein im Schatten geparktes Auto steht plötzlich wieder in der Sonne. Hundesportler wissen sich mit weißen Tüchern, abschließbaren Käfigen bei offener Heckklappe usw. zu helfen. Im täglichen Leben jedoch kann schon ein kurzer Einkauf im Supermarkt dem im Auto zurückgelassenen Hund das Leben kosten. Das Gleiche gilt für den Winter: Hunde ohne schützende Unterwolle dürfen nicht ohne Mantel längere Zeit im kalten Auto gelassen werden, da sie ohne Bewegung schnell frieren.

In Bus und Bahn

Erkundigen Sie sich bei Reisen per Bahn, Bus, Taxi oder Flugzeug vorher nach den Bedingungen. Kleine Hunde dürfen bis zu einer bestimmten Gewichtsgrenze im Passagierraum eines Flugzeuges mitgenommen werden, aber nicht bei allen Fluglinien. Wer auf öffentliche Verkehrsmittel angewiesen ist, sollte sich vor der Anschaffung mit den Voraussetzungen vor Ort vertraut machen.

> ### > Tipp: Die Notrufnummer

Ganz wichtig: Speichern Sie die Telefonnummern der Tierärzte Ihrer Umgebung auf Ihrem Handy und nehmen Sie es immer mit! Das kann im Notfall lebensrettend sein. Erfragen Sie am Urlaubsort sofort die Nummern der dortigen Tierärzte.

Die ersten Tage

Abholen

Wahrscheinlich werden Sie Ihren neuen Gefährten mit dem Auto abholen. Der Hund sollte kurz vor der Abreise nicht gefüttert werden. Spielen Sie ihn müde. Muss man selbst fahren, sollte sich eine Begleitperson während der Fahrt um den Hund kümmern, falls er unruhig wird oder in Panik gerät. Wenn er Angst hat, bedauert man den armen Kerl nicht, sondern gibt ihm körperliche Nähe und Geborgenheit, wenn er sie sucht. Decken Sie dort, wo der Hund hingelangen kann, alles mit alten Tüchern ab und bereiten Sie sich mit Handtüchern, Küchenrollen und Wasservorrat darauf vor, Erbrochenes zu beseitigen.

Ist der Hund ein guter Autofahrer und schläft, muss man ihn nicht für Pausen wecken. Wird er unruhig, halten Sie an und führen ihn an sicherem Geschirr aus. Bei einem Welpen bitte ein Plätzchen suchen, das nicht mit Hundekot übersät ist. Bieten Sie ihm Wasser an. Am besten fährt man daraufhin zügig, aber rücksichtsvoll nach Hause, damit die erste Autofahrt zur angenehmen Erfahrung wird.

Eingewöhnung

Für die ersten Tage im neuen Heim braucht man Zeit und Ruhe. Der normale Tagesablauf sollte jedoch beibehalten werden, denn je eher der Hund damit vertraut wird, desto besser.

Im neuen Heim angekommen, stellen wir ihn der Familie vor, zeigen dem Neuankömmling seinen Futter- und Schlafplatz und lassen all das Neue in Ruhe auf ihn einwirken. Besuch ist jetzt nicht angesagt, und die Familienmitglieder sollten ihrer täglichen Routine nachgehen, so schwer es auch fallen mag. Am besten setzt sich die künftige Bezugsperson bequem irgendwohin, von wo aus der Hund gut zu beobachten ist, und nimmt sich ein Buch vor. Der Hund soll nicht merken, dass wir ihn im Auge behalten. Kommt er heran, um Kontakt aufzunehmen, streicheln und loben. Gehen Sie bitte mit sehr viel Ruhe und Gelassenheit an die Sache heran. Tut er etwas Unerwünschtes, lenken Sie ihn sofort bestimmt ab und lassen ihn etwas tun, wofür Sie ihn belohnen, schon das Unterbrechen seiner Tätigkeit ist ein Leckerchen wert. Natürlich sollen wir mit ihm spielen und uns mit ihm beschäftigen, aber nicht auf Schritt und Tritt verfolgen. Außerdem braucht er sehr viel Schlaf.

Schenken wir dem Hund in der neuen Umgebung zu viel Aufmerksamkeit, gibt das je nach Persönlichkeit falsche Signale. Der unsichere Hund fühlt sich als Mittelpunkt überfordert und wird noch unsicherer, der selbstbewusste Hund nutzt diese Position aus.

Sich ganz zu Hause fühlen

Der Welpe hat sich nach kurzer Zeit eingewöhnt, der erwachsene Hund hat spätestens nach 14 Tagen alle Familienmitglieder eingeordnet und seinen Platz in der Gruppe gesucht. Das ist die Zeit, in der man sich wundert, warum der einst so brave, vollkommen unkomplizierte Hund auf einmal dies oder jenes tut.

Deshalb ist es ganz wichtig, sich vom ersten Tag an so zu verhalten, wie es die tägliche Routine vorgibt. Vollkommen falsch ist es, einen armen, aus schrecklichen Verhältnissen erlösten Hund nun so richtig zu verwöhnen, ihn tun und machen zu lassen, was er will und mit Liebenswürdigkeiten zu überhäufen. Es ist unfair, ihm später mit drastischen Erziehungsmaßnahmen Unarten abgewöhnen zu wollen oder ihn gar wieder zurückzugeben!

Die erste Nacht

Die Entscheidung, wo der Hund schlafen soll, muss jetzt fallen. Möchte man ihn an die Box gewöhnen oder kennt er sie bereits, dann sollte er dort schon die erste Nacht verbringen. Soll er künftig im Schlafzimmer schlafen, stellen wir sein Bettchen so, dass wir ihn mit der Hand erreichen und er sich nicht verlassen fühlt.

Am besten sorgt man dafür, dass der Welpe in der Nacht wirklich todmüde ist. In sein Bettchen kommt ein alter, laut tickender, gut eingewickelter Wecker zur Beruhigung.

Er sollte warm, weich und kuschelig liegen, da ihm nun die Geschwister fehlen.

Durch die Nähe zum Welpen bemerkt man, wenn er unruhig wird und hinaus muss. Sein Lager wird er normalerweise nicht beschmutzen und uns bleibt die Zeit, ihn auf seinen Löseplatz zu bringen.

Wenn er jammert, weint und Geschwister und Mutter ruft, muss man hart bleiben und darf ihn nicht durch mitleidige Aufmerksamkeit bestätigen. Nach ein paar Tagen hat er seinen Schlafplatz akzeptiert und Normalität kehrt ein.

Stubenreinheit

Sobald der Welpe aufwacht, sein Spiel unterbricht oder auch nach dem Fressen muss er sich lösen. Er wirkt etwas geistesabwesend, beginnt den rechten Platz zu suchen und fängt eventuell an, sich im Kreis zu drehen. Dann ist höchste Eile geboten. Nehmen Sie ihn auf den Arm und tragen Sie ihn so schnell wie möglich auf den vorgesehenen Löseplatz. Es ist wichtig, dass Sie ihn gleich dorthin bringen, wo sein Geschäft erwünscht ist, denn spätere Umgewöhnungen an andere Plätze und Untergründe sind schwierig.

Der kleine Pierrot lernt schnell, diese Wiese als Löseplatz zu benutzen.

Wenn Sie Ihren Welpen von klein auf an die Box gewöhnen, erleichtert das Ihren Alltag …

Vor Schreck wird er sein Vorhaben vergessen. Bitte haben Sie Geduld, und wenn das große Ereignis vollbracht ist, das von einem bestimmten Wort begleitet wird, wird tüchtig gelobt. Ertappt man ihn auf frischer Tat, bringt man ihn ohne Kommentar rasch zum Löseplatz und lobt ihn kräftig. Der Welpe sollte die ersten Tage im Garten genauso beobachtet und rechtzeitig auf den Löseplatz gebracht werden wie in der Wohnung, wenn Sie Wert auf einen sauberen Rasen legen.

Kommentarlos beseitigen

Entdecken wir die Untat zu spät, schimpfen wir nicht, sondern putzen sie weg. Schließlich ist der Hund einem lebenswichtigen Bedürfnis nachgekommen, das an sich ja nicht tadelnswert sein kann. Tut er es nicht am richtigen Ort, ist das unser Fehler. Niemals würde die Mutter ihren Welpen dafür strafen! An dieser Stelle ein Donnerwetter – und das aufkeimende Vertrauensverhältnis wird nachhaltig gestört! In dieser Zeit müssen wertvolle Teppiche eben weggeräumt werden. Wer sich ekelt, darf sich ohnehin kein Tier anschaffen.

Wenn es nicht klappt

Hatte der Welpe beim Züchter Gelegenheit, einen Löseplatz aufzusuchen, wird er in wenigen Tagen sauber sein, gelegentliche Malheurchen nicht ausgeschlossen. Schwer tun sich Welpen und erwachsene Hunde, die gegen ihre Natur gezwungen waren, ihr engstes Umfeld zu beschmutzen.

Klappt es beim erwachsenen Hund nicht, sollte man professionellen Rat einholen; für die psychischen Ursachen bei einem guten Hundeverhaltensberater, für eventuelle gesundheitliche beim Tierarzt. Hat man das Gefühl, der Welpe hat keine Kontrolle über sich, lässt einfach nur laufen oder muss alle paar Minuten, ist der Tierarzt gefragt.

Allein bleiben

Trennung bedeutet Stress, denn für das Rudeltier Hund ist Alleinsein existenzbedrohend. Manche Hunde werden regelrecht panisch, wenn sie sich verlassen fühlen, andere leiden unter Kontrollverlust und machen Randale. Ein schreiender, heulender, zerstörerischer Hund ist eine Qual, denn man kann ihn nicht immer überallhin mitnehmen.

Alleinsein-Training von Anfang an

Der Welpe sollte deshalb schon vom ersten Tag an lernen, für kurze Zeit alleine zu bleiben. Das beginnt mit konsequentem Türenschließen, wenn man den Raum verlässt. Bei offener Bauweise bietet sich eine Box an. D. h. immer dann, wenn man den Welpen nicht im Auge hat, kommt er in seine Box.

Gewöhnung an die Box

Die Gewöhnung an die Box ist eine enorme Hilfe, denn der Hund ist dort jederzeit sicher untergebracht. Die Box sollte zu seiner persönlichen Wohnhöhle werden, in der er sich wohlfühlt. Welpen fallen nach dem Spiel unmittelbar in Tiefschlaf. Sanft in die Box gelegt, gewöhnt man sie daran, dort zu schlafen. Erst wenn sich der Welpe vertrauensvoll darin aufhält, das Törchen schließen, nur für Sekunden, denn manche akzeptieren die

... denn der Hund ist aufgeräumt und fühlt sich wohl in seiner Hundehöhle.

den Stress und entspannt die Lage. Am besten spielt man ihn vorher richtig müde, sorgt dafür, dass er sich lösen konnte und hofft, dass er in unserer Abwesenheit schläft. Ein großer Kauknochen beschäftigt ihn, ohne dass ihm etwas im Hals stecken bleiben kann. Alles andere wird welpensicher weggeräumt.

geschlossene Box nicht. Ein Fehler in der Boxgewöhnung und der Hund wird sie ein für alle Mal ablehnen! Also Geduld. Niemals darf die geschlossene Box für längere Aufenthalte gedacht sein.

Rückkehr erst bei Ruhe

Ob mit oder ohne Box alleine gelassen: Schreit und tobt der Hund, wartet man mit der Rückkehr so lange, bis er auch nur eine Sekunde lang still ist. Still sein wird belohnt, Geschrei nicht. Die Zeiten der Abwesenheit dauern zunächst nur Sekunden, dann Minuten.

Längere Abwesenheiten

Klappt das ganz gut, verlassen wir nicht nur das Zimmer, sondern die Wohnung. Erst Sekunden, dann Minuten. Abwarten, erst zurückkommen, wenn er leise ist, aber dann sofort, damit er die Botschaft versteht.

Der nächste Schritt ist das Verlassen des Hauses. Gibt es Nachbarn, bitten Sie sie um Mithilfe, da ein ruhiger Hund auch in deren Interesse ist. Hunde haben schnell heraus, ob man vor der Tür steht oder weggeht.

Muss man länger wegbleiben und hat keine Box, bitte darauf achten, dass der Hund nichts kaputt machen kann. Das nimmt uns

Ein Kauknochen überbrückt längere Wartezeiten und lässt die Einsamkeit vergessen.

Tadeln hilft nichts mehr

Kommt man zurück und erlebt eine unangenehme Überraschung, hat es keinen Zweck sich dazu zu äußern, denn passiert ist passiert und soll uns helfen, künftige Fehler zu vermeiden. Nichts ist für den Hund schlimmer als eine ärgerliche Vertrauensperson, auf deren Rückkehr er gewartet und sich gefreut hat, denn der Hund ist sich keiner Untat bewusst.

Bitte mit sehr viel Geduld und eiserner Konsequenz mehrmals täglich das Alleinsein üben. Es lohnt sich ein Hundeleben lang.

> ### > Wie lange kann ein Hund alleine bleiben?

Ich meine, maximal vier Stunden. Diese Zeit verschläft ein Hund, der viel bewegt und beschäftigt ist, auch, wenn wir zu Hause sind.

Gesunde Ernährung

Die Ernährung des Hundes ist die Grundlage seiner Gesundheit. Man muss sich schon ein paar Gedanken machen, aber sie ist keineswegs so kompliziert, dass man über Computerprogramme den Bedarf ausrechnen lassen müsste, wie schon ernsthaft vorgeschlagen wurde.

Ich habe meine ersten Hunde zu einer Zeit aufgezogen, als es noch kein Fertigfutter gab, habe die Anfänge der Industriekost erlebt und die praktische Seite gerne genutzt. Trotzdem habe ich einer natürlichen Ernährung immer den Vorzug gegeben, ohne die Fertignahrung zu verdammen. Ich rate dem Hundefreund, den gesunden Menschenverstand walten zu lassen. Machen Sie sich mit den grundsätzlichen Dingen vertraut. Wägen Sie das Für und Wider ab, schauen Sie, was Ihr Hund verträgt. Probieren Sie nicht ständig dieses und jenes aus, folgen mal diesem und mal jenem Ratschlag. Es gibt einen schönen Spruch: Das Auge des Herrn mästet das Vieh! Ist Ihr Hund gesund und fit, dann machen Sie so viel nicht verkehrt.

Aber es beruhen so viele gesundheitliche Störungen und Erkrankungen auf der Ernährung, dass man immer zunächst einmal über die Fütterung nachdenken sollte, ehe man zu drastischen Maßnahmen greift. Fellprobleme, Verdauungsprobleme, Allergien, Bauchspeichel- und Schilddrüsenprobleme, schlechte Leberwerte, allgemeine Lustlosigkeit, ja sogar Lahmheiten und vieles mehr sind oftmals nur mit einer Darmsanierung über die Fütterung zu beheben.

Nahrung in freier Wildbahn

In der Natur ernährt sich der Hund von allem, was er fangen kann, Kot und Aas. Kleine Beutetiere werden mit Haut und Haaren gefressen und sind sozusagen Vollnahrung in handlicher Verpackung. Unter Kot in der Natur verstehe ich in erster Linie die Hinterlassenschaften der Pflanzenfresser, die wertvolle Bakterien und Faserstoffe der verdauten Pflanzen bieten. Aas finden die meisten Hunde sogar ausgesprochen lecker.

Bei einem erbeuteten Großtier werden zuerst die Innereien verzehrt, insbesondere die Leber mit ihren wichtigen Vitaminen.

Darm- und Mageninhalt werden übrigens ausgeschüttelt und nur die hängen gebliebenen Reste mitverzehrt. Dann folgen Muskelfleisch mit kleineren Knochen, Knorpel und die Haut mit Fell. Große Knochen werden abgenagt. Nicht verschmäht werden auch Eier bodennaher Gelege.

Gelegentlich nehmen Wölfe und Hunde reife Beeren, bestimmte Kräuter, Gräser und Pilze zu sich. Ich habe das bei meinen Hunden beobachtet, die ausgewählte Dinge zu ganz bestimmten Zeiten pflückten.

> ### > Tipp: Fallobst meiden

Vorsicht bei reifem Fallobst, es besteht die Gefahr durch Wespenstiche!

Was vom Tische übrig blieb

Der Hund hat von Anfang an unsere Nahrungsreste vertilgt und sich angepasst. Er kann sogar mit einem recht hohen Getreideanteil in seiner Nahrung leben. Der eine besser, der andere schlechter. Wir kennen das

auch von uns, denn viele Menschen leiden unter Getreide- und Milchunverträglichkeit, weil beides erst sehr spät in der Menschheitsentwicklung hinzukam und wir nicht alle gleichermaßen angepasst sind.

Hunde und Menschen haben bis auf die letzten Jahrzehnte niemals im Überfluss gelebt. Fleisch war immer eine wertvolle Kost, die keineswegs jeden Tag auf den Tisch kam, schon gar nicht in den Hundenapf. Mit dem, was in der Küche abfiel, haben viele Generationen von Hunden bestens gelebt.

Leider ist unsere Kost mittlerweile so denaturiert, dass ich sie meinem Hund kaum noch zumuten mag.

Trotz aller Anpassung des Hundes an unsere Kost haben sich seine Lebensfunktionen nicht verändert. Er ist und bleibt ein Jäger, der sich von Beutetieren ernährt. Darin unterscheiden sich die Doggen nicht vom winzigen Chihuahua.

Die Nahrung, die wir unserem Hund bieten, sollte dem also möglichst nahekommen, denn die Darmflora mit den Bakterien, die die Nahrung für den Organismus aufarbeiten, ist darauf eingestellt. Durch falsche, unnatürliche Nahrung wird sie zugunsten giftbildender, gärender Bakterien verändert und führt zu Beschwerden bis hin zu schweren chronischen Erkrankungen.

Auch Hunde würden Mäuse essen

Ideal wäre die Fütterung von toten Kleinsäugern, die tiefgefroren im Versandhandel zu bekommen sind und gerne von Katzenbesitzern und Haltern exotischer Tiere genutzt werden.

Mir ist jedoch bewusst, dass die meisten Hundehalter davor zurückschrecken, weil sie ihren Hund viel zu sehr vermenschlichen. Das ist das Schicksal unserer Hunde! Dass Katzen Mäuse und Vögel fangen und verspeisen, ist normal, aber wer gönnt seinem Hund die gefangene Feldmaus? Das nächstbeste wäre eine Ernährung auf Rohfleischbasis.

Frischfütterung

Aufgrund langjähriger eigener Erfahrung und Beobachtungen bei anderen Hunden sind wir überzeugte Frischfütterer. Hundeernährung ist keineswegs so schwierig, wie sie immer dargestellt wird, aber jeder Hund muss nach seinen individuellen Bedürfnissen ernährt werden. Mit Frischfutter kann man das austesten, ohne große Fehler zu machen.

Barfen

Der australische Tierarzt Dr. Ian Billinghurst hat vor Jahren den Bann der Fertigfutter gebrochen, seither ist BARFEN (BARF = Biologisch Angemessene RohFütterung oder original Bones and Raw Food – Knochenrohkost) „in". Fasziniert hat mich hier der Aspekt des hohen Anteils an fleischigen Knochen. Viele auf diese Ernährung umgestellte Hunde konnten sich, nachdem sie austherapiert waren, von Hauterkrankungen und chronischen Durchfällen erholen.

Allerdings kann ich mich mit den Strategien vieler BARFER nicht anfreunden, die oft viel zu komplizierte Rezepte verfolgen und mit ihrer Ideologie über das Ziel weit hinaus schießen.

Futterzusammensetzung nach Dr. Billinghurst

Im Schnitt sollte das Futter aus	
60 %	rohen fleischigen Knochen
20 %	Gemüse und Obst
15 %	Innereien
5 %	Essensreste und/oder andere Zugaben bestehen.

Rohfütterung nach Backhaus

Wer sich nicht zu Knochenfütterung durchringen kann und ein Rezept zur Rohfütterung sucht, kann sich an den Empfehlungen von Tierarzt Thomas Backhaus orientieren. Es ist frei von Gemüse und Milchprodukten, die oft

> Tipp: Futterneid

Bei Rohkost niemals mehrere Hunde in einem Raum ohne Aufsicht füttern, damit es nicht zum Schlingen oder zu Streitigkeiten kommt. Rohfutter wird sehr viel ernster genommen als Fertigfutter!

im Hundedarm zu Gärungsprozessen führen und Probleme verursachen können. Sein Rezept, das als Dauerkost oder zur Grundlage der Darmaktivierung vor Umstellung auf biodynamisches Futter (gering erhitztes Pressfutter) oder für die Darmaktivierung zwischendurch geeignet ist, folgt hier:

- $\frac{1}{2}$ der gesamten Futtermenge ungewaschener Pansen (grün) oder Gemisch aus rotem Fleisch, Pansen und Innereien (frisch oder aufgetaut)
- $\frac{1}{4}$ weich gekochter Vollkornreis
- $\frac{1}{8}$ Weizenkleie
- $\frac{1}{8}$ Weizenkeime
- $\frac{1}{2}$ bis 3 Teelöffel frisches Lachs-Hanf-Öl
- $\frac{1}{2}$ bis 3 Messlöffel eines guten Gemischs aus natürlichen Vitaminen, Mineralstoffen und Spurenelementen

Falls ein Hund die plötzliche Umstellung auf roh nicht verträgt, zunächst das Fleisch abkochen, dann überbrühen und schließlich roh füttern.

Fleisch

Alle Teile von Schlachttieren (Rind, Kalb, Pferd, Schaf, Ziege, Kaninchen, Wild, Geflügel und Fisch) dürfen auf dem Speiseplan stehen. Fleisch wird stets roh verfüttert. Eine Ausnahme ist Schweinefleisch, das – wenn überhaupt – nur gekocht gegeben werden darf, um die Erreger der Aujeszkyschen Krankheit abzutöten, die für den Hund tödlich verläuft. Bei Schweinefleisch kommt hinzu, dass es zu Juckreiz und Ekzemen führen kann. Es sollte daher nicht auf der Einkaufsliste stehen. Füttern Sie Wildfleisch und Geflügel nur, wenn es sich für den menschlichen Genuss eignet.

Kleine Mengen Innereien, wie z.B. Leber, selten Niere wegen der Schadstoffe, sind wichtige Bestandteile des Hundefutters (ca. 15 %).

Frischer grüner Pansen oder Blättermagen, der ungewaschen einen Anteil der durch Bakterien in der Verdauung befindlichen Pflanzenkost enthält, ist immer wertvoll (Gemüse, püriert, roh oder gekocht, ersetzt Grünfutter in diesem Zustand nicht). Schneiden Sie nicht grundsätzlich alles Fett vom Fleisch ab. Etwas Fett braucht der Hund für die Verwertung der fettlöslichen Vitamine und als Energielieferant. Hühnerfett und Fisch enthalten die sehr wertvollen Omega-Fettsäuren.

Geflügel

Gesunde Hunde haben eine natürliche Abwehr gegen Salmonellen, deshalb auch Geflügel (Hühner und Putenhälse, Hähnchenflügel mit Knochen) roh verfüttern.

Wichtig ist, mit dem Geflügel genauso hygienisch sorgfältig umzugehen wie für den menschlichen Verzehr. Leider birgt das in Massenproduktion erzeugte Geflügel die Gefahr der Medikamentenbelastung (Antibiotika) und sollte nicht als ausschließliche

> **Tipp: Futterumstellung**

Entscheiden Sie sich für eine Fütterungsart. Es kann jedoch eine Umstellung notwendig sein, gewöhnen Sie deshalb den Hund auch an andere Fütterungsarten (fertig oder roh). Bei der Umstellung nicht mischen, doch wenigstens eine Woche bei dem neuen Futter bleiben.

Dauerkost verabreicht werden. Ideal wäre Geflügel vom Biohof oder wenigstens aus Freiland-Bodenhaltung, da die Hühner hier nicht so stark belastet sind.

Tiefgefroren

Am praktischsten, sauber und mit geringem Aufwand kann man füttern, indem man alle möglichen Fleischsorten in größeren Mengen einkauft, klein schneidet, vermischt und portionsweise einfriert. Zoofachgeschäfte und Internetshops bieten tiefgefrorenes Fleisch in allen Varianten an, was die Arbeit wesentlich erleichtert. Tiefgefrorenes nur vollständig aufgetaut und zimmerwarm reichen.

Rohes Fleisch darf riechen, gekochtes verdorbenes Futter schadet dem Hund.

> **Tipp: Fisch bietet Abwechslung**

Fisch, der roh und gekocht sorgfältig entgrätet werden muss, bietet eine willkommene Abwechslung. Hin und wieder ein Bückling ist ein besonderer Leckerbissen. Gerne wird Trockenfisch gefressen, der sehr gesund ist.

Fleischknochen

Hähnchenflügel (von jungen Masthähnchen, bei Schenkeln ist der Fleischanteil zu hoch und der Röhrenknochen kann splittern), Puten- und Hühnerhälse, Schlund von Kalb, Rind, Schaf (hoher wertvoller Knorpelanteil) und Rippchen vom Lamm sind wertvolle Bestandteile der Hundeernährung. Wichtig ist, dass die Knochen nicht vom Fleisch befreit wurden. Wird ein genügend hoher Anteil an Fleischknochen gefüttert, benötigt man keine Zugaben von Kalzium, denn die natürlichste und beste Kalziumversorgung ist die über rohe Fleischknochen.

Viele Hundebesitzer scheuen sich vor Knochenfütterung. Aber Hunde fressen Knochen schon, solange es Hunde gibt. Hunde lieben Knochen, weil der Organismus sie braucht. Wären sie so tödlich, wie manche es darstellen, wären Hunde längst ausgestorben. Es ist jedoch entscheidend, dass sie natürlich gegeben werden, so wie der Hund sie in der Beute vorfindet, nämlich unzerkleinert und umgeben von Muskeln und Bindegewebe.

Bitte nur roh füttern

Knochen dürfen nur roh gegeben werden, weil sie gekocht oder gebraten splittern und den Hund im Schlund und Magenbereich verletzen. Auch klein gehackte oder zersägte Knochen, insbesondere Röhrenknochen (Suppenknochen) sind gefährlich, sie können sich über

Rohfutter bietet mehr als nur Nahrung, die Arbeit mit dem Futter ist gut für Verdauung und Gebiss.

Unterkiefer und Zunge stülpen und zum Ersticken führen oder werden in kleinen Brocken geschluckt und nicht vom Hund sorgfältig zerkleinert.

Zu viele nicht fleischige Knochen führen zu hartem, bröckeligem, weißem Stuhl, der dem Hund große Qualen bereitet. Bei Fütterung nach Billinghurst mit fleischigen Knochen muss sich der Hund auch beim Kotabsetzen anstrengen, das ist aber normal. Vorteil für den Halter: geringe, trockene Kotmenge, die rasch zerfällt.

Beschäftigung und Zahnsteinprophylaxe

Bis Ihr Hund und Sie sicher sind, dass die Fleischknochen zerkleinert und nicht geschlungen werden, lassen Sie den Hund nur unter Aufsicht fressen. Anfänglich (oder auch für Welpen) können Sie die Hühnerflügel mit dem Fleischklopfer gründlich weichklopfen, bis der Hund sie mit Ruhe frisst und sorgfältig zerkleinert.

Ein Hund, der regelmäßig rohe Fleischknochen frisst, hat keine Probleme mit Zahnstein.

Große Röhrenknochen beschäftigen den Hund (abgefressene Reste, die verschluckt werden könnten, unbedingt entfernen). Zur Ernährung dienen sie nicht und sollten auch nicht zu oft gegeben werden, denn bei alten Rindern lagern in den Knochen Schadstoffe, die mit den weicheren Bestandteilen aufgenommen werden.

> **Tipp:**
> **Unter Aufsicht fressen lassen**
>
> Ein gewisses Restrisiko ist nie auszuschließen! Ein Hund im Freundeskreis erstickte an einem Kuchenkrümel. Das kann auch bei Fertigfutter vorkommen. Wir sind beim Füttern immer anwesend.

Vollkorn und Getreide

Getreide kommt in der natürlichen Ernährung des Hundes nicht vor, da seine Beutetiere keines fressen. Ein zu hoher Getreideanteil ist daher auf lange Sicht der Gesundheit abträglich. Der angepasste Hund kann mit einem gewissen Anteil Getreidekost leben, der aber nicht Hauptbestandteil sein darf.

Unter Getreidekost fallen Reis, Haferflocken, altbackenes Vollkornbrot, Graupen, Nudeln, Hundekuchen und Flocken als Beifutter (Vor- sicht – nicht verwechseln mit Vollnahrung in Flockenform, die Fleisch enthält!). Der Hund kann stärkehaltige Kost nur aufgeschlossen verdauen, d. h. nur gründlich gekocht oder ge- backen.

Gemüse und Milchprodukte

Verdautes Grünzeug ist ein wichtiger Bestand- teil, aber als Mageninhalt von Bakterien auf- geschlossen und so für den Hund auswertbar. Diesen Vorgang können wir leider weder durch Pürieren noch Kochen nachvollziehen. Gerne versorgt sich der Hund über Pferde- äpfel und Kuhmist.

Gemüse und Obstzugaben sowie Milchfol- geprodukte (Quark, Käse usw.) beeinträchtigen auf vielfältige Weise die Verdauung, was diverse Beschwerden nach sich ziehen kann.

Nach einer ausführlichen Mahlzeit tut ein Ver- dauungsschläfchen gut.

Futterbeigaben

Fleisch und Fisch enthalten verhältnismäßig viel Phosphor, jedoch wenig Kalzium. Deshalb müssen bei Frischkost Mineralstoffe und Vita- mine, vor allem aus dem B-Komplex (Hefe) beigegeben werden. Vorsicht bei Überdosie- rung, zu viel Kalzium führt zu dünnen Kno- chen und nicht zu kräftigen, wie oft ange- nommen. Vitamine sollten aus natürlichen Quellen stammen und nicht chemisch herge- stellt sein – für den Organismus besteht darin ein gravierender Unterschied. Einmal in der Woche kann ein Eigelb (Bio-Ei) für hochwer- tige Fette und Vitamine gegeben werden, ebenso wie der Größe entsprechend ein wenig hochwertiges, kalt gepresstes Olivenöl, Dis- telöl oder Lachs-Hanf-Öl für die Versorgung mit wichtigen Fettsäuren. Gelegentlich eine Prise Salz zugeben.

Fastentag für guten Hunger

Roh ernährte Hunde haben in der Regel nicht ständig Hunger, denn der Körper bekommt was er braucht und ist mit der Verdauung beschäftigt. Man muss sich u.U. daran gewöh- nen, dass der Hund mal einen Tag lang nichts frisst, wie er es von Natur aus gewohnt wäre. Sie lesen dann auch nicht so gierig jeden Un- rat am Wegesrand auf.

Allerdings sollte der Hund vor jeder Mahlzeit richtig hungrig sein, denn Hunger hat eine wichtige Funktion für die Produktion der Magensäure und die Darmflora. Er hilft den wertvollen Verdauungsbakterien und hält die schädlichen Mitbewohner in Schach. Deshalb tut ein Fastentag in der Woche gut.

> Selbstgekochtes

Selbstkochen, mit Betonung auf Kochen von Fleisch, zerstört die lebenswichtigen Vitalstoffe der Nahrung durch Hitzebehandlung. Gekochtes Eiweiß verändert seine chemische Struktur nachhaltig. Wer sich nicht an Rohfutter herantraut, sollte ein hochwertiges Industrieprodukt (Premium-Futter) ohne Konservierungsstoffe und tierische Nebenprodukte füttern.

Industriell hergestelltes Futter

Pressfutter

Hier werden die Bestandteile durch Pressen und eine niedrige Herstellungstemperatur von maximal ca. 45 °C zu Presslingen oder Pellets geformt. Dadurch bleiben biologische Wertigkeit und Vitalität der Eiweiße erhalten. Die Verdauung beschäftigt den Darm, der dadurch die Nährstoffe viel besser aufnimmt. Hunde mit einem bis dahin verweichlichten, nicht trainierten Darm müssen langsam umgestellt werden. Durch das Kauen werden Gebiss und Kaumuskulatur trainiert und damit der Gallefluss angeregt, was das gesamte Wohlbefinden fördert. Dieses biodynamische Futter erscheint zwar teurer, ist aber eine effiziente und insgesamt ökonomische Lösung, da kleinere Mengen benötigt werden. Es gibt im Handel einige wenige Pressfuttersorten.

Bei Trockenfutter trinkt der Hund viel mehr und braucht stets frisches Wasser.

Flockenfutter

Es besteht aus einer Mischung von Kroketten, gequetschten Stärkeflocken und getrocknetem Gemüse. Es hat einige Nachteile: Unterschiedliche Verdauungszeiten (schnell verdaubare Kroketten, langsam und nur unvollständig verdaubare Gemüseanteile) führen zu Fäulnis im Darm. Nicht sofort gefressen, säuert es mit Flüssigkeit angerührt schnell, und es kommt durch Entmischung der Bestandteile im Sack zu einer wechselhaften Rezeptur. Bei Flockenfutter bitte nichts aus der Dose oder Fleisch hinzugeben, sondern eher frische Vitamine und Fettsäuren.

Dosenfutter

„Alleinfutter" aus der Dose führt oft zu Durchfällen. Pures Fleisch oder Pansen aus der Dose kann man anstelle von Frischfleisch bei selbst zubereitetem Futter verwenden.

Extrudiertes Futter (Kroketten)

Die am häufigsten angebotene Form des Fertigfutters. Der größte Nachteil ist die extrem hohe Erhitzung der Bestandteile bei der Herstellung, die damit ihren ursprünglichen Wert verlieren. Zweitens ist es sehr wohl eine kleine Wissenschaft für sich, anhand der Inhaltsangaben die Qualität der Zutaten zu beurteilen und drittens bestehen die Kroketten oft aus einem hohen Anteil an Getreide. Es ist nicht überprüfbar, ob die Proteine aus minderwertigen tierischen Nebenerzeugnissen stam-

Allein beim Gedanken an Futter, streicht die Zunge um die Nase.

genangaben des Herstellers und beobachten Sie, ob der Hund zu dick oder zu dünn ist und passen sie entsprechend an. Meist ist die empfohlene Menge zu groß. Für heranwachsende Hunde großer Rassen und körperlich nicht stark beanspruchte oder ältere Hunde sollte man ein energieärmeres Futter wählen.

> Tipp: Futterumstellung

Der Wechsel von einer Fertigfuttersorte zu einer anderen sollte durch Mischung der alten mit der neuen allmählich erfolgen. Man sollte dann, wenn sie dem Hund bekommt, allerdings über einen längeren Zeitraum bei der neuen Sorte bleiben und nicht häufig wechseln.

men, ob die Vitamine und Konservierungsstoffe natürlicher Herkunft oder billig chemisch hergestellt wurden. Oft werden Fette auf die fertige Krokette gesprüht und schnell ranzig.

Ein Problem ist, dass sie trocken sind und der Hund zusätzlich Wasser trinken muss. Er kann jedoch gar nicht so viel trinken, um den Wassermangel auszugleichen, sodass auf Jahre hinaus Nierenprobleme vorprogrammiert sind. Wegen der Gärungsgefahr sollte man keinesfalls Flüssigkeit unter das Futter mischen oder es einweichen.

Es lohnt sich also, die Herstellerhinweise sehr sorgfältig zu studieren und nicht zu sparen. Achten Sie auf Futter ohne Konservierungsstoffe und ohne tierische Nebenerzeugnisse.

Futter, das der Züchter füttert

Wenn Ihr Welpe vom Züchter her ein bestimmtes Futter kannte und die Hunde dort gesund und munter sind und Sie nicht auf selbst hergestelltes Futter umstellen wollen, bleiben Sie dabei. Halten Sie sich an die Men-

Ausgeklügelte Zusammensetzung

Verträgt der Hund eine Sorte Futter gut, ist dabei fit und gesund, bleiben Sie dabei. Geben Sie kein Fleisch und weiterer Zusätze hinzu, die die ausgeklügelte Zusammensetzung des Futters zerstören und der Gesundheit des Hundes nur abträglich sein können.

Es können Nebenwirkungen bis hin zu schwer ausheilenden, nässenden Ekzemen auftreten, die vor allem bei langhaarigen Hunden schreckliche Auswirkungen haben, weil sie im dichten Fell manchmal erst sehr spät erkannt werden.

Lagerung von Fertigfutter

Besonders empfindlich sind angebrochene Packungen. Bei falscher Lagerung mit Wärme, Feuchtigkeit und Luftzufuhr wird das Fett ranzig und krankmachende, ja sogar tödliche Keime und Pilze können es für uns unbemerkt verderben. Deshalb immer nur so viel einkaufen, wie man rasch verbraucht und angebrochene Packungen in luft- und lichtdichte Container umfüllen und kühl stellen.

Allgemeine Hinweise zur Ernährung

> Essensreste sind kein Hundefutter. Gegen gelegentliche kleine Gaben gesunder Tischabfälle ist nichts einzuwenden.
> Milch wird von vielen Hunden nicht vertragen und verursacht Durchfall.
> Wasser muss immer zur Verfügung stehen.
> Futter stets hand- oder zimmerwarm reichen.

Fütterungszeiten
Idealerweise füttert man den Hund morgens bis spätestens mittags. Das Futter wird dann am besten verdaut, weil die Körperfunktionen aktiv sind. Am Abend führt man die Nahrung in den Regenerationszeiten der Organe zu und durch mangelnde Aktivität im Darm werden die freien Radikalen, Gärstoffe und Verdauungsgifte ungenügend ausgeschieden. Auch mehrmaliges Füttern am Tag (Vorsicht bei zu viel Leckerchen!) führt dazu, dass der für die Aktivierung der Verdauungssäfte nötige Hunger fehlt und die Verarbeitung sich bis in die Nacht zieht, mit allen negativen Folgen.

Wird das Futter angefeuchtet, verdünnen sich die zur Eiweißverdauung notwendigen Säuren, der Nahrungsbrei verbleibt zu lange im Dünndarm und die halbverdauten Zwischenprodukte geraten in Fäulnis – mit krankmachenden Folgen für den Hund.

Die richtige Futtermenge
Wie viel ein Hund frisst, sollte man ausprobieren. Der Bedarf ist von vielen Faktoren abhängig und schwankt. Gierige Fresser muss man zügeln, andere fressen nur nach Bedarf und es kann durchaus vorkommen, dass Hunde mal einen Tag Pause machen. Ist der Hund dabei gesund und munter, ist das okay. Futter sollte man höchstens zehn Minuten stehen lassen. Übriggebliebenes Trockenfutter bieten Sie zur nächsten Fütterungszeit wieder an, frisches Futter werfen Sie weg.

Leckerbissen für zwischendurch
Getrockneter Pansen, Lunge, Ochsenziemer, Rinderhaut usw. mögen die meisten Hunde gerne. Das dürfen sie gerne abends als Leckerbissen genießen. Durch das Kauen werden die nötigen Enzyme angeregt, die eine reibungslose Verdauung garantieren.

Zähneputzen nach Dackelart.

Leckerbissen werden vom Futter abgezogen.

Ein gesunder, gut ernährter Hund ist voller Lebensfreude.

nicht zusteht, es anzurühren. Vielleicht frisst er erst, wenn wir nicht im Zimmer oder sogar im Haus sind. Stressfaktoren können Ursache mäkeligen Fressens sein. Den Verhaltensfaktor sollten Sie bei sensiblen Hunden nicht unterschätzen!

Die richtige Kondition

Die richtige Kondition hat ein Hund dann, wenn Sie Wirbelsäule und Hüftknochen gerade noch fühlen können; die Rippen dürfen von einer dünnen Muskelschicht bedeckt und müssen bei kräftigem Nachfassen fühlbar sein. Ein gesunder Hund riecht nicht übel aus dem Maul, die Nase ist feucht und eiskalt, die Augen sind klar und leuchtend. Das Fell glänzt und ist elastisch. Strohiges, fettiges Fell und schuppige Haut, unangenehmer Geruch aus Haut und Maul, tränende Augen, häufig zu reinigende Ohren und Zahnsteinansatz sind Hinweise, dass etwas nicht stimmt.

Fütterung junger Hunde

Im Wesentlichen bekommen junge Hunde das Gleiche wie erwachsene. Man ist davon abgekommen, Welpen besonders reichhaltig zu ernähren, da rasches Wachstum und Übergewicht der gesunden Entwicklung abträglich sind. Welpen sollen sich satt fressen, aber nicht überfressen. Der Junghund muss bei jeder Mahlzeit hungrig sein und sie zügig auffressen.

Von zunächst vier Mahlzeiten am Tag ab der achten Woche pendelt er sich im Laufe des ersten Lebensjahres auf die morgendliche Einmalfütterung ein.

Der ältere Hund

Obwohl er weniger aktiv ist, braucht er ein hochwertiges, wenn auch energieärmeres Futter (weniger Fett). Gesunde und gut ernährte Hunde sind bis ins hohe Alter fit und beweglich.

Mäkelige Fresser

Man muss beobachten, ob es einen guten Grund für seine Futterverweigerung gibt oder ob er einfach nur satt ist. Lehnt er es ab, weil ihm nicht gut ist? Dann ist der Tierarzt gefragt. Behagt ihm der Futterplatz nicht? Bei mehreren Hunden kann es sein, dass der dominantere Hund allein durch seine Anwesenheit und Blickkontakt das Fressen verbietet! Sehr unterordnungsbereite Hunde fressen „unter den Augen ihres Menschen" nicht. Man stellt ihnen in solch einem Fall den Futternapf hin, ohne davon Notiz zu nehmen. Je mehr Aufhebens wir um das Futter machen, den Hund locken, dem Futter unsere Aufmerksamkeit schenken, desto eher versteht der Hund, dass uns das Futter gehört und es ihm-

Tiptop gepflegt

Was Pflege bedeutet

Die Pflege vereint Hygiene, Sozialkontakt, Gesundheit und Schönheit.

Hygiene

Ein schmutziger, verfilzter, übel riechender und mit Parasiten behafteter Hund ist kein angenehmer Hausgenosse. Je nach Fellbeschaffenheit, die auch innerhalb einer Rasse variieren kann, ist tägliche Fellpflege angesagt. Es ist ganz wichtig, sich vor der Anschaffung darüber im Klaren zu sein, ob man den Aufwand auf Dauer betreiben kann und möchte, wenn der Hund der Träume ausgerechnet ein lustiger Zottelhund ist. Die Pflege beansprucht Handgelenke und Arme.

Sozialkontakt

Jeder Hund braucht täglich intensive Zuwendung. Die ganz private Zeit für den Hund ist wichtig für die Bindung, Beziehung und nicht zuletzt die Erziehung. Sich an allen Körperstellen anfassen zu lassen, auch wenn es mal unangenehm wird, zeugt von Vertrauen, Hingabe und Unterordnung.

Gesundheit

Nur wer regelmäßig Körperkontakt mit seinem Hund hat, erkennt frühzeitig krankhafte Veränderungen. Das ist ganz besonders wichtig bei langhaarigen Hunden, die Hautveränderungen, wachsende Tumore oder kleine Verletzungen unter dem Fell verstecken. Regelmäßige Kontrolle der Hoden und Milchleisten z.B. lassen Veränderungen rechtzeitig genug auffallen, um Unheil abzuwenden. Da darf es keine „peinlichen" Stellen geben.

Schönheit

Ganz bewusst habe ich diesen Punkt hintangestellt, denn Schönheit liegt immer im Auge des Betrachters. Aber wenn man eine pflegeintensive Rasse wählt, weil man sie schön findet, muss man wissen, dass sie das nur aufwendiger Pflege bei manchmal eingeschränkter Lebensqualität verdankt. Manche Rassen kann man scheren, um sich die Arbeit zu erleichtern, aber sie haben mit dem erwünschten Rassebild dann nur noch wenig gemein. Nicht jedes Fell kann man scheren! Man sollte also vor dem Kauf sehr kritisch die Pflege hinterfragen!

Aller Anfang ist leicht – Welpen gewöhnen

Die Pflege sollte zu einem angenehmen Erlebnis werden, auf das sich beide freuen. Wichtiges Utensil ist ein fest stehender Tisch mit rutschfester Auflage. Große, langhaarige Hunde stundenlang auf dem Boden kniend oder mit gebeugtem Rücken zu bürsten, lässt keine Entspannung aufkommen!

Man beginnt mit dem Welpen auf dem Tisch. Er soll dort ruhig ein paar Minuten stehen und liegen, sich alle Körperöffnungen zärtlich überprüfen und auf dem Rücken liegend das Bäuchlein kraulen lassen. Er wird jetzt mit den Utensilien vertraut gemacht, die Sie später für ihn brauchen. Der Welpe wird sanft gebürstet, gekämmt oder gestriegelt. Er lernt Föhn, Zeckenzange, Krallenschere und Zahnsteinentferner kennen. Er darf sich nicht an den Werkzeugen zu schaffen machen. Sie sind kein Spielzeug.

Die ersten Übungen dürfen nur Minuten dauern, müssen angenehm sein und mit viel Lob enden. Am besten leitet die Pflege ein tolles Ereignis ein, wie den Spaziergang, Spiel oder Fütterung.

So lange man kann, hebt man den Welpen auf den Tisch, später sollte er über ein paar Stufen selbst hinaufsteigen können. Die Pflege auf dem Tisch sollte durch ein Signalwort eingeleitet und beendet werden. Zu seiner eigenen Sicherheit darf der Vierbeiner niemals selbstständig hinauf- oder hinunterspringen.

Disziplin ist alles

Häufig werden Hunde abgegeben, weil sie beim Pflegen schnappen. Mit verwahrlosten, langhaarigen Hunden will man nicht leben. Beim kurzhaarigen Hund arrangiert man sich vielleicht und sagt: „Er mag es eben nicht." Das grundlegende Problem gehört nicht in dieses Kapitel, aber bei der Pflege offenbart sich die Beziehung! Deshalb muss sich der Welpe auf dem Tisch alles, unter Umständen auch unangenehme Dinge, gefallen zu lassen. Auf dem Tisch des Tierarztes kann ordentliches Verhalten womöglich Leben retten! Natürlich provoziert man nichts Unangenehmes, aber solange der kleine Welpe noch körperlich kontrolliert werden kann, muss man das ausnutzen und ihm zeigen, dass es keinen Zweck hat, sich zu wehren. Das bedarf weder unfreundlicher Worte noch grober Behandlung, vielmehr ist stilles, freundliches Durchsetzungsvermögen gefragt. Wird schon der Welpe aggressiv oder panisch, muss man entsprechend vorgehen; bei dem einen hilft ein barsches „No", beim anderen eine entspannende Massage. Je schwieriger sich der Anfang gestaltet, umso kürzer die Übungen und umso angenehmer das Ende!

Pflege beim erwachsenen Hund

Bekommt man einen erwachsenen Hund, der sich wehrt, muss man zuerst Vertrauen aufbauen und dann ebenso behutsam vorgehen wie bei einem Welpen. Klappt es gar nicht, sollte man professionellen Rat einholen. Es kann sein, dass der Hund Schmerzen hat, dann ist der Tierarzt gefragt, oder es liegt ein Verhaltensproblem vor, an dessen Lösung man arbeiten muss. Keinesfalls darf man dulden, dass der Hund bestimmt, was wann und wo an ihm gemacht werden darf; grobes, gewaltsames oder wütendes Durchsetzen kann allerdings das Ende der Beziehung bedeuten.

Mit viel Liebe lernt der Welpe, sich auf dem Tisch zu entspannen.

Fellpflege

Kurzhaar

Kurzhaarige Hunde ohne Unterwolle werden mit einem Gumminoppenstriegel gebürstet, der Hautschuppen und lose Haare entfernt, die Haut massiert und das Fell zum Glänzen bringt. Das Überstreichen mit einem Fensterleder bringt den letzten Schliff.

Stockhaar

Stockhaarige Hunde mit Unterwolle und längerem, kräftigen Deckhaar werden gestriegelt und gebürstet. In der Regel wechseln sie zweimal im Jahr die Unterwolle, die in dichten Flocken ausgeht. Hat sich die Unterwolle aus der Haut gelöst, kämmt man sie mit einem groben Kamm heraus. In der letzten Phase lohnt ein warmes Bad.

Rauhaar

Rauhaarige Hunde werden ebenfalls gebürstet und gestriegelt. Die längeren Haare, vor allem am Bart, kämmt man aus. Viele werden getrimmt, sobald sich das Haar aus der Haut löst. Beim Trimmen zupft man das tote Haar nur mit den Fingern oder mithilfe des Trimmmessers aus. Schert man einen rauhaarigen Hund, verändern sich oft Fellstruktur und Farbe. Jede Rasse hat ihre eigene Frisur. Nicht jeder Hundefriseur beherrscht sie alle. Das richtige Trimmen ist sehr zeitaufwendig und kostet entsprechend Geld, falls man es nicht selbst erlernt. Zum richtigen Zeitpunkt getrimmte Hunde haaren kaum.

Lockiges Fell

Gelocktes, feineres Fell wird mit Schere oder Schermaschine in Form geschnitten. Wer nicht auf Ausstellungen gehen möchte, kann das Fell auf kurzer Haarlänge halten. Auch dann müssen z.B. Pudel regelmäßig gekämmt und das Fell mit der Zupfbürste entwirrt werden. Locken sind sehr pflegeintensiv, dafür bleiben ausfallende Haare im Fell hängen.

Langhaar

Die Beschaffenheit des Fells langhaariger Hunde ist sehr unterschiedlich und reicht von derb mit viel Unterwolle bis hin zu seidig ohne Unterwolle, von pflegeleicht bis zu täglicher, intensiver Fellpflege. Manche verfilzen kaum, andere sehr schnell.

Kopf, Brust und Rute mit Hosen an den Hinterläufen werden am stehenden Hund gebürstet, für den Körper sollte sich der Hund entspannt auf die Seite legen und drehen lassen.

Mit der linken Hand heben wir das Fell an und bürsten in natürlicher Wuchsrichtung die Haare herunter, Lage für Lage vom Haaransatz aus – immer so, dass die Haut zu sehen ist. Filzknoten werden mit den Fingern oder dem Entfilzungskamm entwirrt, größere Filze mit der Schere der Länge nach zur Haut hin durchgeschnitten und ausgekämmt.

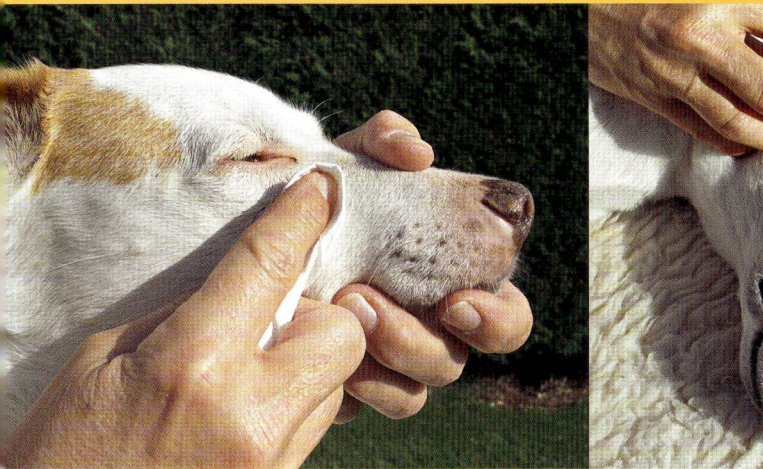

Augensekret wird mit einem Tuch entfernt.   Regelmäßige Ohrenkontrolle ist wichtig.

Beim Fellwechsel in Frühjahr und Herbst kämmt man mit einem groben Kamm die lose Unterwolle aus und beschleunigt ihn mit einem Bad. Zu üppige Unterwolle kann man mit einem Messerkamm ausdünnen, damit Luft an die Haut kommt.

Worauf man besonders achten sollte
Kritische Stellen bei langhaarigen Hunden, die täglich beachtet werden sollten, befinden sich hinter den Ohren, unter den Achselhöhlen und an den Innenschenkeln, wo das seidige, weiche Haar rasch verknotet. Da es in der weichen Haut besonders ziept, mögen Hunde dort nicht gekämmt werden. Doch gerade hier muss man am Ball bleiben.

Bärte, Afterregion und bei Rüden der Bauch müssen öfter gewaschen und von Verklebungen befreit werden.

Nach jedem Spaziergang müssen aus Brusthaar und an Bauch, Läufen und Pfoten Stöckchen, Steinchen und Grassamen mit Grannen und Zecken entfernt werden.

Lassen Sie sich vom Züchter die Pflege zeigen, nutzen Sie seine Erfahrung mit Tipps und Tricks und kaufen Sie gleich das richtige Werkzeug!

Diese intensive Haarpflege muss man genießen und sich am frisch gebürsteten Hund erfreuen, sonst hat es keinen Zweck, sich einen solchen Hund anzuschaffen.

Die Augen

Augensekret entfernt man mit einem feuchten Taschentuch. Ständig tränende, verschleimte Augen müssen vom Tierarzt untersucht werden, denn sie weisen auf die Hornhaut irritierende, einwachsende Lider oder Wimpern (Entropium, Distichiasis), verstopfte oder fehlende Tränenkanäle, Wurmbefall, ja sogar organische Probleme hin.

Die Ohren

Sobald sich vermehrt braunes Sekret bildet, sich der Geruch verändert, der Hund den Kopf schüttelt oder sich kratzt, ist tierärztlicher Rat einzuholen. Ohrenerkrankungen sind äußerst schmerzhaft und heilen schwer aus. Schauen und riechen Sie regelmäßig in die Ohren, um frühzeitig Veränderungen zu erkennen. Das gilt besonders für langohrige Hunde, wenn kaum Luft ins Ohrinnere dringt und Keime einen günstigen Nährboden finden.

Gereinigt werden die Ohren mit einem in handelsüblichen Ohrenreiniger getauchten Wattebausch. Man geht nur so tief hinein, wie man mit dem Finger kommt. Niemals in den Gehörgang eindringen oder irgendwelche, nicht vom Tierarzt verordnete Mittel ins Ohr träufeln.

Das Gebiss

Das wichtigste Handwerkszeug des Hundes muss bis ins hohe Alter gesund und funktionsfähig bleiben. Roh ernährte Hunde, die regelmäßig Fleischknochen bekommen, leiden kaum unter Zahnstein, nicht nur, weil er sich abnutzt, sondern weil er durch das Milieu im Magen nicht gefördert wird.

Zahnstein

Zahnstein ist keine Frage der Kosmetik, sondern der Gesundheit, denn die hässlichen Beläge sind Brutherde für Bakterien und Keime, die das Immunsystem beanspruchen, das allgemeine Wohlbefinden beeinträchtigen und vielerlei gesundheitliche Beschwerden bis hin zu Herzproblemen verursachen. Man darf ihn nicht auf die leichte Schulter nehmen und sollte auch bei älteren Hunden das Gebiss per Ultraschall sanieren lassen. Es lohnt sich! Die Hunde sind oft wie neu geboren, wenn sich der Organismus erholt und die schmerzhaften Entzündungen des Zahnfleischs abheilen.

Zeig her deine Zähnchen

Schon der Welpe muss lernen, sein Maul zu öffnen und die Zähne mit dem Fingernagel leicht kratzend berühren zu lassen. So kann man später frische Beläge entfernen, etwas hartnäckigere mit einem Zahnsteinentferner. Also immer wieder ins Maul schauen und nicht auf dicke Beläge warten. Besonders Kleinhunde setzen sehr rasch Zahnstein an und sollten früh an das Zähneputzen gewöhnt werden. Dafür gibt es tatsächlich Hundezahnpasta und Zahnbürste. Das „Maul-auf-Training" kann bei Verletzungen durch Fremdkörper im Rachenraum lebenswichtig sein!

Krallen und Pfoten

Zu lange Krallen behindern den Hund und führen zu Fehlbelastungen des Skeletts. Hört man auf glattem Boden das „Klack-Klack" der Krallen beim Gehen, ist es höchste Zeit, zur Krallenschere zu greifen. Bei großen Hunden mit sehr starken Krallen überlässt man das am besten dem Tierarzt. Vorsicht, nicht zu viel abschneiden, damit die kleine Ader in der Kralle nicht verletzt wird. Die innen über den Pfoten seitlich sitzenden Daumenkrallen dürfen Sie nicht vergessen, denn sie können ins Fleisch einwachsen.

Nach jedem Spaziergang untersucht man die Pfoten nach zwischen den Zehen steckenden Steinchen, Grassamen usw., die sich ins Fleisch einbohren und Entzündungen hervorrufen können. Bei langhaarigen Hunden schneidet man das Fell zwischen den Ballen mit einer abgerundeten Schere heraus, damit sich weniger Schmutz und Schnee einnisten. Im Winter bitte die Pfoten vor dem Ausgehen einfetten, gesalzene Wege meiden und beim Nachhausekommen die Pfoten abwaschen.

Genitalien und After

Bei langhaarigen Hunden bleiben gerne Kotreste im Fell hängen. Bei Unachtsamkeit des Besitzers kann sogar der After völlig verkleben und den Kotabsatz verhindern!

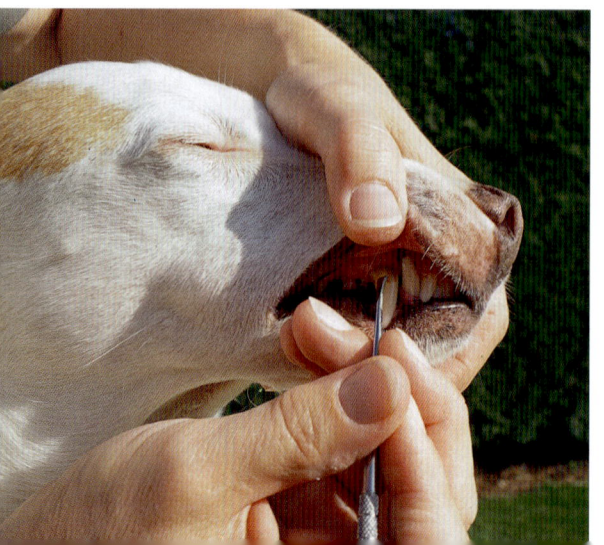

Frische Beläge entfernt man vorsichtig mit einem Zahnsteinentferner.

Hier dürfte ein Bad fällig sein!

Frischen Kot mit Trockenshampoo einpudern, trocknen lassen, ausbürsten. Evtl. kürzt man das Haar rund um den After und bei Rüden um den Penis.

Schaut ein Hund zurück, als wäre da was – es sind oft kaum merkliche Aktionen – oder fährt er gar „Schlitten" auf seinem Hinterteil, sofort beim Tierarzt die Analdrüsen überprüfen und ausdrücken lassen. Sie geben dem Häufchen die persönliche Duftnote. Entzündete oder verstopfte Analdrüsen sind äußerst schmerzhaft!

Der schmutzige Hund

Für Hunde gibt es kein schlechtes Wetter. Es wäre schade, strafte man sie für ihr schönes Fell und ginge nur bei gutem Wetter aus! Ein wenig Vorbereitung, und auch das ist kein Problem.

Entweder man hat am Haus, in der Garage oder im Keller eine Hundedusche, oder man stellt vor dem Weggehen einen Eimer mit warmem Wasser mit Fensterleder an die Tür, um den gröbsten Schmutz abzuwaschen. Das ausgewrungene Leder saugt Nässe und Schmutz auf. Mit einem Handtuch abgetrocknet, ist der Hund schnell wieder „stubenrein" und darf das Haus betreten.

Baden

Baden Sie Ihren Hund immer dann, wenn Sie das Gefühl haben, es sei nötig, im Fellwechsel, wenn er sich in Unrat gewälzt hat oder ein Haarschnitt ansteht. Durch das Baden mit einem guten Hundeshampoo waschen wir Schuppen, alte Fette, Staub und Schmutz aus, die Haut kann atmen, der Hund fühlt sich wohler und neues Haar wächst schöner nach.

Achten Sie beim Bad darauf, dass Wasser und Shampoo nicht in Augen und Ohren kommen. Stellen Sie den Hund in die rutschfest ausgelegte Wanne oder Duschtasse, duschen Sie ihn gründlich handwarm ab und massieren Sie das Shampoo sanft mit den Fingerspitzen ins Fell. Langhaar drückt man mit den Händen, ohne zu rubbeln und zu verwirren. Anschließend das Shampoo restlos aus dem Fell spülen. Ehe er sich schüttelt, ein großes Handtuch über ihn breiten und die erste Nässe aus dem Fell nehmen. Auch dann nicht rubbeln, sondern nur ausdrücken.

Nun sollte man den Hund während des Bürstens trockenföhnen. Für einen reich behaarten, öfter zu badenden Hund lohnt sich ein guter, starker Standföhn. Der feuchte Hund darf nur in der warmen Sonne zum Trocknen nach draußen, aber bitte nicht ohne Aufsicht, denn es kann passieren, dass er sich im nächsten Unrat wieder einparfümiert.

Sabine Winkler

Er hört aufs Wort, ist immer bei der Sache und folgt
seinem Besitzer vertrauensvoll auf Schritt und Tritt.
Wer wünscht sich nicht eine solch harmonische
Mensch-Hund-Beziehung? Man muss allerdings
ein wenig üben, um zum Dream-Team zu werden.
In diesem Kapitel wird erklärt, wie Hunde lernen,
was sie verstehen und was sie alles können sollten.
Auf geht's, denn Erziehung beginnt am ersten Tag
und bedeutet nicht nur Arbeit sondern auch jede
Menge Spaß.

Abenteuer Hundeerziehung

Hundeerziehung ist ganz einfach. Die wichtigsten Grundprinzipien sind leicht zu verstehen und es sollte an sich kein Problem sein, sie auf den Hund anzuwenden. Immerhin sind wir Menschen das klügere Ende der Leine.

Hundeerziehung ist ganz schön schwer! Sie setzt Selbstdisziplin, Wachheit und Konsequenz voraus. Und es braucht Durchhaltevermögen und Geduld, um sich nicht gehen zu lassen, wenn gerade mal gar nichts klappen will und man völlig entnervt ist. Außerdem ist es gar nicht so einfach, mit all dem „Handwerkszeug" (Leine mit einem ungebärdigen Hund am anderen Ende, Leckerchen, evtl. Clicker, Spielzeug usw.) klarzukommen und gleichzeitig die eigene Körpersprache richtig einzusetzen.

Was denn nun, fragen Sie sich jetzt wahrscheinlich. Die Wahrheit liegt, wie so oft, irgendwo in der Mitte. Ja, es erfordert einiges von Ihnen, Ihren Hund zu erziehen, vor allem, wenn es Ihr erster ist. Manchmal werden Sie enttäuscht, verärgert oder sogar entmutigt sein und sich fragen, ob Sie sich nicht zu viel zugemutet haben. Aber mindestens ebenso oft werden Sie sich an Ihrem Hund erfreuen und stolz auf die Fortschritte sein, die Sie mit ihm zusammen erreicht haben. Hundehaltung und -erziehung ist immer ein Abenteuer, aber in aller Regel eines, das das Leben bereichert. Ehe wir in die konkreten Erklärungen und Übungsanleitungen gehen, möchte ich Sie daher bitten, das Unternehmen Hundeerziehung zwar mit Sorgfalt, aber ohne Verbissenheit anzugehen.

Basiswissen Lernverhalten

In diesem Abschnitt geht es zunächst um die wichtigsten theoretischen Grundlagen. Hunde lernen – wie wir alle – vor allem an den Folgen (Konsequenzen) des eigenen Handelns. Es ist die altbekannte Methode von Versuch und Irrtum: Der Hund probiert etwas aus und wenn er Erfolg mit seinem Verhalten hat, wird er es in einer ähnlichen Situation wieder anwenden. Erreicht er mit seinem Verhalten sein Ziel nicht oder macht eine unangenehme Erfahrung, wird er in einer ähnlichen Situation weniger geneigt sein, dasselbe Verhalten auszuführen. Sagen wir mal, Sie lesen Zeitung und Ihr Hund stupst Sie mit der Schnauze an, um gestreichelt zu werden. Wenn Sie ihn streicheln, erhöht das die Wahrscheinlichkeit, dass er Sie nächstes Mal wieder anstupst, wenn Sie Zeitung lesen. Ignorieren Sie den Hund, verringert das die Wahrscheinlichkeit, dass er Sie erneut stupst. Oder der Hund erschnuppert eine Dauerwurst im Kellerregal und springt am Regal hoch, um sie zu erreichen. Erwischt er die Wurst, wird er sich diesen Erfolg merken und das Kellerregal künftig öfter inspizieren. Kommt er aber nicht an die Wurst, sondern bringt stattdessen das Regal zum Wackeln, sodass ihm ein Stapel Plastikdosen auf den Kopf fällt, führt das normalerweise dazu, dass das Regal künftig von Raubzügen verschont bleibt. Diese Gesetzmäßigkeiten sind schon lange wissenschaftlich erforscht und eine unumstößliche Tatsache. In der Sprache der Lernforschung nennt man eine angenehme Folge eines Verhaltens eine Belohnung oder Verstärkung, und eine unangenehme Folge eine Bestrafung.

Es klappt nicht immer wie im Bilderbuch

So weit, so gut. Wenn Sie bereits einen Hund haben, werden Ihnen jedoch Beispiele einfallen, in denen es mit den Lerngesetzen nicht so bilderbuchartig funktioniert hat. Obwohl Sie Ihren Hund ignorieren, wenn er Sie anspringt, tut er das immer wieder. Sie geben ihm jedes Mal ein Leckerchen, wenn er auf dem Spaziergang brav war und wenn er auf Ruf kommt. Dennoch benimmt er sich manchmal unterwegs unmöglich oder lässt Sie rufend im Regen stehen. Auch der Mülleimer im Park ist weiterhin Ziel der Streifzüge Ihres Vierbeiners, obwohl Sie ihn schon mehrfach deswegen ausgeschimpft und ihm sogar einen Erdklumpen ans Hinterteil geworfen haben.

Er wartet bereits. Das Abenteuer Hundeerziehung kann beginnen!

Lernerfahrungen steuern

Woran liegt es, wenn es mit der Verhaltensbeeinflussung doch nicht so klappt? Damit eine Belohnung oder Strafe überhaupt wirken kann, muss sie zunächst einmal vom Hund selbst – und nicht von Ihnen! – als angenehm oder unangenehm empfunden werden. Wenn das Verteilen von Leckerchen nicht die gewünschte Wirkung hat, also z. B. nicht dazu führt, dass der Hund immer besser auf Ruf kommt, dann kann das schlicht und einfach daran liegen, dass Sie Leckerchen verwenden, die Ihr Hund nicht besonders mag und die daher keine wirkliche Belohnung für ihn darstellen. Das ist in etwa so, als würden Sie für einen anstrengenden und ungeliebten Job auch noch miserabel bezahlt werden – es motiviert nicht gerade zu besonderen Anstrengungen. Ebenso kann ein „harter Hund" Ihr wiederholtes Schimpfen einfach an sich abgleiten lassen, da er es gar nicht so unangenehm findet oder durch allzu viel fruchtloses Geschimpfe bereits abgehärtet ist.

Eine Frage der Gesamtbilanz

Bis zu einem gewissen Grad ist Belohnung oder Bestrafung eine Frage der Gesamtbilanz. Ihrem Hund mag das Ausgeschimpftwerden zwar unangenehm sein, aber wenn es der Preis dafür ist, dass er vorher noch schnell die Reste eines Brathähnchens in sich hineinschlingen kann, nimmt er es vielleicht bewusst in Kauf. Darum ist es bei unerwünschtem Verhalten wesentlich wirksamer, einfach nur den Erfolg des Hundes zu verhindern (im Beispiel vielleicht durch eine lange Leine), als ihn – womöglich nachträglich – hart zu bestrafen. Aber auch beim Rufen kann Ihr Belohnungshäppchen nebensächlich werden, wenn Ihr Hund z. B. die Erfahrung macht, dass er sofort angeleint wird, nachdem er sich aus dem Spiel mit anderen Hunden hat abrufen lassen. Denn Letzteres ist aus seiner Sicht eine unangenehme Konsequenz, also eine Strafe.

Das richtige Timing

Ganz wichtig ist außerdem der richtige Zeitpunkt von Belohnung oder Strafe, das sogenannte Timing. Sowohl Belohnungen als auch Strafen verlieren nämlich ihre Wirkung fast gänzlich, wenn sie nicht ein oder zwei Sekunden nach der „Tat" erfolgen. Das Leckerchen nach dem Spaziergang ist für den Hund zwar erfreulich und wirkt damit durchaus als Verstärkung. Allerdings verbindet er es nicht mehr mit seinem guten Benehmen auf dem Spaziergang, sondern mit dem, was er gerade getan hat, unmittelbar bevor Sie zur Leckerchendose griffen (also z. B. Ihnen in die Küche folgen). Wenn es um Bestrafung geht, ist der richtige Zeitpunkt womöglich sogar noch wichtiger, denn bei Timing-Fehlern im Zusammenhang mit Strafen kann es zu einem gravierenden Vertrauensverlust kommen. Wenn Sie Ihren Hund z. B. im falschen Moment mit einem Erdklumpen bewerfen, verfehlt das nicht nur seine Wirkung in Bezug auf das Verhalten, das sie eigentlich damit „bearbeiten" wollten, sondern bestraft schlimmstenfalls sogar etwas Falsches, z. B. dass er gerade vom Mülleimer ablassen und wieder zu Ihnen zurückkommen wollte.

Beim ersten Mal erwischt

Ein wichtiger Faktor sind auch die Lernerfahrungen, die Ihr Hund früher schon gemacht hat. Vor allem Strafen wirken nur dann so richtig durchschlagend, wenn schon der allererste Versuch des Hundes, das unerwünschte Verhalten auszuführen, bestraft wird. Schaffen Sie es, Ihren Hund mit einem Erdklumpen zu bewerfen, wenn er das erste Mal in seinem Leben dazu ansetzt, seine Nase in den Mülleimer zu stecken, ist die Chance groß, dass er es nie wieder versucht. Tun Sie dasselbe aber erst, nachdem er bereits leckere Reste vom Imbiss im Müll gefunden hat, führt das höchstens dazu, dass er sich zusammenreißt, wenn Sie in unmittelbarer Nähe sind, um dann hinter Ihrem Rücken schnell wieder zum Mülleimer zu rennen.

1000 Wiederholungen

Die meisten Lernprozesse bedürfen der Wiederholung, bis das Gelernte richtig „sitzt". Zwar kann man einem Hund unter günstigen Bedingungen in fünf Minuten beibringen, sich hinzusetzen, wenn man den Zeigefinger hebt. Bis er aber automatisch und absolut zuverlässig in beinahe allen Situationen auf das Hörzeichen „Sitz" reagiert, sind sehr viele Wiederholungen nötig – Hunderte oder vielleicht sogar Tausende. Dafür brauchen Sie Geduld! Nur im Ausnahmefall geht das Lernen sehr schnell, vor allem wenn negative Emotionen beteiligt sind. So kann ein Hund bereits durch eine einmalige Erfahrung von großer Angst oder Schmerz eine dauerhafte Phobie entwickeln, z. B. Panik vor dem Tierarztbesuch oder vor dem Silvesterfeuerwerk.

Wer ist konsequenter – Hund oder Mensch?

Konsequenz

Fast schon banal, weil alle Hundetrainer und Hundeerziehungsbücher es gebetsmühlenartig wiederholen, aber dennoch wichtig ist die Konsequenz. Konsequenz bedeutet, dass dasselbe Verhalten des Hundes auch stets dieselben Folgen nach sich zieht. Wenn Ihr Hund einmal ungestört auf dem Sofa schlafen kann, ein andermal ausgeschimpft und heruntergescheucht und wieder ein andermal gestreichelt wird, kann er daraus nichts Vernünftiges lernen. Vor allem, wenn Sie Strafe anwenden, müssen Sie äußerst konsequent vorgehen und während der (Um-)Erziehungsphase streng darauf achten, dass Ihr Hund das betreffende Verhalten nicht etwa heimlich und somit ungestraft ausführen kann.

Er lernt dadurch nämlich etwas höchst Unerwünschtes: Wie er die Strafe umgehen und trotzdem tun kann, was er will; z. B. indem er nur dann aufs Sofa klettert, wenn er allein ist, und schnell wieder herunterspringt, sobald er Schritte hört.

Warum Abgewöhnen so schwierig ist

Auch wenn Sie Ihrem Hund etwas abgewöhnen wollen, indem Sie verhindern, dass er damit Erfolg hat, geht das nur, wenn Sie 100 % konsequent sind. Hat er mit seinem Verhalten doch hin und wieder Erfolg, wirkt das nämlich wie eine Belohnung nach dem Zufallsprinzip und führt dazu, dass er es besonders hartnäckig beibehält. Dieser Effekt macht es so schwierig, Dinge wie An-der-Leine-Ziehen oder Anspringen wieder abzutrainieren, wenn sie erst einmal „eingerissen" sind. Er erklärt aber unter anderem auch, warum es einfacher und wirkungsvoller ist, mit Belohnung statt mit Bestrafung zu arbeiten. Beim Erlernen von etwas Neuem lernt der Hund zwar schneller, wenn er jedes Mal belohnt wird. Hat er aber erst mal begriffen worum es geht, macht es nichts, wenn die Belohnung dem Verhalten „inkonsequent", d.h. unregelmäßig und nach dem Zufallsprinzip, folgt. Eine Strafe inkonsequent anzuwenden, schadet dagegen sehr. Denn wenn Ihr Hund darauf hoffen kann, manchmal ungestraft davon zu kommen,

Schimpfen ist auch eine Form von Zuwendung.

lohnt sich das unerwünschte Verhalten immer noch und er wird vermutlich versuchen, Sie „auszutricksen". Zudem gilt für Belohnungen, dass sie abwechslungsreich sein sollten. Denn das erhöht die (positive) Spannung und Erwartung.

Negative Verstärkung

Eine Sonderform der „Belohnung" besteht darin, dass etwas dem Hund Unangenehmes aufhört. Ein Beispiel: Ihr etwas sturer Hund strebt in eine andere Richtung als Sie. Wenn Sie nun an der Leine ziehen, bis er nachgibt und doch mit Ihnen geht, ist das Nachlassen des unangenehmen Zuges am Halsband sozusagen die Belohnung fürs Mitkommen. (Einen solchen Vorgang nennt man auch negative Verstärkung, während eine „richtige" Belohnung, z. B. in Form eines Leckerchens, als positive Verstärkung bezeichnet wird.) Der Haken an der Sache ist: Damit das Unangenehme

> ## Lernmethoden im Überblick

Fassen wir das Wichtigste noch einmal zusammen:

> Eine Belohnung oder Strafe muss auch vom Hund als solche empfunden werden.

> Der Effekt einer Belohnung kann wieder aufgehoben werden, wenn ihr unmittelbar eine Strafe folgt (und umgekehrt).

> Belohnung und Strafe müssen genau im richtigen Moment kommen, und zwar müssen sie dem Verhalten unbedingt innerhalb von etwa einer Sekunde folgen.

> Die Erfahrungen, die der Hund zuvor gemacht hat, können das Training erschweren oder erleichtern. Insbesondere Strafe wirkt bei Verhaltensweisen, mit denen der Hund zuvor schon Erfolg hatte, nur noch sehr schlecht.

> Es braucht normalerweise viele Wiederholungen, bis das Gelernte wirklich verinnerlicht ist.

> Konsequenz ist vor allem bei Strafe, Ignorieren oder dem Verhindern von Erfolg sehr wichtig.

> Belohnungen für bereits gelerntes Verhalten dürfen gern nach dem Zufallsprinzip erfolgen.

> Negative Verstärkung bedeutet, dass man Druck oder Zwang auf den Hund ausübt, und als „Belohnung" wieder damit aufhört, wenn der Hund das Gewünschte tut.

> Da Strafen und negative Verstärkung zu Vertrauensverlust, Widerwillen oder sogar Gegenwehr führen können, wenn sie zu oft oder falsch angewandt werden, sollte man sie bei der Erziehung des Hundes nur sparsam und punktuell einsetzen.

aufhören kann, muss es erst einmal begonnen haben. D. h. wenn Sie Ihren Hund hauptsächlich über negative Verstärkung ausbilden wollten, müssten Sie dauernd etwas für ihn Unangenehmes tun (Leinenzug oder -ruck, Einschüchterung über Stimme und Körper-

> Belohnungen aus Hundesicht

Leckerchen; Spielzeug; mit dem Hund toben; streicheln und kraulen; herzliches Lob mit der Stimme; Zuwendung (z.B. lächeln, den Hund freundlich ansehen und ihm zunicken); der Hund bekommt Gelegenheit etwas zu tun, das er gerne tut (er wird abgeleint, um mit anderen Hunden zu spielen, darf herumschnuppern, wird in den Garten hinausgelassen usw.); man lässt ihn ein erlerntes Verhalten ausführen, das ihm viel Spaß macht, wie z.B. Apportieren.

Spielzeug kann eine Belohnung sein ...

> Strafen aus Hundesicht

Ein eher kurzer, hart und etwas lauter ausgesprochener Laut mit bösem Gesichtsausdruck und strengem Blick; sich in leicht drohender Haltung sehr schnell und energisch auf den Hund zubewegen bzw. ihm in derselben Art den Weg abschneiden; ihm einen kleinen Rempler im Nacken- oder Schulterbereich versetzen; ihn sehr schnell und abrupt für zehn Sekunden aussperren oder selbst den Raum verlassen; den Kontakt (spielen, streicheln usw.) abrupt abbrechen und den Hund ignorieren.

... oder Leckerchen ...

> Negative Verstärkungen

Einen gleichmäßigen Leinenzug aufrechterhalten, bis der Hund nachgibt; eine Tür geschlossen halten, durch die der Hund hinaus will, bis er ruhig ist oder sich hingesetzt hat; Pflegehandlungen nur dann beenden, wenn der Hund gerade still hält; aus einer für den Hund etwas stressigen oder beängstigenden Situation weggehen, wenn der Hund sich dennoch brav und angemessen verhalten hat.

... oder ein Spiel mit Artgenossen.

sprache, Druck auf die Kruppe usw.), nur damit Sie anschließend wieder damit aufhören können, wenn Ihr Hund wie gewünscht reagiert. Es ist klar, dass man sich damit beim Hund ebenso wenig beliebt macht wie mit dem großzügigen Gebrauch von Strafe. Beides kann einen Hund gedrückt, widerwillig oder sogar aggressiv machen. Daher beruhen die konkreten Übungsanleitungen in den folgenden Abschnitten vor allem auf positiver Verstärkung oder der Taktik des Ignorierens und Erfolgverhinderns.

Lernen durch Verknüpfungen

Hunde lernen, wie wir gesehen haben, durch die unmittelbaren Folgen Ihres Verhaltens. Außerdem lernen sie durch Verknüpfungen, sie machen also Assoziationen. Diese kommen zustande, wenn dieselben Sinneseindrücke immer wieder unmittelbar aufeinanderfolgen und sie helfen dem Hund, vorherzusehen, was als Nächstes passieren wird und entsprechend zu handeln. Wenn Sie z. B. gewöhnlich direkt nach dem Zeitungslesen mit Ihrem Hund spazieren gehen, wird er bald aufspringen und zur Tür laufen, sobald Sie die Zeitung weglegen. Oder falls er es z. B. hasst, gebürstet zu werden, verdrückt er sich schon mal, wenn Sie die Bürste aus der Schublade holen, weil er aus Erfahrung weiß, was nun als Nächstes kommt. Assoziationen werden am schnellsten gelernt und am besten behalten, wenn auf ein bestimmtes Signal jedes Mal dasselbe folgt. Wenn Sie also jeden Tag nach dem Zeitungs-

lesen Gassi gehen, wird Ihr Hund auch jedes Mal zur Tür laufen und (wenn er sehr temperamentvoll ist) womöglich sogar eines Tages schon ungeduldig werden, wenn Sie die Zeitung gerade erst aufschlagen. Wenn Sie aber nur jeden dritten Tag direkt nach dem Zeitungslesen hinausgehen, fällt seine Reaktion längst nicht so stark aus.

Signale lernen

Über Assoziationen lernt der Hund auch „Kommandos" oder neutraler ausgedrückt: Zeichen (oder Signale). Ein Hörzeichen ist ein Wort (z. B. „Sitz") oder vielleicht auch ein Pfiff oder anderes Geräusch wie z. B. ein Schnalzen. Ein Sichtzeichen ist meist ein Handzeichen wie der erhobene Zeigefinger für Hinsetzen. Aber auch ein Kopfnicken, eine Körperdrehung oder Ähnliches kann zum Sichtzeichen werden. Generell lernen Hunde Sichtzeichen sehr viel leichter als Hörzeichen, weswegen es sinnvoll ist, in der Ausbildung die Hörzeichen erst nach den Sichtzeichen einzuführen.

Da die richtige Reaktion auf Zeichen durch Assoziation gelernt wird, müssen Sie darauf achten, dass Ihr Hund auch möglichst jedes Mal das entsprechende Verhalten ausführt, nachdem Sie das Signal gegeben haben. Je besser Ihnen dies gelingt, desto besser wird der Hund das Signal befolgen. Denn nur wenn Signal und Verhalten stets zusammen auftreten, bildet sich eine feste Assoziation. Fürs Training bedeutet das, dass Sie ein Signal nur dann geben sollten, wenn Sie ziemlich sicher sind, dass Ihr Hund wie gewünscht reagieren wird. Ansonsten verkneifen Sie es sich lieber und warten auf einen günstigeren Moment. Wenn er das Signal zwar hört, aber nicht reagiert, lockert sich die Assoziation wieder, die Sie gerade aufbauen wollten.

„Leni" passt genau auf und achtet vor allem auf Sylvias Körpersprache.

Das Üben auf der grünen Wiese ist nur der erste Schritt, später wechseln dann die Orte.

Generalisieren

Natürlich ist es Ziel der Ausbildung, dass Ihr Hund Ihre Signale eines Tages auch bei größter Ablenkung beachtet. Aber das ist Fortgeschrittenenstoff, sozusagen Hunde-Abitur, und noch viel zu viel verlangt von Ihrem vierbeinigen ABC-Schützen. Damit Sie und Ihr Hund auch eine solche Hürde nehmen können, muss er im Laufe der Zeit nicht nur lernen, Ablenkungen aller Art auszublenden und sich dennoch auf Sie zu konzentrieren, sondern das Gelernte muss auch „generalisiert" werden. Hunde machen nämlich meistens zunächst einmal komplexe und stark situationsbezogene Verknüpfungen. Wenn Sie Ihren Anfängerhund fragen könnten, was das „Signal" für Hinsetzen ist, würde er vermutlich nicht sagen: „Ich soll mich hinsetzen, wenn mein Mensch ‚Sitz' sagt und/oder die Hand hebt", sondern eher: „Ich soll mich hin-

setzen, wenn wir auf dem Hundeplatz sind und ich angeleint bin, mein Mensch mir gegenübersteht, mich anguckt, eine Hand in der Leckerchentasche hat, etwas an der Leine zupft und danach ‚Sitz' sagt." Fehlt einer der aufgezählten Faktoren der Lernsituation oder ist verändert, hat sich aus Sicht des Hundes das ganze Signal verändert und er erkennt es unter Umständen nicht wieder. Der größte Teil der Ausbildung besteht daher darin, den Lernstoff immer wieder unter leicht veränderten Situationen durchzuspielen. So oft, bis der Hund verstanden hat, dass z.B. das Wort „Sitz" immer hinsetzen bedeutet, auch wenn Sie gerade zwei Einkaufstaschen halten, Ihr Hund ein Stück von Ihnen entfernt ist oder Sie keine Leckerchen bereit halten. Diesen Teil des Trainings nennt man Generalisierung und er ist zeitraubend, aber interessant. Die gute Nachricht: Mit der Zeit generalisiert der Hund das Generalisieren und es geht schneller.

Markersignale

Es gibt noch einen weiteren wichtigen Einsatz-
bereich für das Lernen durch Verknüpfung.
Und zwar kann man dem Hund Signale beibringen, die eine Belohnung oder Strafe
ankündigen. Man nennt sie auch Brücken-
signale oder Markersignale und sie können
wunderbarerweise das Timingproblem lösen.

„Nein" als negatives Markersignal

Ein negatives Brückensignal könnte z. B. das
Wort „Nein" sein. Wenn Sie Ihrem „Nein"
einige Male eine Strafe – z. B. ein unwirsches
Wegschubsen oder kurzes Aussperren – folgen
lassen, wird Ihr Hund bald von dem „Nein!"
ähnlich unangenehm berührt sein wie von
der „echten" Strafe. Gewöhnlich unterbricht
er dann das, was er gerade tut, wenn Sie
„Nein" rufen (verzichtet z. B. darauf, aufs Sofa
zu springen), sodass Sie gar nicht mehr oder
nur noch sehr selten auf eine richtige Strafe
zurückgreifen müssen. In diesem – negativen
– Fall wird das „Nein" also zu einer Warnung.
Reagiert der Hund wie gewünscht auf die
Warnung, entgeht er der Strafe.

Durch die Erleichterung, eine Strafe erfolgreich vermieden zu haben, wird die Reaktion
des Hundes längere Zeit aufrechterhalten,
auch wenn auf das Warnsignal keine echte
Strafe mehr folgt.

Positive Markersignale

Ebenso können Sie auch positive Brücken-
signale oder Markersignale verwenden, z. B.
Lob mit der Stimme oder ein strahlendes
Lächeln. Für einen Hund bedeutet beides von
Natur aus nichts, denn weder Lächeln noch
Worte gehören zu seinem natürlichen
Verhaltensrepertoire.

Mit einem positiven Markersignal können Sie Ihren
Hund ganz exakt belohnen, z.B. wenn er wartet, bis
Sie ihn auffordern, das Aportel aufzunehmen, oder
in dem Moment, in dem er das Apportel ergreift.

Er lernt jedoch im Umgang mit Menschen meist schon von Welpenbeinen an, dass oft angenehme Aktionen (Leckerchen, Zuwendung, streicheln usw.) folgen, wenn Menschen lächeln und mit freundlicher Stimme zu Hunden sprechen. Daher freut er sich bald, wenn Sie ihn loben. Bei solchen positiven Brückensignalen muss dem Signal allerdings sehr oft eine „echte" Belohnung folgen. Sonst wird daraus ein ungedeckter Scheck und Ihr Hund freut sich irgendwann nicht mehr besonders darüber.

Besonders wertvoll für den Hund

Wenn Sie Ihrem Hund gezielt etwas beibringen wollen und dabei schnelle Fortschritte bevorzugen, sollten Sie unbedingt ein oder zwei „starke" positive Markersignale aufbauen und ganz bewusst einsetzen. Mit „stark" meine ich, dass dem Signal stets eine für den Hund richtig wertvolle Belohnung folgt, sodass er sozusagen vor Freude ein bisschen zusammenzuckt, wenn er das Signal hört. Mit einem solchen Signal können Sie ihn sehr wirkungsvoll und mit perfektem Timing belohnen, wenn er beim Training etwas richtig macht. Nach dem Signal bekommt er dann z. B. ein Leckerchen aus Ihrer Tasche.

Der Clicker als Markersignal

Ein ganz besonders wirkungsvolles positives Brückensignal ist der Clicker, ein stabiler Knackfrosch. Er erzeugt ein kurzes, metallisches Clicken, das aufgrund der speziellen Klangqualität im Gehirn besonders schnell und emotional verarbeitet wird. Da man natürlich vom Clicker nicht abhängig sein und dieses Trainingshilfsmittel auch im Laufe der Ausbildung wieder ausschleichen will, sollte man unbedingt auch noch ein Wort als „starkes" Markersignal aufbauen, z. B. „Fein" oder „Super". Da Worte für Ihren Hund schwerer zu erkennen sind, lohnt sich der zusätzliche Clickereinsatz in der Ausbildung auf alle Fälle.

> ## Verknüpfungen im Überblick

Das Wichtigste noch einmal zusammengefasst:

> Verknüpfungen kommen zustande, wenn dieselben Sinneseindrücke oder Aktionen mehrfach unmittelbar aufeinanderfolgen.

> Verknüpfungen sind dann am stärksten, wenn die beiden zu verknüpfenden Sinnesreize oder Aktionen praktisch ausnahmslos zusammen auftreten.

> Auch „Kommandos" (oder besser: Signale) lernt der Hund über Verknüpfung.

> Man sollte daher in der Ausbildung Signale nur dann geben, wenn eine sehr gute Chance besteht, dass der Hund danach auch das entsprechende Verhalten ausführt.

> Hunde lernen Sichtzeichen viel leichter als Hörzeichen und reagieren daher meist auf Körpersprache besser als auf Stimme.

> Gelerntes muss generalisiert, d. h. in allen möglichen Variationen durchgespielt werden, damit der Hund es nicht nur in bestimmten Situationen „kann".

> Brücken- oder Markersignale sind Signale, auf die eine Strafe bzw. Belohnung folgt und die für den Hund so selbst zu einer Strafe bzw. Belohnung werden.

> Ein „negatives" Brückensignal wie „Nein" wird zu einem Warnsignal – die eigentliche Strafe kann ausbleiben, falls der Hund bereits auf das „Nein" reagiert.

> Einem „positiven" Brückensignal wie „Brav" oder „Super" folgt sehr häufig eine Belohnung.

> Besonders freudig reagiert der Hund auf „starke" positive Brückensignale, auf die jedes einzelne Mal eine Belohnung folgt.

> Ein besonders gut geeignetes Brücken- oder Markersignal ist der Clicker.

So verknüpfen Sie den Clicker richtig

Sie befinden sich mit Ihrem Hund an einem ruhigen Ort und haben ein paar Leckerchen und den Clicker dabei. Behalten Sie ihn dicht bei sich, ggf. an der Leine. Nun clicken Sie – egal was der Hund gerade tut – ab und zu. Sofort nach dem Click (nicht schon vorher!) greifen Sie jedes Mal nach einem Leckerchen und geben es Ihrem Hund, egal ob er auf den Click reagiert hat oder nicht. Sollte er bettelnd vor Ihnen sitzen, bewegen Sie sich ein wenig und clicken im Gehen. Nach etwa fünf bis zehn Abfolgen von Click und Leckerchen können Sie testen, ob er den Zusammenhang schon begriffen hat. Clicken Sie in einem Moment, in dem Ihr Hund gerade wegguckt, aber nicht allzu abgelenkt ist, ohne sofort nach dem Leckerchen zu kramen. Wenn er Sie erwartungsvoll anschaut oder gar herankommt, um sich sein „versprochenes" Leckerchen abzuholen, wissen Sie, dass er die Bedeutung des Clicks begriffen hat. Sie können nun damit arbeiten. (Das Training verläuft übrigens im Prinzip genauso, wenn Sie ein Wort als Markersignal aufbauen wollen.)

Wichtige Regeln für die Anwendung des Clickers

1. Nach jedem Click gibt es eine „handfeste" Belohnung (Leckerchen, Spiel, schnuppern dürfen...), sonst hat der Click bald nicht mehr die gleiche, begeisternde Wirkung auf den Hund.
2. Wenn Sie clicken, wird Ihr Hund normalerweise seine Tätigkeit unterbrechen, um sich die Belohnung abzuholen. Er springt z. B. aus dem „Sitz" auf. Das macht nichts, denn Click bedeutet auch: „Übung ist zu Ende!" Geben Sie ihm seine Belohnung trotzdem.

Wichtig: Erst nach dem Click bewegt sich die Hand mit dem Leckerchen zum Hund.

3. Clicken Sie nie, nur damit Ihr Hund Sie anschaut oder kommt. Denn durch den Click belohnen Sie den Hund für das, was er gerade tut, während er es hört – also hier z. B. fürs Unaufmerksamsein.
4. Wenn Sie mit dem Clicker arbeiten, greifen Sie erst nach dem Clicken nach den Leckerchen. Ihr Hund achtet sonst weniger auf das Click, sondern mehr auf Ihre Handbewegung.

> ### „Marker-Wort" als Alternative
>
> Wo im folgenden Text vom Clicker oder clicken die Rede ist, können Sie alternativ auch mit einem Wort als Markersignal arbeiten, z. B. mit „Fein!" oder „Super!"

Der Lehrplan

Auf die Frage, wie hoch der Zeitaufwand bei der Hundeerziehung ist, gibt es zwei gegensätzliche Antworten. Die erste lautet: Hundeerziehung findet in jedem Augenblick statt, in dem Ihr Hund wach und mit Ihnen zusammen ist und hört niemals auf. Die zweite besagt: Bereits mit wenigen Minuten Training etwa alle zwei Tage können Sie viel erreichen.

Bei jungen Hunden

Die erste Antwort bezieht sich vor allem auf die Grunderziehung eines jungen oder eines neu übernommenen erwachsenen Hundes. Ihr Hund lernt nämlich immer. Also wirken alle Lernerfahrungen und alles, was Sie in Bezug auf Ihren Hund tun, auf ihn ein und formen sein Verhalten. Wenn Sie den ganzen Tag beim Spazierengehen darauf achten, dass Ihr Hund mit Leineziehen keinen Erfolg hat, sich dann aber abends bei der letzten Gassirunde im strömenden Regen von ihm nach Hause schleifen lassen, machen Sie sich durch diese Inkonsequenz den Großteil des tagsüber Gelernten in wenigen Minuten wieder kaputt.

Wann Ausnahmen erlaubt sind

Nun ist das Leben zum Glück nicht perfekt. Daher sind Lebewesen wie Ihr Hund flexibel genug, um auch dann noch zu lernen, wenn Sie nicht immer 100-prozentig konsequent sind. Zudem gibt es Situationen, in denen Lernen von anderen Dingen überlagert wird und Lernerfahrungen kaum noch im Gedächtnis ankommen. Ich denke da z. B. an einen Hund, der panische Angst vor etwas hat und deshalb an der Leine zieht. Dann mit der Stop-and-Go-Taktik gegen das Leineziehen zu üben, wird nicht viel bringen. Es schadet aber auch nicht, in einer solchen Extremsituation eine Ausnahme zu machen.

Nur selten abweichen

Aber alles in allem müssen solche Ausnahmen sehr seltene Ereignisse bleiben. Und darum sind Sie, wenn Sie einen jungen Hund haben und es um täglich vorkommende Alltagsgegebenheiten wie Nicht-Anspringen, Nicht-Ziehen, Sich-die-Pfoten-abputzen-Lassen, Nicht-an-der-Haustür-Drängeln, Nicht-Betteln usw. geht, eigentlich ununterbrochen im Training.

Ein gut erzogener Althund kann ein gutes Vorbild sein und unterstützt die Erziehung.

Die ersten beiden Jahre

Das alles geht so, bis der Hund die Sturm- und Drangphase hinter sich hat und sein ganzer Lernstoff so oft vorgekommen ist, dass sich eine gewisse Routine einstellt. Am meisten gefordert sind Sie natürlich mit einem Welpen bis zum Alter von etwa vier bis fünf Monaten, bis die Hauserziehung (Stubenreinheit usw.)

und die wichtigsten Grundlagen (An-der-Leine-Gehen, Auf-Ruf-Kommen usw.) gelegt sind. Und gerade wenn man denkt, man hat das Gröbste hinter sich, kommt erst die Flegelphase, dann die Pubertät und alles geht von vorn los. Nur dass der Junghund jetzt schon viel selbstständiger, größer, stärker und auch eigenwilliger ist als der Welpe und besonders im zweiten Lebenshalbjahr vor Bewegungsdrang und Temperament nur so strotzt ... Bei den meisten Hunden festigt sich alles erst so richtig mit etwa eineinhalb bis zwei Jahren, bei bekanntermaßen spätreifen Rassen wie z. B. dem Hovawart noch später. Auf dem Weg dahin funktioniert natürlich schon manches, aber es können immer mal neue „Baustellen" auftauchen. Zudem sollte man auch bei den bereits gelernten Dingen ein strenges Auge darauf haben, dass sie sich nicht wieder verschlechtern.

„Pfote drauf – wir sind ein gutes Team!" Wichtig ist, dass beide Spaß am Üben haben.

Nur kontrollierbares Spiel kann als Belohnung eingesetzt werden.

Kurze Übungseinheiten

Auf der anderen Seite lernen Hunde sehr schnell neue Dinge, wenn Sie es richtig angehen und vor allem über positive Verstärkung arbeiten. Sie können daher in gezielten Übungseinheiten von – sagen wir ein- oder zweimal fünf Minuten am Tag – Ihrem Hund in wenigen Wochen oder Monaten eine Menge Übungen, Signale und „Tricks" wie z. B. Auf-seine-Decke-Gehen, Sitz-Bleib, Platz, Pfötchengeben usw. beibringen. Hier ist weniger oft mehr, d. h. statt Ihren Hund mit endlosen Wiederholungen zu nerven, üben Sie lieber kurz und mit Spaß an der Sache und verteilen die auch hier notwendigen Wiederholungen über einen längeren Zeitraum und auf viele kleine, kurze und vergnügliche Übungseinheiten. Der erfahrene Hund kann natürlich auch mal 15 bis 20 Minuten am Stück üben, wenn Sie Zeit und Lust haben, aber man wird selten in einer halben Stunde mehr erreichen, als in fünf Minuten. Da es beim Arbeiten über positive Verstärkung nicht viel schadet, wenn etwas Zeit bis zur nächsten Übungseinheit verstreicht, sollten Sie hin und wieder ein oder zwei Tage Pause machen, bevor Sie riskieren, Ihrem Hund durch Gereiztheit und Ungeduld die Freude am Unterricht zu verderben.

Mehrere Übungen zur gleichen Zeit

Manchmal werde ich gefragt, ob der Hund auch mehrere Übungen zur gleichen Zeit lernen kann oder ob es besser ist, ihm zuerst eine einzige Übung (z. B. „Sitz") richtig beizubringen und dann zur nächsten (z. B. „Platz") überzugehen. Nun, wenn Sie tatsächlich nur eine einzige Übung bis zur Perfektion durchnehmen wollten, würde das Training für Sie und Ihren Hund sehr langweilig und einseitig werden. Und da Hunde flexibel sind, kann Ihr Hund problemlos mehrere Übungen im gleichen Zeitraum lernen. Allerdings sollten Sie es ihm nicht durch eine unübersichtliche Zahl von einander ähnlichen Übungen unnötig schwer machen. Z. B. Sitz-Bleib und Platz-Bleib direkt hintereinander zu üben oder im gleichen Zeitraum „tot stellen" und „Platz" neu beizubringen, kann unerfahrene Hunde verwirren und zu Verwechslungen führen. Entweder verschieben Sie das Training einer der beiden Übungen auf später oder Sie nutzen die Eigenschaft von Hunden, sehr situationsbezogen zu lernen, und gehen z. B. die ersten Wochen für „tot stellen" ins Wohnzimmer und für „Platz" in die Küche. Dann fällt es Ihrem Hund viel leichter, zu erkennen, worum es gerade geht.

> Was ist in welchem Alter wichtig?

> **8 bis 9 Wochen** Eingewöhnung im neuen Zuhause. Der Welpe sollte ca. zwei Tage Eingewöhnungszeit haben, ehe man mit die ersten kleinen „Ausflüge" zur Umweltgewöhnung macht und ca. fünf Tage, ehe man mit ihm zum ersten Mal eine Welpengruppe besucht. Beginn der Erziehung zur Stubenreinheit und der Hauserziehung. Bindung aufbauen über Spiel, Kuscheln, Füttern aus der Hand, Reaktion auf den Namen üben. Gewöhnung an Leine und Geschirr sowie ans Auto, falls das nicht schon beim Züchter geübt wurde.

> **9 bis 16 Wochen** Sozialisierung auf Menschen und Hunde, Umweltgewöhnung, weiter an der Bindung arbeiten, Stubenreinheit und Hauserziehung weiterführen, Beißhemmung aufbauen, Autofahren, Kommen auf Ruf, „Handling" (sich anfassen, festhalten, pflegen lassen), Leinenführigkeit üben, bei Begegnungen mit Passanten, anderen Hunden usw. lenkend eingreifen, Beginn der gezielten Ausbildung (einfache Basisübungen anfangen, den Hund behutsam an eventuelle spätere Arbeitsbereiche wie Fährtenarbeit, Apportieren usw. heranführen). Ggf. Beginn des Antijagdtrainings. Gegen Ende der Periode kurze Phasen des Alleinbleibens üben.

> **4 bis 6 Monate** „Flegelzeit", „flügge werden" – die welpentypische Anhänglichkeit lässt nach, der Hund wird aktiver und selbstständiger. Daher: Alles Bisherige wird weitergeführt, wobei die Umweltgewöhnung und Sozialisierung nun im Wesentlichen erfolgt ist, aber noch aufrechterhalten oder ausgebaut werden muss. Thema ist nun meist verstärkt: nichts hetzen oder jagen, Verhalten gegenüber Besuchern, Begegnungssituationen, Kommen auf Ruf, systematischer ans Alleinbleiben gewöhnen.

> **6 bis 12 Monate** Pubertät – es ist normal, wenn manches vorübergehend nicht mehr so gut klappt, also Nerven bewahren, ggf. mehr Kontrolle ausüben (lange Leine usw.) und die Erwartungen an die Perfektion des Gelernten vorübergehend wieder senken. Es kann zu einer zweiten „Knabberphase" kommen, in der der Hund den Drang hat, Dinge zu benagen. In diesem Alter kann sich ernsteres Problemverhalten oder rassetypisches Verhalten erstmals deutlicher zeigen, z. B. die Neigung zum Hetzen oder zum Verbellen von Besuchern, grobes Verhalten gegenüber anderen Hunden usw. Noch kann man aufkommende Unannehmlichkeiten abbiegen, ehe sie zum ernsthaften Problem werden. Es gilt also: Wehret den Anfängen. Ansonsten: Nach Bedarf alles Bisherige weiterführen. In diesem Alter kann und soll man auch die gezielte Ausbildung des Hundes im Grundgehorsam oder in Spezialgebieten weiterführen und ausbauen und ihm generell viel zu tun geben, damit er weniger Zeit und Energie hat, Blödsinn zu machen.

> **1 bis 2 Jahre** Die Sturm- und Drangzeit geht vorbei, alles festigt sich, spielt sich ein und wird einfacher. Natürlich sollten Sie die Erziehung und Ausbildung Ihres Hundes nicht vernachlässigen und er braucht weiterhin viel Bewegung und Beschäftigung. Ab ca. einem Jahr darf der Hund auch körperlich mehr belastet werden, sodass man mit Fahrradfahren, Agility o. Ä. anfangen kann. Es kann sein, dass bei Hunden mit Territorialinstinkt die Veranlagung zum Bewachen erst jetzt zum Tragen kommt. Und vor allem bei Rüden kann in diesem Alter manchmal auch eine gewisse Neigung zum Raufen und Austesten der eigenen Stärke Artgenossen gegenüber Probleme bereiten.

Hundesprache

Bisher ging es darum, wie Ihr Hund lernt, das zu tun, was Sie von ihm wollen und auf Ihre Signale zu reagieren. Nun ist es nur recht und billig, wenn Sie sich auch bemühen, etwas von seiner „Sprache" zu lernen.

Die richtige Tonlage treffen

Es ist hilfreich, wenn Sie Ihre Tonlage deutlich verändern können. Lob wird am besten mit relativ hoher Stimme ausgesprochen, denn auch Hunde benutzen hohe Töne bei einer sehr freudigen Begrüßung oder um einander anzulocken. Daher eignet sich eine hohe, fast schrille Stimme und ein Rufwort mit „i" (oder ein Pfiff) besonders gut zum Heranrufen. Für Tadel ist eine tiefe und eher harte Tonlage angebracht und mit kurzen, abgehackten Lauten kann man einen Hund eher stoppen, wenn er etwas Unerwünschtes tun will, als mit einem langgezogenen Ton. Sie können sich also gut ein warnendes Kläffen oder ein kurzes Knurren zum Vorbild nehmen, wenn Sie Ihrem Hund etwas verbieten oder Ihre Missbilligung ausdrücken wollen.

Mit wenigen Worten

Menschen sind Sprachwesen und neigen dazu, viele Worte zu machen. Für Hunde ist unser Redeschwall dagegen von Natur aus verwirrend bis bedeutungslos. Für Ihren Hund ist es sowieso schwer genug, Hörzeichen aus dem Redeschwall herauszuhören, den wir oftmals von uns geben. Daher ist es hilfreich, wenn Sie bis auf die Hörzeichen und Lob zumindest während des Trainings eher schweigsam sind. Beim Kaffeekochen, Kraulen oder gemeinsamem Auf-dem-Sofa-Liegen können Sie Ihren Hund ohne Schaden zutexten. Hierbei kommt es auf die Emotionen und nicht auf den Informationsgehalt Ihrer Worte an und die meisten Hunde hören freundliches Geplauder ganz gern. Dass man Hörzeichen im Kommandoton aussprechen muss, wenn der Hund besonders gut gehorchen soll, ist dagegen ein Märchen. Es gibt sogar Untersuchungen und Beobachtungen, die das Gegenteil vermuten lassen: Unabhängig von der Ausbildungsmethode war die Reaktion bei freundlich gesprochenen Hörzeichen im Durchschnitt besser als bei hartem Tonfall.

Körpersprache bei Hunden

Auch in punkto Körpersprache können Sie sich von Hunden einiges abgucken. Wenn ein Hund einem anderen drohen will, wird er ganz steif, erhebt die Rute, starrt den Kontrahenten durchdringend an und stakst auf ihn zu. Bei einer Attacke rennt er sogar in vollem Tempo direkt auf den anderen zu oder rempelt diesen richtig an. Dagegen verhält sich ein Hund, der keinen Ärger machen will, folgerichtig gegenteilig. Er hält sich locker und es ist immer ein bisschen Bewegung in seinem Körper, und wenn er nur sachte die Rutenspitze hin und her bewegt, mit einem Ohr zuckt oder die Blickrichtung verändert. Er vermeidet es, den anderen direkt anzusehen, indem er zumindest während der Begegnung oder Annäherung immer mal wieder kurz beiseite schaut oder für einen Moment den Kopf von diesem abwendet. Außerdem geht er eher langsam und bogenförmig auf den anderen zu. All das ist kein Ausdruck von Angst oder Unterwürfigkeit, sondern ein Verzicht auf Provokation. Junge Hunde sind übrigens oft noch nicht sehr geschickt in ihrer Kommunikation und krachen manchmal bei einer Begrüßung voller Übermut in andere Hunde hinein oder rennen direkt auf sie zu. Die „Alten" dulden das in der Regel noch, aber man sieht ihnen an, wie nervtötend sie den ungehobelten Halbstarken finden.

Auf den Menschen übertragen

Sie können diesen Teil der Hundesprache nutzen. Nähern Sie sich einem Hund, den Sie nicht herausfordern wollen oder der etwas ängstlich ist und dem Sie zeigen wollen, dass Sie harmlos sind, auf die beschriebene nichtprovozierende Weise. Auch Ihr eigener Hund wird es angenehmer finden, wenn Sie – etwa um ihn anzuleinen – nicht hastig von vorn auf ihn zustiefeln, sondern Ihren Schritt ein klein bisschen verlangsamen und sich eher von der Seite nähern. Wollen Sie ihn jedoch absichtlich bedrohen oder sich durchsetzen (wenn er z. B. am anderen Ende des Zimmers am Teppich knabbert und auf Ihr „Nein" hin nicht aufhört), gucken Sie ihn böse an, machen Sie sich etwas steif und bewegen Sie sich schnell und gerade auf ihn zu. Erreichen Sie ihn und er macht immer noch weiter, dürfen Sie ihm dann auch im Schulterbereich einen kleinen Stoß versetzen.

Hier sehen Sie, wer imponiert und wer abwiegelt. Der Rote zeigt deutlich, dass er die Nr. 1 ist.

Provokationen vermeiden

In engem Kontakt wird eine Auseinandersetzung ausgetragen, indem der sich überlegen fühlende Hund dem anderen den Kopf auf den Nacken legt oder ihm vielleicht mit den Vorderbeinen auf die Schulter steigt. Dazu knurrt er vielleicht mit tiefer Stimme, runzelt die Stirn und zieht die Lefzen hoch. Duldet der andere all das, hält still und nimmt eine unterwürfige Haltung mit hängendem Kopf, rundem Rücken und gesenkter Rute ein, ist der Fall klar. Der andere kann aber auch aufmucken, nach dem Provokateur schnappen und ihn abschütteln, woraus dann manchmal eine Rauferei entsteht. Dies erklärt, warum viele Hunde bedrückt sind und versuchen auszuweichen, wenn man sich über sie beugt und von oben an ihrem Nacken herumfummelt, um z. B. die Leine einzuhaken. Sehr misstrauische Hunde können sogar knurren oder schnappen. Auch wenn es bei Ihrem Hund nicht so weit kommt – netter ist es, wenn Sie all dies soweit wie möglich vermeiden.

Locker bleiben

Ein Hund, der einen gewissen Führungsanspruch oder ganz einfach seine Selbstsicherheit betonen will, trägt Kopf und Rute erhoben und bewegt sich lässig, aber kraftvoll, etwa so wie ein Westernheld. Er schaut in solchen Momenten meist etwas über die anderen hinweg und kümmert sich auch nicht groß darum, was diese tun, sondern macht einfach zielstrebig das, was er gerade vorhat. Eine solche Haltung ist sehr anziehend für Hunde und sie folgen jemandem, der so auftritt, in der Regel gern. Das können Sie sich zunutze machen, wenn Ihr Hund z. B. auf dem Spaziergang bummelt oder Sie ihm in einer kritischen Situation, in der er vielleicht ein bisschen Angst hat, Sicherheit vermitteln wollen. Bleiben Sie lässig, halten Sie sich aufrecht, kümmern Sie sich gar nicht besonders um Ihren Hund und gehen Sie einfach weiter.

Die Sache mit dem Rudelführer

Die Ansicht, dass man für den eigenen Hund den „Alphawolf" spielen soll, ist weit verbreitet. Manchmal wird fast der Eindruck erweckt, es seien gar keine weiteren Erziehungsmaßnahmen nötig, wenn nur die Rangordnung zwischen Mensch und Hund geklärt sei. Um dies zu erreichen, soll man bestimmte Regeln einhalten, die dem Hund angeblich zeigen, wer der Boss im „Rudel" ist: ihn zeitweise ignorieren, vor ihm aus der Tür gehen, ihn nicht aufs Sofa lassen usw. Das Erklärungsmodell scheint zwar auf den ersten Blick logisch, ist jedoch im Grunde genommen höchst zweifelhaft. Es setzt nämlich erstens voraus, dass Hunde (oder Wölfe) ihrem „Rudelchef" stets gehorchen und dieser eine Art Befehlsgewalt über sie hat. Und zweitens, dass das, was wir Menschen von unseren Hunden wollen, dem entspricht, was zwischen dem ranghöchsten Hund oder Wolf und dem Rest des Rudels abläuft.

Regelung im Rudel

In einem Wolfsrudel oder in einer Hundegruppe kann auch das ranghöchste Tier den anderen nicht vorschreiben, was sie tun sollen. Wenn überhaupt kann es nur klar machen, was diese lassen sollen und auch dies nur in bestimmten Situationen. Ranghohe Tiere können sich in Auseinandersetzungen im Zweifelsfall eher durchsetzen und Ressourcen für sich beanspruchen. Aber auch Rangniedere verteidigen erfolgreich Ressourcen gegen Ranghohe und lassen sich von diesen nicht jede Einschränkung ohne Protest gefallen. Es stimmt also nicht einmal unter Hunden, dass der Rangniedere sich immer fügt. Außerdem wollen wir Menschen ja noch mehr von unserem Hund. Wir wollen, dass er zumindest einige Signale wie „Komm" oder „Sitz" befolgt, ordentlich an der Leine geht

Im Wolfsrudel sind gerade die Alphatiere besonders um den Zusammenhalt bemüht.

und etliche seiner natürlichen Instinkte unterdrückt oder zumindest umlenkt, also z.B. nicht jagt, nicht zur Begrüßung anspringt usw. Und all dies lässt sich aus dem Verhalten im Rudel nicht ableiten.

Elternrolle

Ein bisschen treffender ist das neuere Denkmodell, nach dem man als Mensch dem Hund gegenüber eine Art Elternrolle spielen soll. Kinder orientieren sich (wenn nicht alles schiefläuft) freiwillig an ihren Eltern – allein schon, da sie ohne diese nicht überleben könnten – und nehmen ihr Verhalten als ‚Vorbild". Die Eltern schützen sie davor, sich aus Unwissenheit in gefährliche Situationen bringen, denen sie noch nicht gewachsen sind. Und sie bringen ihnen bei, was sie wissen müssen, um sich im Leben durchzuschlagen. Gelegentlich erfordert diese Aufgabe auch, sich dem Nachwuchs gegenüber durchzusetzen. Und manchmal nerven die Kinder so,

dass den „Alten" der Geduldsfaden reißt. Doch es geht bei alldem nicht darum, eine Hierarchie durchzusetzen. Wenn es eine Hierarchie gibt, entsteht diese eher beiläufig, als Nebenprodukt des Eltern-Kind-Verhältnisses.

Aufgaben für Zweibeiner
So kann man es auch zwischen einem Hund und „seinem" Menschen sehen. Ihre Aufgabe als Hundehalter ist es, Ihren Hund so zu halten, zu erziehen und zu führen, dass er sich und andere nicht in Gefahr bringt und auch nicht zum Störenfried für Sie oder andere Menschen und Tiere in Ihrer Umgebung wird. Dies erfordert gewöhnlich, dass Sie einige Regeln aufstellen und auf deren Einhaltung achten. Gelegentlich erfordert es vielleicht auch, dass Sie sich Ihrem Hund gegenüber durchsetzen. Regeln und Hierarchie sind aber auch im Zusammenleben mit dem Hund kein Selbstzweck. Sie sind Ihrem Hund gegenüber ganz automatisch in der Rolle des „Anführers", ohne dass man spezielle Regeln und dauernde Machtdemonstrationen benötigt.

Gutes Benehmen von Anfang an

Stubenreinheit

Einen Welpen stubenrein zu bekommen, ist eigentlich nicht schwer, aber etwas mühsam und zeitraubend. Sie müssen es hinbekommen, dass Ihr Welpe bis auf wenige Ausnahmen (die sich nie ganz vermeiden lassen) seine Geschäfte immer nur draußen macht. Das ist im Grunde genommen das ganze Geheimnis. Natürlich können und sollen Sie Ihren Hund draußen loben und ihn wenn möglich unterbrechen und schnell hinausbringen, falls Sie ihn in der Wohnung erwischen, wenn er sich hinhockt. Aber er lernt weniger durch Lob und Tadel, als vielmehr durch Gewohnheit, wo der richtige Ort ist, um sich zu erleichtern und wird dann auch bestrebt sein, diesen aufzusuchen. Je lückenloser Sie Ihren Hund in den kritischen ersten Wochen überwachen können, desto schneller wird er stubenrein.

Unter Beobachtung

Im Klartext bedeutet das: Sie lassen ihn keine einzige Sekunde aus den Augen. Entweder laufen Sie ihm in der Wohnung nach, wenn er das Zimmer verlässt, oder Sie behalten ihn durch geschlossene Türen oder Trenngitter in dem Raum, in dem Sie sich aufhalten. Ist Ihr Welpe noch sehr jung, werden Sie es dennoch nicht schaffen, jedes Malheur zu vermeiden. Wie ein Kleinkind kann er „es" noch nicht lange halten. Wenn er muss, geht es manchmal so schnell, dass Sie vorher nichts bemerken oder ihn nicht mehr rechtzeitig hinausbringen können. Je älter er wird, desto deutlicher erkennen Sie jedoch die Warnzeichen. Die meisten Hunde gehen mehr oder weniger weit abseits, laufen in Kreisen oder suchen herum, ehe sie sich hinhocken. Dann heißt es für Sie, schnell zu sein! Besondere Gefahr droht besonders unmittelbar nach dem Aufwachen, nach dem Fressen und nach einem Spiel.

Über Nacht

Für die Nacht und auch für ein Nickerchen tagsüber ist es ideal, den Welpen die ersten Wochen in einer Box mit im Schlafzimmer oder zumindest in Hörweite zu haben. Da er sein „Bett" auf keinen Fall beschmutzen möchte, wird er, wenn er nachts aufwacht, normalerweise so sehr rumoren, dass Sie davon aufwachen. Ohne Box steht er still auf,

„Sooo ist's braaav!"

pinkelt in eine Zimmerecke und legt sich wieder hin, während Sie selig schlafen. Dass Sie dann nachträglich auf keinen Fall schimpfen oder strafen dürfen, wissen Sie ja bereits aus dem Kapitel Lernverhalten. Bei den meisten Hunden dauert es übrigens eine ganze Weile, bis sie gelernt haben, sich aktiv zu melden, wenn sie außer der Reihe müssen.

Gutes Benehmen im Haus

Zusätzlich zur Stubenreinheit muss Ihr Welpe auch lernen, Ihre Wohnungseinrichtung in Frieden zu lassen. Das Rezept dafür ist ganz ähnlich wie für die Stubenreinheit: aufpassen, aufpassen, aufpassen. Geben Sie ihm gar keine Gelegenheit, herauszufinden, wie viel Spaß es macht, Ihren Teppich mit den Zähnen zu bearbeiten oder die Erde aus Ihren Blumentöpfen zu scharren. Achten Sie vor allem darauf, dass er nicht entdeckt, dass er all diese lustigen Dinge ungestraft tun kann, wenn er allein im Zimmer ist. Wenn er die ersten Wochen immer in Ihrer Nähe ist, kommt es gar nicht erst dazu, denn Sie können ihn stets

> ### > Wenn es nicht klappt
>
> Wenn es mit der Stubenreinheit nicht so klappt, liegt es meistens an einem der folgenden Punkte:
>
> > Ihr Welpe ist noch zu jung. Sie erwarten zu früh zu viel.
>
> > Ihr Welpe ist draußen etwas ängstlich oder so abgelenkt, dass er sich nicht löst. Oder das Wetter ist so schlecht, dass er schnell wieder ins Haus möchte.
> Kaum sind Sie wieder drinnen, „überkommt" es ihn dann. Hier hilft nur viel Geduld.
>
> > Die Aufzuchtsbedingungen im Alter von 3– 8 Wochen waren ungünstig. In diesem Alter sollten die Welpen die Gelegenheit haben, für ihr Geschäft nach draußen oder zumindest auf einen anderen Boden (Sägespäne o. Ä.) zu gehen. War dies bei Ihrem Welpen nicht der Fall, haben Sie es deutlich schwerer, ihn stubenrein zu bekommen.
>
> > Der Welpe war oder ist krank. Durchfall oder Blasenprobleme können eine Ursache für Probleme mit der Stubenreinheit sein.
> Je öfter der Hund durch seine Krankheit gezwungen ist, ins Haus zu machen, desto mehr wird die gerade erst aufgebaute Gewöhnung (Klo = draußen) gelockert. Aus denselben Gründen kann ein erwachsener Hund z.B. durch einen längeren Aufenthalt in einer Tierklinik seine Stubenreinheit wieder verlieren. Die Stubenreinheit hier erneut aufzubauen, ist eine langwierige Angelegenheit.

sofort unterbrechen, wenn er etwas Verbotenes tun will. Bei ganz jungen Welpen reicht es, sie abzulenken. Vermutlich kommen Sie aber nicht darum herum, Ihrem Hund ab und zu zu „erklären", dass er bestimmte Dinge nicht anrühren darf. Das heißt: Sie warnen ihn mit einem Verbotswort wie „Nein" und schreiten unverzüglich ein, wenn er seine Tätigkeit daraufhin nicht unterbricht (siehe Seite 108)

In Knabberlaune

Da das Anknabbern von Dingen für Hunde besonders im Welpen- und Junghundalter ein echtes Bedürfnis ist, braucht Ihr Hund jede Menge Kauknochen und Spielzeuge, um sich daran ausleben zu können. Hundebesitzer machen oft den Fehler, dem Welpen einfach ein paar Spielzeuge zu geben und zu glauben, damit sei es genug. Doch diese werden im Lauf der Zeit langweilig, wenn der Hund sie immer zur Verfügung hat und fallen daher gegen die vielfältigen „Angebote" an Möbeln und anderen Gegenständen ab. Tauschen Sie die Spielzeuge immer mal wieder aus. Hunde haben außerdem manchmal spezielle Vorlieben für ganz bestimmte Materialien. Geben Sie dieser Vorliebe ruhig nach. Wenn Ihr Hund z. B. immer wieder Tischbeine annagt, geben Sie ihm Laubbaum-Äste zu knabbern. Zerreißt er gern Textilien, können Sie ihm Hundekuchen in alte Stoffreste einknoten usw. Wenn Sie die Knabbersachen und Spielzeuge mit Futter attraktiver machen, steigt die

„Prima, mein Mensch hat wieder mal nicht aufgepasst und den tollen Schlappen liegen gelassen!"

Wahrscheinlichkeit, dass Ihr Hund sich den erlaubten Dingen widmet und dafür Verbotenes links liegen lässt. Schließlich ist das Kaubedürfnis eine vorübergehende Phase, die nur dann zum echten Problem wird, wenn daraus eine feste Gewohnheit über die Welpenzeit hinaus wird.

Möbel sind tabu

Wenn Ihr Hund nicht auf Sofa, Bett und Sessel soll, beobachten Sie ihn gut und schreiten Sie schon ein, wenn er dazu ansetzt, hinaufzuspringen oder zu klettern. Sagen Sie „Nein" und schubsen Sie ihn weg oder strecken Sie schnell Ihren Arm aus, sodass er dagegen prallt und zurückfällt. Achten Sie auch hier streng darauf, dass er nicht in Ihrer Abwesenheit heimlich auf die Möbel springt, indem Sie diese blockieren oder Ihren Hund nicht

> ### > Welpenfreuden
>
> Dinge, mit denen Sie Ihren Welpen oder Junghund erfreuen und beschäftigen können:
>
> - > Kauknochen aus Büffelhaut
>
> - > andere Kauartikel aus dem Zoogeschäft wie getrocknete Rinderohren, Rinderkopfhaut oder Klauen
>
> - > Spielzeuge mit einem Hohlraum, in dem man Futter verstecken kann (z. B. ein „Kong")
>
> - > Äste von Laubbäumen
>
> - > Papprollen oder Pappschachteln (z. B. Eierkarton), evtl. mit ein paar Leckerchen drin und zusätzlich mit Tesa zugeklebt
>
> - > Leckerchen in Stoffresten oder Packpapier eng verpackt

allein im Wohnzimmer lassen, bis Sie sicher sind, dass er die Regel akzeptiert hat. Ebenso wie bei der Stubenreinheitserziehung oder um das Anknabbern von Einrichtungsgegenständen zu verhindern, kann auch hier eine Hundebox nützlich sein.

Gelegenheit macht Diebe

Was das Klauen von Essen betrifft, gelten die alten Sprichwörter: „Gelegenheit macht Diebe" und „Wehret den Anfängen". Falls Ihr neuer Hausgenosse anfangs versucht, etwas Essbares von Tisch oder Küchenanrichte zu schnappen, wenn Sie dabei sind, gehen Sie im Prinzip genauso vor wie oben beschrieben: „Nein" und blitzschnell und energisch eingreifen. Einen Junghund mit dem gedeckten Tisch oder einer offenen Keksschachtel allein zu lassen, ist leichtsinnig. Denn hat Ihr Hund beim Essenklauen erst ein paar Mal Erfolg gehabt, wird es schwer, ihm dies wieder abzugewöhnen.

Die Hundebox

Eine Hundebox ist eine unschätzbare Hilfe bei der Erziehung des Welpen zur Stubenreinheit und bei der allgemeinen Hauserziehung. Sie ist außerdem im Auto und auf Reisen sehr praktisch, zumindest für kleinere Hunde, und kann eine Hilfe beim Alleinbleiben sein. Die Hundebox ist für Ihren Hund kein Gefängnis. Im Gegenteil: Er wird die Box als einen Ort ansehen, an dem er sich entspannen kann und seine Ruhe hat. Die Hundebox sollte so groß sein, dass der Hund aufstehen, sich umdrehen und bequem hinlegen kann, aber nicht größer. Lassen Sie die Box als Schlafplatz für Ihren Hund offen stehen, sodass er nor-

malerweise hinein- und herausgehen kann wie er will. Nachts (oder für kürzere Abschnitte auch tagsüber) können Sie die Box schließen, ohne dass er sie deswegen mit negativen Gefühlen verknüpft.

Bequemer Schlafplatz

Besonders Welpen nehmen eine Box oft sofort und ohne Umschweife als Ruheplatz an, wenn Sie sie innen gemütlich auspolstern und dafür sorgen, dass die Box für Ihren Hund der bequemste Schlafplatz im Raum ist. Ist der Welpe eingeschlafen, können Sie die Tür schließen. Er wird es in der Regel kaum bemerken. Ansonsten locken Sie Ihren Hund mit ein paar Leckerchen oder einem Kauknochen in die Box, wobei Sie ihn zunächst noch nicht einschließen sollten. Üben Sie auch das Hinein- und Herausgehen auf Kommando: Sagen Sie z. B. „Geh in deine Box" und locken Ihren Hund danach mit einem Leckerchen. Loben (oder clicken) Sie, während er die Schwelle überschreitet und geben Sie ihm drinnen (oder draußen) das Leckerchen.

Welpen gewöhnen sich meist schnell an eine Hundebox und akzeptieren sie als Höhle.

Gewöhnung an die Box

Nach ein paar solcher Gewöhnungsübungen können Sie Ihren Hund in die Box komplimentieren, wenn er gerade ziemlich müde ist, und die Tür hinter ihm schließen. Setzen Sie sich ganz dicht zu ihm, ohne ihn besonders zu beachten. Lesen Sie beispielsweise ein bisschen. Sie können eine Hand durchs Gitter strecken oder ihm einen Kauknochen geben. Sollte er doch mal protestieren, ignorieren Sie sein Gejammer. Er hat ja alles, was er braucht: Gesellschaft, ein weiches Lager usw. Nach ein paar Minuten wird er einschlafen. Nach ein paar weiteren Übungen müssen Sie dann nicht mehr „Händchen halten".

Warten an Türen

Wenn Ihr Hund an der Tür wild drängelt und als Erster herausstürmt, oder krampfhaft versucht, mit hinauszugelangen, obwohl er drinnen bleiben soll, ist das nicht nur lästig,

sondern kann auch gefährlich werden. Sie könnten ihn „Sitz" machen lassen, zuerst durch die Tür gehen und ihn danach rufen, doch das ist ziemlich umständlich und manchmal darf er auch nicht mitkommen. Dann müsste er, wenn er gut ausgebildet ist, theoretisch stundenlang hinter der Tür sitzen bleiben, weil Sie das „Sitz" nicht wieder aufgelöst haben. Daher ist es praktisch, ein Signal einzuüben, das einfach bedeutet: „Bleib hinter der Linie." Das erfordert auch keinen allzu großen Aufwand.

Und so wird's geübt

Und so bringen Sie es ihm bei: Sie und Ihr Hund sind etwa auf gleicher Höhe, wenn Sie an einer Türschwelle oder an einem engen Durchgang ankommen. Sagen Sie „Warte" (oder ein anderes, selbstgewähltes Wort), sobald Ihr Hund direkt vor der Schwelle ist und im Begriff ist, die erste Pfote darüberzusetzen. Danach stoppen Sie ihn durch die Leine oder indem Sie ihm eine Hand vor die

Wenn Ihr Hund vor Ihnen durch die Tür geht, ist das noch lange kein Dominanzproblem.

Brust halten. Sollte er schon über die Schwelle getreten sein, ziehen oder schieben Sie ihn wieder zurück. Anschließend nehmen Sie die Hand sofort wieder weg oder lockern die Leine, denn vom Festgehaltenwerden lernt Ihr Hund nicht viel. Wiederholen Sie den Vorgang, bis Ihr Hund mindestens ein paar Sekunden vor der Schwelle gewartet hat. Dann können Sie ihn loben – ab und zu bekommt er auch ein Leckerchen. Fordern Sie ihn mit einem deutlichen Signal wie „Komm" auf, mit Ihnen über die Schwelle zu gehen.

Warte, bis du an der Reihe bist

Im nächsten Schritt gehen Sie dann auf die andere Seite der Tür, nachdem Ihr Hund einen Moment gewartet hat. Er soll aber hinter der Schwelle bleiben, bis Sie wieder zu ihm zurückgehen oder ihn deutlich auffordern, nachzukommen. Versucht er voreilig, Ihnen zu folgen, schieben oder ziehen Sie ihn schnell wieder auf „seine Seite" zurück. So können Sie auch verfahren, wenn er im Auto warten soll. Dehnen Sie die Übungen nach und nach aus, bis Ihr Hund verstanden hat, dass er auch im Auto warten muss, wenn draußen ein anderer Hund vorbeigeht oder Sie ein paar Schritte von der Seitentür oder Heckklappe weggehen.

Alleinbleiben

Ganz allein zu bleiben, vom Rest des „Rudels" getrennt, ist für einen Hund ziemlich unnatürlich. Die meisten Hunde können es aber recht problemlos lernen, wenn man es richtig anfängt. Besonders wichtig ist es, beim Üben eine Überforderung zu vermeiden. Denn wenn der Hund auch nur einmal aus Verlassensangst in Panik geraten ist oder die ganze Wohnung zerlegt hat, weil ihm bei Ihrer viel zu langen Abwesenheit sterbenslangweilig wurde, kann das der Beginn eines echten Problems sein. Daher sollten Sie dies auch nicht zu früh üben. Wenn Sie einen Welpen oder einen erwachsenen Hund neu bekommen haben, können Sie ihm zwar kleine „Mini-Abwesenheiten" vom ersten Tag an zumuten. Sie brauchen ihn also nicht mit auf die Toilette oder in den Keller zu nehmen. Mit dem ersten „richtigen" Alleinbleiben sollten Sie jedoch warten, bis er sich etwas eingewöhnt hat, also mindestens ein paar Tage.

Kleine Vorübung

Wählen Sie einen Zeitpunkt, wenn Ihr Hund satt und müde ist und ohnehin ein Schläfchen halten würde oder gerade zufrieden an einem Kauspielzeug nagt. Zumindest bei Welpen geht das sehr gut, wenn sie gerade in der Box sind, da dann auch keine Gefahr besteht, dass sie in Ihrer Abwesenheit etwas kaputt machen. Verlassen Sie den Raum auf ruhige und eher beiläufige Weise. Sagen Sie vielleicht „Warte schön, ich komme gleich wieder" oder etwas Ähnliches, aber verabschieden Sie sich nicht großartig. Falls Ihr Hund nicht schläft, können Sie auch ein paar Leckerchen verstreuen, ehe Sie gehen. Nach ein paar Minuten kommen Sie ebenso beiläufig wieder herein. Wenn Ihr Hund Sie begrüßen will, dürfen Sie ihn kurz ansprechen und tätscheln, aber nicht mehr. Reagiert er gar nicht groß, ist das umso besser, denn es zeigt, dass die Situation gar nichts Besonderes für ihn war. Emotionale Verabschiedungen oder Wiedersehensfeiern sollte man sich deswegen verkneifen, weil sie den Hund nur aufregen und ihn den Kontrast zwischen dem Alleinsein und Ihrer Anwesenheit noch stärker empfinden lassen.

Länger wegbleiben

Nimmt Ihr Hund die kleinen Vorübungen gelassen hin, können Sie die Zeit, in der Sie weg sind, nach und nach ausdehnen. Längere Abwesenheiten sollten Sie jedoch nach Möglichkeit erst wagen, wenn die Hauserziehung (Stubenreinheit, nichts zerstören usw.) mehr oder weniger abgeschlossen ist.

Denn Sie setzen Ihre Erfolge aufs Spiel, falls Ihr Hund anfängt, am Teppich zu nagen, wenn keiner da ist, der ihn dabei unterbrechen kann. Bei einem jungen Hund oder einem erwachsenen, der sich noch in der Eingewöhnungsphase befindet, gehen Sie nur so lange fort, wie das Nickerchen Ihres Hundes normalerweise dauern würde. In der Zeit können Sie ihn auch guten Gewissens in seiner Box lassen, sodass nichts Unerwünschtes passieren kann. Müssen Sie dennoch einmal etwas länger weg, können Sie Ihrem Hund ein oder mehrere besonders tolle Kauspielzeuge dalassen. Die Chance ist groß, dass er sich mit diesen vergnügt, statt zu testen, welche Geschmacksrichtungen Ihre Wohnung zu bieten hat. Kauen und Lecken beruhigt ein bisschen und beugt Stress vor.

Handling

Der englische Ausdruck „handling" hat sich auch bei uns eingebürgert. Er umfasst alle Formen des „Umgehens" mit dem Hund: bürsten, pflegen, festhalten usw. sowie das Vorführen auf Ausstellungen, was uns aber hier nicht weiter beschäftigen soll. All diese Dinge vernachlässigt man gern beim Üben und es fällt erst auf, wie viel Schwierigkeiten sie machen können, wenn man sie plötzlich doch mal

braucht, weil der Hund Tropfen in die Ohren bekommen muss, ein verfilztes Fell hat oder ein Flohbefall eine ausgiebigere Reinigungsprozedur erforderlich macht. In solchen Fällen kommt zu dem Druck, das Ganze sofort durchziehen zu müssen, noch der Stress des Hundes dazu, dem es gerade nicht gut geht oder der vielleicht Schmerzen hat. Verknüpft er Ihre Bemühungen mit den Unannehmlichkeiten, haben Sie unter Umständen ein dauerhaftes Problem.

Stillhalten und anfassen lassen

Im Idealfall üben Sie das Handling ausgiebig, ehe Sie es ernsthaft brauchen. Ihr Hund muss vor allem lernen, stillzuhalten, wenn Sie sich an ihm zu schaffen machen, denn auch ein freundlich-spielerisches Herumtoben und Sich-Wälzen kann ganz schön lästig sein, wenn Sie Ihren Hund bürsten oder abtrocknen wollen oder mal eine Zecke von seinem Augenlid entfernen müssen. Außerdem sollte er es tolerieren, wenn Sie ihn an Stellen berühren, an denen er es vielleicht nicht so gern hat, wie z. B. an den Ohren, den Zähnen, um die Augen herum oder an den Pfoten. Gut wäre auch, den Hund daran zu gewöhnen, dass er kurzfristig einen Maulkorb trägt oder einmal richtig festgehalten wird, damit er es nicht allzu stressig findet, wenn es im Zuge einer tierärztlichen Behandlung nötig werden sollte.

„Easy" schätzt das Handling nicht gerade.

Doch nach vielem Üben …

So funktioniert's

Legen Sie sich zum Üben ein paar Leckerchen bereit, aber so, dass der Hund sie nicht erreichen kann. Bei diesen Übungen ist es von Vorteil, mit dem Clicker zu arbeiten. Fassen Sie Ihren Hund einfach an und clicken, wenn er dabei stillhält. Direkt nach dem Click nehmen Sie die Hand vom Hund, weil dies bei eher lästigen oder etwas unangenehmen Berührungen ein Teil der Belohnung ist, und geben ihm ein Leckerchen. Dann geht es in die nächste Runde. Sollte Ihr Hund zappeln, wenn Ihre Hand ihn berührt, versuchen Sie, die Hand am Hund zu lassen und warten Sie darauf, dass er – wenn anfangs auch nur eine Sekunde – stillhält: Click und Leckerchen. Stillhalten bedeutet, dass er sich gar nicht rührt. Geben Sie sich nicht damit zufrieden, wenn er seine Gegenwehr aufgibt, aber trotzdem leise vor sich hin zappelt. Nur so kommt die Botschaft bei Ihrem Hund richtig an.

Länger stillhalten

Mit der Zeit muss Ihr Hund immer ein bisschen länger stillhalten, um einen Click zu bekommen. Fassen Sie ihn ruhig immer an derselben Stelle an, bis er mehrere Sekunden ruhig warten kann. Dann gehen Sie zu einer anderen Stelle über, wobei Sie anfangs wieder für jedes noch so kurze Stillhalten clicken und belohnen. Einfache Berührungen wären z. B.,

ihm die Hand an die Seite oder auf die Schulter zu legen. Eine Hand auf dem Kopf, an der Schnauze oder an der Pfote ist schon eine größere Herausforderung. Das In-die-Ohren-Gucken, Hochziehen der Lefzen oder Anfassen einzelner Zehen und ähnliche Prozeduren kommen im nächsten Schritt an die Reihe. Ebenso, dass Sie eine Pfote länger festhalten oder Ihr Hund den Kopf ruhig hält, während Sie – zum Beispiel – seine Nasenspitze genau mustern.

Zur Bürste greifen

Schließlich nehmen Sie die Bürste, die Krallenschere oder die Flasche mit den Ohrentropfen dazu, wobei Sie diese anfangs nur in die Nähe des Hundes halten und clicken, wenn er sich trotzdem nicht bewegt. Nach und nach berühren Sie ihn mit der Schere an einer Kralle usw. In diesem Stadium müssen Sie vielleicht zum Lobwort übergehen, da Sie nun keine Hand mehr für den Clicker frei haben. Da Ihr Hund aber bereits ganz gut begriffen hat, worum es geht, ist der Clicker auch nicht mehr unbedingt nötig. Arbeiten Sie sich so durch alle möglichen Prozeduren hindurch. Vergessen Sie nicht, Ihren Hund dabei auch ab und zu auf einen Tisch zu stellen oder von einer anderen Person anfassen zu lassen, damit Sie nicht beim Tierarzt aufgrund der veränderten Bedingungen eine böse Überraschung erleben.

…ist sie schon sehr artig.   Aber jetzt reicht es ihr langsam.

Übertriebenes Vorbeugen kann den Hund abschrecken.

Anleinen gehört auch dazu

Gar nicht so selten entsteht das Problem, dass Hunde beim Anleinen im Haus vor lauter Vorfreude wild herumspringen oder sich draußen dem Anleinen entziehen, weil sie ihre Freiheit nicht einbüßen wollen oder es einfach un-- angenehm finden, wenn man sich über sie beugt und „stundenlang" an ihrem Halsband herumfummelt. Da es auch dabei ums Stillhalten geht, fällt dies in den Bereich „Handling". Bemühen Sie sich, den Anleinprozess angenehm zu machen, indem Sie sich Ihrem Hund eher seitlich nähern und die Leine zügig und ohne dabei am Halsband zu zerren einhaken. Üben Sie ansonsten genauso wie bei den anderen Handling-Übungen. Beim Aufbruch zum Spaziergang entfällt bald das Leckerchen, denn der Hund lernt, dass es umso schneller geht, wenn er brav stillhält, während Sie ihn anleinen. Das Herausgehen ist dann die Belohnung.

Anleinen nach der Freilaufphase

Das Anleinen nach einer Freilaufphase ist schwieriger, weil es für Ihren Hund eher nachteilig ist und er mehr Spaß hat, wenn er sich nicht anleinen lässt. Machen Sie das Anleinen deshalb zu einer Ankündigung von etwas Schönem: Spielen Sie häufig direkt nach dem Anleinen mit Ihrem Hund, geben Sie ihm ein Leckerchen oder loben und streicheln Sie ihn

ausgiebig. Lassen Sie ihn auch in einem Teil der Fälle gleich danach wieder laufen, damit die Verknüpfung Leine = „Freiheit ade" gar nicht erst aufkommt. Wenn Sie bereits ein Problem mit dem Anleinen haben, brauchen Sie viel Geduld. Üben Sie so, wie bei der Gewöhnung an die Ohrentropfen: Halten Sie Ihrem Hund die Leine hin. Geht er weg, starten Sie bald einen neuen Versuch. Bleibt er stehen: Click, Leckerchen und bei fünf von sechs Wiederholungen gleich danach vom Hund weggehen und gar nicht erst versuchen, ihn anzuleinen! Denn wenn Sie nach dem Leckerchen die Leine einhaken, ist das wie eine Falle für den Hund. Er schnappt sich dann entweder das Leckerchen und duckt sich weg oder kommt gar nicht erst heran. Nehmen Sie sich viel Zeit, bis Sie das Problem gelöst haben, oder lassen beim Freilauf ein Stück Schleppleine am Hund.

Nicht lästig sein

Bei den meisten Formen von störendem Verhalten ist Ignorieren das beste. Indem Sie Ihren Hund ignorieren, solange er lästiges, aufdringliches Verhalten zeigt (und Sie auch dafür sorgen, dass andere Menschen es tun!), entziehen Sie ihm den Erfolg, also sozusagen seine Belohnung. Dadurch „stirbt das Verhal-

Netter ist es, sich mit der Leine seitlich zu nähern.

normales Begrüßungsverhalten, das daher im Einzelfall recht hartnäckig sein kann. Wann immer Ihr Hund Sie anspringt, verstummen Sie, stellen sich aufrecht hin, verschränken evtl. die Arme und gucken genervt gen Himmel. Warten Sie mit erneuter Zuwendung, bis Ihr Hund mindestens drei Sekunden alle Viere auf dem Boden hatte. An sich reicht das aus, um das Anspringen abzugewöhnen. Ausnahmen kann es geben, wenn Ihr Hund bei der Begrüßung außergewöhnlich aufgeregt ist, sei es, dass er so erleichtert ist, nicht mehr allein sein zu müssen, oder dass ihn das übliche Freudenfest bei der Wiederkehr so aufregt. In beiden Fällen sollten Sie die Begrüßung zumindest ein paar Wochen lang relativ kühl ablaufen zu lassen. Und zwar nicht zur Strafe oder um Ihren Hund spüren zu lassen, wer der Chef im Rudel ist, sondern einfach um einen Teil der Erregung aus der Situation zu nehmen. Nach einem kurzen „Hallo, Hasso" und einem beiläufigen Tätscheln hängen Sie in Ruhe Ihre Jacke auf, gucken auf den Anrufbeantworter oder packen Ihre Einkäufe aus, ohne sich um Ihren wild herumhopsenden Vierbeiner zu kümmern. Erst danach widmen Sie sich ihm ausführlich.

> ### Trotzanfälle

Eine Besonderheit des Ignorierens: Wenn Sie es einsetzen, um Ihrem Hund ein Verhalten abzugewöhnen, das ihm bisher Aufmerksamkeit eingebracht hat, wird er zunächst einen „Trotzanfall" bekommen, ehe er seine Bemühungen einstellt. D.h. er intensiviert sein Verhalten, es wird vorübergehend stärker oder er zeigt es ausdauernder als je zuvor. Das müssen Sie unbedingt aushalten! Geben Sie nach, verschlimmern Sie alles nur noch.

ten aus" oder kommt – noch besser – gar nicht erst auf. Ignorieren bedeutet: Sie gucken den Hund nicht an, sprechen nicht mit ihm und berühren ihn nicht – auch nicht, um ihn z.B. wegzuschubsen oder mit ihm zu schimpfen. Ignorieren ist ein hochwirksames Erziehungsmittel, das durchaus deprimierend auf den Hund wirken kann, wenn es zu oft gebraucht wird.

Beim Begrüßen

Das Ignorieren kommt z.B. zum Zuge, wenn Ihr Hund Sie anspringt. Das Gesicht des Sozialpartners anzustupsen, ist bei Hunden ein

Je größer der Hund, desto schwieriger ist es, ihn komplett zu ignorieren.

Bei übertriebener Aufmerksamkeit

Einzelne Hunde neigen dazu, immer wieder übertrieben Aufmerksamkeit zu suchen. Sie kommen z. B. dauernd an, um Sie zum Spiel aufzufordern und sich streicheln zu lassen oder fordern immer wieder, in den Garten hinausgelassen zu werden. Weigert man sich, fangen manche Hunde an, wirklich unangenehm zu werden und winseln oder bellen vielleicht oder klauen Gegenstände, um irgendwie die gewünschte Aufmerksamkeit zu bekommen. Falls Ihr Hund sich so verhält, stellt sich natürlich zuerst die Frage, ob er vielleicht zu wenig Bewegung und Beschäftigung hat. Ist das zur Zufriedenheit geklärt, gehen Sie in sich und achten Sie darauf, ob Sie dem Verhalten nicht versehentlich Vorschub leisten, indem Sie allzu oft und eilfertig auf die Aufforderungen Ihres Hundes eingehen. Das ist fast immer der Fall.

Ignorieren auf Kommando

Um nun wieder zurückzurudern und den Schaden zu beheben (oder noch besser: um das Problem gar nicht erst aufkommen zu lassen), ist es das beste, wenn Sie üben, Ihren Hund „auf Kommando" zu ignorieren. Wählen Sie ein unverwechselbares Signal, z. B. das Wort „Pause" zusammen mit einem deutlichen Handzeichen. Nun verwenden Sie dieses Signal gelegentlich, ehe Sie ein Spiel oder eine andere Beschäftigung mit Ihrem Hund beenden oder auch, wenn er zwischendurch ankommt und Sie nervt. Das Signal bedeutet, dass Sie Ihren Hund nun gänzlich ignorieren werden, was auch immer er tut, und mindestens so lange, bis er begriffen hat, dass bei Ihnen nichts zu holen ist. Das erkennen Sie daran, dass er sich entweder schlafen legt oder eine eigene Beschäftigung sucht, wie z. B. einen Kauknochen zu benagen. Frühestens jetzt können Sie die Sperre wieder aufheben, indem Sie sich Ihrem Hund zuwenden. Sie werden sehen, dass Ihr Hund dies sehr schnell begreift, wenn Sie konsequent sind. Sie können ihm dann bei Bedarf wirkungsvoll mitteilen, dass Sie jetzt Ihre Ruhe haben wollen.

Nadelspitze Welpenzähne

Ein Spezialfall von lästigem Verhalten ist das spielerische Beißen von Welpen, die noch glauben, dass Menschen und Hosenbeine Kauspielzeug sind. Hier dürfen Sie etwas strenger vorgehen. Sobald Ihr Welpe seine spitzen Zähnchen an Ihre Kleidung legt oder Ihnen im Spiel auch nur im geringsten wehtut, rufen Sie empört und ziemlich laut „Au!" oder „Nein!" und brechen Sie das Spiel oder den Kontakt umgehend ab. Verhalten Sie sich etwa so wie beim Anspringen beschrieben. Nehmen Sie ggf. noch eine drohende Haltung ein: also betont steif dastehen, mit gerunzelter Stirn und leicht erhobenem Kinn böse in die Luft starren, bis er eindeutig aufgehört hat.

Hundemütter sind nachsichtig, können aber auch mal streng sein.

Schnauzgriff und Auszeit

An sich würde dies alles gut funktionieren und manchmal reicht es auch, wenn es konsequent und schauspielerisch überzeugend angewandt wird. Was aber, wenn Ihr Welpe sich in Ihrem Hosenbein verbeißt, während Sie Steif-Dastehen oder Ihren Fünfjährigen anspringt und zwickt, der das mit dem Ignorieren verständlicherweise noch nicht so gut hinbekommt? Dann müssen Sie sein Verhalten unterbinden. Greifen Sie, wenn nötig, ruhig, aber fest von oben über seine Schnauze, drücken leicht zu und entwinden ihm das Hosenbein. Dann entfernen Sie am besten entweder den Welpen oder sich bzw. das Kind aus der Situation, d. h. Sie trennen Hund und Mensch räumlich. Entweder verschwinden Sie hinter der nächsten Tür oder Sie schieben den Hund hinaus. Fünf bis zehn Sekunden reichen für eine solche Auszeit. Alternativ können Sie Ihren Welpen ein paar Tage lang eine leichte Leine nachschleppen lassen. Jagt er die Kinder, rufen Sie „Nein!" und treten auf die Leine, um ihn zu unterbrechen.

Schluss jetzt!

Statt einer Auszeit hinter der Tür oder an der Leine wäre es im Prinzip auch zulässig, das hundesprachliche Drohverhalten noch einen Schritt weiterzutreiben. Dazu würden Sie, wenn Ihr Hund auf Ihr „Nein" und das steif Dastehen nicht reagiert, ihn mit einem etwas schärferen zweiten „Nein!" im Nackenbereich mit einem kleinen Stoß kurz zu Boden drücken. Das entspricht etwa einer mütterlichen Zurechtweisung im Wurf und ist – wenn es richtig gemacht wird – wirkungsvoll und normalerweise auch zumutbar. Es zeigt sich aber immer wieder, dass es schwierig durchzuführen ist. Wenn Sie zu zaghaft oder ungeschickt sind oder Ihr Hund einfach zu den besonders erregbaren Zeitgenossen gehört, wird er dadurch nur umso aufgeregter und der Schuss geht nach hinten los. Das Prinzip der Auszeit, genug angemessene Spielmöglichkeiten und ggf. ein paar Möglichkeiten zur vorübergehenden räumlichen Trennung von Hund und Kindern ist sicherer. Zudem wächst sich das Problem auch teilweise von selbst aus.

„Nein"

Ein Signal wie „Nein", auch Abbruchsignal genannt, dient dazu, Ihren Hund zu unterbrechen, wenn er etwas Unerwünschtes macht oder gerade im Begriff ist, es zu tun. Auf der Seite 150 wurde im Grunde schon beschrieben, wie Sie Ihrem Hund die Bedeutung von „Nein" beibringen können: Sie warnen mit „Nein" und lassen etwas Unangenehmes folgen, wenn er es nicht unterlässt. Bis er gelernt hat, gut auf das „Nein" zu reagieren, müssen Sie allerdings sehr bewusst mit dem Wort umgehen. Verwenden Sie es nie, wenn Ihr Hund zu weit weg ist oder es schon zu spät ist, um ihn noch wirksam zu unterbrechen, denn sonst lernt er nur, Sie auszutricksen und z. B. schnell mit dem Diebesgut wegzulaufen, nachdem Sie „Nein" gesagt haben.

„No"

Es gibt noch eine andere Art, ein Abbruchsignal beizubringen, die sanfter, aber nicht weniger wirksam ist. Allerdings erfordert es mehr Training in verschiedenen Situationen. Hierbei soll das Abbruchsignal eher die Bedeutung bekommen: „Hör auf mit dem, was du gerade tust, denn du wirst sowieso nicht zum Erfolg kommen. Bei mir gibt es jedoch eine Belohnung!" Wenn Sie beide Arten von Abbruchsignal trainieren wollen, verwenden Sie am besten auch verschiedene Signale, z. B. „Nein" und „No!". Gehen Sie beim Üben folgendermaßen vor: Sie halten Ihrem Hund mit dem Wort „No!" ein Leckerchen hin. Wenn er es nehmen will, machen Sie schnell die Hand zu. Er wird an Ihrer Hand lecken, stupsen oder sogar pföteln. Machen Sie die Faust auf keinen Fall auf. Warten Sie stattdessen, bis Ihr Hund seine Bemühungen wenigstens für eine Sekunde einstellt und seine Schnauze von Ihrer Hand zurückzieht. In diesem Moment clicken oder loben Sie und geben ihm das Leckerchen.

Bei allen Gelegenheiten üben

Klappt das, versuchen Sie, die Faust nach dem „No!" zu öffnen und sie nur in dem Moment zu schließen, in dem Ihr Hund versucht, sich das Leckerchen zu nehmen. Üben Sie, bis er auf „No!" nicht mehr versucht, an das Leckerchen zu kommen, obwohl es offen auf Ihrer Hand liegt.

Nun belohnen Sie Ihren Hund nicht mehr mit dem Leckerchen, vor dem er gewartet hat, sondern mit einem anderen, das Sie in der anderen Hand halten oder aus der Tasche ziehen, damit er nicht glaubt, er könne das begehrte Objekt am Ende immer bekommen. Bei weiteren Übungen werden die Wartezeiten ausdehnt. Legen Sie das Leckerchen auch mal auf den Boden (Sie können es dann mit dem Fuß abdecken, wenn Ihr Hund voreilig danach grabscht) oder auf einen Stuhl. Schließlich bitten Sie andere Personen, das Leckerchen zu „bedienen", während Sie „No!" sagen.

Viele Hunde schauen bei der „No"-Übung weg, um zu beschwichtigen oder der Versuchung zu widerstehen.

Ballspielen ist im Idealfall ein stetiges Geben und Nehmen.

knurren, wenn Sie ihm nahe kommen. Schließlich ist es für ihn nur von Nachteil, wenn er Sie an sich heranlässt. Für ein „Nein" ist es bereits zu spät, ebenso für ein „No", denn Ihr Hund hat schon Erfolg gehabt und wird Ihnen kaum noch glauben, wenn Sie ihm jetzt das Gegenteil einreden wollen. Sie brauchen also ein weiteres Signal, das bedeutet: „Lass los, was du gerade in der Schnauze hast", bzw. „Gib her, was du bereits frisst." Das sogenannte Ausgeben können Sie folgendermaßen üben:

Wollen wir tauschen?

Ihr Hund hat ein Spielzeug, einen Kaukno-chen o. Ä. und ist ggf. an der Leine. Sagen Sie z. B.: „Gib her!" Erst danach gehen Sie zu ihm und halten ihm ein ganz besonders schönes Leckerchen vor die Nase. Clicken oder loben Sie in dem Moment, in dem er den Gegen-stand loslässt. Jetzt bekommt er das Lecker-chen und darf sogar seine Beute behalten. Bei weiteren Übungen nehmen Sie das Objekt kurz weg, während Ihr Hund sein Leckerchen frisst, und geben es ihm danach wieder. Auch wenn er das Signal gut gelernt hat, sollten Sie ihn oft belohnen, damit er weiterhin gerne mit Ihnen tauscht. Hat er schon große Vorbe-halte gegen das Ausgeben, üben Sie zuerst so, dass Sie nach Ihrem „Gib her" nur hingehen und ihm noch zusätzlich etwas Schönes zu seiner „Beute" dazugeben, aber gar nicht erst versuchen, sie ihm wegzunehmen. Erst wenn er Sie nach vielen Wiederholungen vertrau-ensvoll herankommen lässt, nehmen Sie das Objekt auch mal ganz kurz weg. Bis das „Gib her" richtig sitzt, entschärfen Sie entspre-chende Situationen am besten, indem Sie Ihren Hund ablenken, sodass er den geklauten Gegenstand liegen lässt. Das ist weitaus bes-ser, als vergeblich hinter ihm herzulaufen oder ihn einzuschüchtern, sodass er Sie nur noch ungern herankommen lässt.

Üben Sie auch mit allen möglichen Arten von Futter oder Spielzeug. Es kann gut sein, dass Sie Ihren Hund später mit dem so trai-nierten „No!" besser bei unerwünschten Akti-onen unterbrechen können als mit einem über Strafe trainierten „Nein!".

Ausgeben

Hier geht es darum, dass Ihr Hund etwas in der Schnauze hat, das er aus irgendwelchen Gründen hergeben soll, sei es, dass es schäd-lich für ihn ist oder Ihnen gehört. Wenn Sie in einem solchen Fall „Nein" rufen, ihn womög-lich danach strafen und ihm den Gegenstand wegnehmen, lernt er eher, wegzulaufen, die „Beute" schnell herunterzuschlingen oder zu

Name und Ansprechbarkeit

Wenn Ihr Hund noch nicht auf seinen Namen hört, können Sie ihn ähnlich wie den Clicker verknüpfen. Wählen Sie einen Moment, in dem sich Ihr Hund in Ihrer Nähe befindet und nicht abgelenkt ist. Sagen Sie seinen Namen und geben Sie ihm unmittelbar danach ein Leckerchen. Normalerweise reichen wenige Wiederholungen und Ihr Hund wird sich, sofern nicht anderweitig etwas Spannendes passiert, interessiert zu Ihnen umdrehen, wenn er seinen Namen hört. Verwenden Sie den Namen in den nächsten Tagen und Wochen gezielt, wenn etwas für Ihren Hund Erfreuliches passiert. Sagen Sie ihn, ehe Sie sein Futter holen oder sich zum Spaziergang fertig machen. Sehr bald weiß Ihr Hund, dass er gemeint ist, wenn er seinen Namen hört.

Guck mal!

Für den Alltag ist es praktisch, wenn Sie noch ein weiteres Signal mit der Bedeutung „Guck mal her" und/oder „Komm etwas näher" haben. Denn sein Name ist als echtes Signal

(also ein Hör- oder Sichtzeichen mit einer genau definierten Bedeutung) nicht besonders gut geeignet. Er wird nämlich in den verschiedensten Situationen ausgesprochen, auch ohne dass der Hund herankommen oder Sie anschauen soll, z. B. wenn Sie in der Familie darüber sprechen, wer den Hund füttert, jemand anderem mitteilen, wie er heißt oder vielleicht mal etwas genervt zu ihm sagen: „Hasso, nun lass mich endlich mal in Ruhe!" Wählen Sie ein anderes Wort oder ein neutrales Geräusch wie z. B. ein Schnalzen als Signal für „Schau mal her" und verknüpfen Sie es folgendermaßen:

So bringen Sie es bei

Üben Sie das „Schau her"-Signal immer mal wieder, wenn es sich gerade anbietet. Ihr Hund ist in Ihrer Nähe und schaut von Ihnen weg, ist jedoch nicht sonderlich abgelenkt. Sie haben den Clicker oder ein Leckerchen in die Hand genommen und geben Ihr Signal. Ihr Hund wird wahrscheinlich zu Ihnen schauen (tut er es nicht, übergehen Sie es am besten einfach und versuchen es ein bisschen später nochmal).

Sobald er sich zu Ihnen umdreht, reichen Sie ihm das Leckerchen oder clicken und belohnen ihn mit einem Leckerchen aus Ihrer Tasche. Klappt das Ganze nach ein paar Wiederholungen, sollten Sie bei weiteren Übungen die Art der Belohnung variieren, um die Sache spannender zu machen. Mal gibt es das Leckerchen wie gehabt, mal laufen Sie ein paar Schritte von Ihrem Hund weg und er darf Sie einholen, mal fliegt ein Ball oder ein Leckerchen rollt über den Boden von ihm weg usw. Dadurch bekommen Sie in kurzer Zeit eine sehr gute, fast reflexartige Reaktion auf Ihre „Ansprache", die Sie nach und nach verwenden können, um Ihren Hund von etwas abzulenken, dem er sich nicht weiter widmen soll oder um ihn z. B. näher zu sich heranzuholen, wenn ein Passant vorbeikommt.

Blickkontakt und Führigkeit

Als „führig" bezeichnet man einen Hund, der von sich aus oft zu seinem Besitzer schaut, sich häufig an dessen Verhalten orientiert und meist bereit ist, auf seine Anweisungen zu hören. Manche Hunde bringen diese angenehme Eigenschaft einfach mit, bei anderen muss man sehr viel trainieren, um ein Mindestmaß davon zu entwickeln. Dafür ist es am einfachsten, wenn Sie Ihren Hund belohnen, wenn er von sich aus Blickkontakt zu Ihnen aufnimmt. Üben Sie die ersten Male ruhig in der Wohnung. Danach können Sie die Übung beim Spaziergang einfließen lassen. Anfangs sollte Ihr Hund allerdings noch angeleint sein. Halten Sie den Clicker in der Hand und die Leckerchen griffbereit in der Tasche. Bleiben Sie einfach stehen und warten. Sagen Sie nichts, rascheln Sie nicht in der Tasche o. Ä. Früher oder später wird Ihr Hund Sie angucken oder sich wenigstens in Ihre Richtung drehen – und sei es auch nur, um zu „fragen", wann es endlich weiter geht. Belohnen Sie ihn dafür sofort mit Click und Leckerchen.

Blickkontakt in Bewegung
Falls Ihr Hund den Dreh heraushat, wird er Sie nach dem Leckerchen gleich wieder anschauen. Beenden Sie die Übung unmittelbar nach dem letzten Click und Leckerchen mit einem deutlichen Auflösesignal, wie z. B. „Okay", und legen Clicker und Leckerchen weg bzw. gehen beim Spaziergang weiter. Später können Sie auch in Bewegung üben: Gehen Sie mit dem angeleinten Hund langsam herum und clicken Sie im Gehen für Blickkontakt. Oder halten Sie den Clicker hin und wieder in der Hand, wenn Ihr Hund frei läuft (oder an der langen Leine) und clicken Sie, wenn er zufällig stehen bleibt und sich zu Ihnen umdreht.

„Beau" wird mit Click und Leckerchen für Blickkontakt beim Bei-Fuß-Gehen belohnt.

Leinenführigkeit

Im Hundesport bezeichnet man mit „Leinenführigkeit" das exakte Bei-Fuß-Gehen auf Kommando, eng am linken Knie und immer auf gleicher Höhe mit dem Hundeführer. Das soll uns in diesem Abschnitt nicht weiter beschäftigen. Hier geht es zunächst um das so viel wichtigere „ordentlich an der Leine gehen ohne zu ziehen". Für Ihren Hund ist das eine sehr schwere Aufgabe. Zum einen ist sie weniger genau definiert als andere Übungen und daher schwerer zu begreifen: Er soll zwar bis zu einem gewissen Grad tun, was er möchte, aber dennoch innerhalb des Leinenbereichs bleiben, wozu er Sie immer ein bisschen im Auge behalten muss. Zum anderen erfordert das Gehen an lockerer Leine erhebliche Selbstbeherrschung, vor allem über längere Zeit. Hunde laufen normalerweise etwa doppelt so schnell wie wir und natürlich würde Ihr Hund lieber hier und da schnuppern, um dann wieder aufzuholen oder auch mal ein paar Meter vorauszulaufen. An der kurzen Leine muss er sich jedoch alles verkneifen. Es ist also nur recht und billig, dass Sie ihn zumindest anfangs relativ großzügig dafür belohnen, wenn er sich Ihnen brav anpasst. Die gute Nachricht: „Lockere Leine" ist eigentlich eine einfache Übung, weil das Trainingsprinzip sehr simpel ist. Die schlechte Nachricht: Sie werden viel Hartnäckigkeit, Konsequenz und Geduld aufbringen müssen.

So bringen Sie es ihm bei

Zuerst soll Ihr Hund das Prinzip wieder auf eine angenehme Weise lernen können. Nehmen Sie die Leine und den Clicker in die eine Hand. Die andere Hand ist somit frei, um Leckerchen aus der Tasche zu ziehen. Zeigen Sie dem Hund zu Beginn der Übung ein Leckerchen und lassen es dann vor ihm auf

den Boden fallen. Während er es frisst, gehen Sie bis ans Ende der Leine von ihm weg. Sie können sich etwas zu ihm umgucken, um zu sehen, was er tut, aber bewegen Sie sich nicht rückwärts, sondern vorwärts von ihm weg. Wenn Ihr Hund Sie eingeholt hat und seine Nase auf Höhe Ihrer Hosennaht ist, clicken Sie, zeigen ihm ein Leckerchen und lassen es dann neben Ihrem Fuß zu Boden fallen. Während er es frisst, gehen Sie weiter usw. Wenn Ihr Hund verstanden hat, dass das Leckerchen bei dieser Übung auf dem Boden zu finden ist, brauchen Sie es ihm nicht mehr so deutlich zu zeigen. Werfen Sie es einfach auf den Boden neben sich, während Sie weitergehen.

„Paula" bekommt Clicks und Leckerchen, wenn Sie auf Sylvias Höhe mitgeht.

Sobald „Paula" zieht und Sylvia dabei vergisst, bleibt diese stehen.

Wenn Sie nach einigen Übungseinheiten bemerken, dass Ihr Hund anfängt, auf Ihrer Höhe zu gehen, nachdem er Sie eingeholt hat, können Sie den nächsten Click ein wenig hinauszögern: Ihr Hund muss nun zwei bis drei Schritte neben Ihnen gehen, bis der Click kommt, dann vier oder fünf usw. Je öfter Sie dies üben, desto besser. Da man den Hund jedoch nicht den ganzen Spaziergang über füttern kann (und er sich auch noch nicht stundenlang zusammenreißen kann), üben Sie vorerst immer mal wieder für einige Minuten oder für 100 bis 200 Meter, evtl. an denselben Abschnitten des üblichen Spaziergangs.

Nur wenn die Leine durchhängt

Wenn Sie ein oder zwei Wochen so geübt haben und Ihr Hund zumindest an Orten ohne stärkere Ablenkung schon ganz gut mitläuft, kommt der zweite, mindestens ebenso wichtige Akt. Von jetzt an gilt: Nur durchhängende Leinen gehen dahin, wo Hunde hin wollen! Achten Sie ab jetzt absolut konsequent darauf, dass Ihr Hund von nun an niemals mehr dahin kommt, wo er hin will, wenn er an der Leine zieht. Gehen Sie flott weiter, solange die Leine durchhängt und stoppen Sie sofort, sobald dies nicht mehr der Fall ist. Das Belohnen sollten Sie natürlich deswegen nicht einstellen. Wenn Sie diese Regel bereits ab dem Welpenalter beherzigen, ist das natürlich noch besser. Dann wird die Leinenführigkeit gar nicht erst zum Problem.

Die Leine-Geschirr-Alternative

So weit der Idealfall. Im Alltag ist es oft nicht so einfach mit der Konsequenz. Da ist der Junghund manchmal so abgelenkt, dass er sich nicht mehr beherrschen kann oder man hat es eilig oder die Kinder gehen mit dem Hund hinaus und sind einfach noch nicht konsequent genug. Falls es für Sie nicht immer möglich ist, 100 % konsequent zu sein, können Sie zur Unterscheidung zusätzlich ein Brustgeschirr benutzen: Legen Sie Ihrem Hund zum Spazierengehen Halsband und Brustgeschirr an. Ist die Leine am Halsband eingehakt, wird absolut konsequent geübt. Ist die Leine am Geschirr eingehakt, darf Ihr Hund ein bisschen ziehen und Sie sind davon entlastet, sich dauernd auf ihn konzentrieren zu müssen. In derselben Art kann man auch verschiedene Leinen nehmen, z. B. kurze Leine = ordentlich gehen, Flexi-Leine bedeutet, dass Sie es nicht ganz so eng sehen. Wenn Ihr Hund gut gelernt hat, an der Leine zu gehen, lassen Sie einfach das Geschirr oder die Leine, an der er bisher noch ziehen durfte, weg.

Kommen auf Ruf

Es ist keine leichte Aufgabe für die meisten Hunde – und ihre Besitzer – stets auf Ruf zu kommen. Nicht etwa, weil es so schwierig wäre, es dem Hund beizubringen, sondern weil viele Hundehalter das Kommen oft nicht richtig trainieren, sondern viel zu früh davon ausgehen, dass der Hund es bereits kann. Sobald es halbwegs zu klappen scheint, benutzen wir Menschen das Rufsignal ohne Rücksicht auf die Situation und die Befindlichkeit des Hundes und meistens, um ihn von etwas

abzurufen, was er gerade gern tun würde: von einem anderen Hund, einem Passanten, einer interessanten Schnupperstelle usw. Kommt der Hund nicht oder trödelt, rufen wir mehrfach hinter ihm her – womöglich in drohendem oder genervtem Ton. Zudem wird der Hund oft nicht mehr dafür belohnt, dass er gekommen ist, sondern es wird als selbstverständlich betrachtet. So bekommt das Kommen auf Ruf aus Sicht des Hundes einen unangenehmen Beigeschmack und die Verknüpfung zwischen Rufsignal und Kommen wird durch das viele vergebliche Rufen geschwächt.

Anreize schaffen

Zum Üben brauchen Sie zunächst etwas, das Ihren Hund veranlasst, zu Ihnen zu kommen. Achten Sie darauf, in welchen Situationen er von selbst angelaufen kommt oder schaffen Sie welche. Locken Sie ihn evtl. mit einem Leckerchen oder indem Sie ein Spielzeug schwenken. Viele Hunde finden es besonders lustig, wenn man mit dem Spielzeug oder Leckerchen von Ihnen wegläuft. Clicken Sie, wenn Ihr Hund sich zu Ihnen umdreht oder während er auf Sie zuläuft. Empfangen Sie ihn herzlich bis begeistert mit einem netten Gesicht, viel Lob und einer attraktiven Belohnung in Form von Leckerchen oder Spiel (evtl. auch streicheln, wenn er das mag).

> ### > Kommen auf Ruf – So machen Sie sich das Leben leichter
>
> Um nicht in diese Falle zu gehen, beachten Sie Folgendes:
>
> › Üben Sie das Kommen auf Ruf gründlich, auch wenn Sie – z. B. beim jungen Welpen – das Gefühl haben, es sei unnötig, da er Ihnen sowieso nachläuft.
>
> › Belohnen Sie das Kommen sehr häufig und besonders hochwertig, damit es eine beim Hund möglichst beliebte Übung bleibt.
>
> › Hören Sie auf zu rufen, wenn Ihr Hund momentan nicht auf Sie hört (oder besser noch: Fangen Sie gar nicht erst an, ihn zu rufen).
>
> › Rufen Sie Ihren Hund häufig, wenn nichts Besonderes los ist und selten aus für ihn interessanten Situationen. Natürlich ist es das Ziel der Ausbildung, dass Ihr Hund auch dann zuverlässig kommt, wenn er abgelenkt ist und ab und zu sollten Sie ganz bewusst testen, ob Sie ihn auch aus schwierigen Situationen abrufen können. Aber wenn es nicht auf ein paar Sekunden ankommt, müssen Sie ihn nicht ausgerechnet dann rufen, wenn er gerade einen Artgenossen begrüßt oder intensiv am Wegrand schnuppert. In vielen Situationen kann man ebenso gut schweigend weitergehen und den Hund belohnen, wenn er wieder aufgeholt hat.

„Lotte" kommt gern, wenn Ute sich von ihr weg bewegt. Das Streicheln findet sie dagegen eher unangenehm.

Kommt er näher, vermeiden Sie abschreckende Gesten wie Anstarren, Auf-ihn-zu-Gehen, Sich-Vorbeugen, Hastig-von-oben-nach-ihm-Grabschen oder Mit-ausgestreckten-Armen-nach-ihm-Greifen. Behalten Sie stattdessen die Hände bei sich, bis er bei Ihnen angekommen ist und fassen Sie seitlich oder von unten ans Halsband, während Sie ihn weiter loben und belohnen. Ein schönes Spiel ist es auch, den Hund zwischen zwei Familienmitgliedern hin und her laufen zu lassen. Die Person, die ihn eben nett empfangen und belohnt hat, muss ihn wieder ignorieren, während die andere Person ihn zu sich ruft.

Rufsignal einführen

Wenn Sie auf diese Art eine Zeit lang geübt und bei Ihrem Hund eine gewisse Begeisterung für das Herankommen geweckt haben, ist es an der Zeit, das richtige Rufsignal einzuführen. Bisher hat Ihr Hund gelernt, in bestimmten Situationen oder auf lockende Gesten, Bewegungen oder Laute hin angerannt zu kommen. Jetzt stellen Sie alldem einfach ein deutliches Rufsignal voran, damit Sie Ihren Hund auch später heranrufen können, auch ohne das übliche Affentheater aufführen zu müssen. Erfahrungsgemäß eignet sich ein helles Wort auf „i" am besten, z.B. „Hiiierher!" oder „Zu miiiir!" Rufen Sie beim Üben in einer günstigen Situation ohne Ablenkung Ihr Hörzeichen – sicher wird Ihr Hund sich zu Ihnen umdrehen, um zu sehen, was es gibt. Dann clicken Sie und ziehen Ihre übliche „Motivationsshow" ab. Es müsste schon mit dem Teufel zugehen, wenn Ihr Hund jetzt nicht angerannt kommt. Das schnelle Laufen an sich macht vielen Hunden Spaß. Durch viele Wiederholungen bildet sich dann eine Verknüpfung zwischen Ihrem Rufsignal, dem schnellen freudigen Herankommen und der hohen Motivation, die Sie aufgebaut haben. Sie müssen mit der Zeit nicht mehr jedes Mal so große Begeisterung mimen, sondern nur ab und zu.

„Sitz"

Das „Sitz" ist für die meisten Hunde ver-
gleichsweise leicht zu lernen. Um Ihren Hund
zum Sitzen zu veranlassen, zeigen Sie ihm,
dass Sie ein Leckerchen in der Hand haben
und halten es dann über seinen Kopf. Stehen
Sie aufrecht. Zu starkes Vorbeugen erschwert
die Sache eher und außerdem ist es besser,
wenn Ihr Hund das Leckerchen von Anfang an
nur sieht, statt daran herumzuschlabbern. Sie
können es dann viel leichter wieder ausschleichen. Warten Sie einfach ab, bis sein Hinterteil
den Boden berührt, dann clicken Sie und
geben ihm das Leckerchen. Dieser Lernschritt
ist oft in wenigen Wiederholungen bewältigt.
Sobald Ihr Hund die Übung fünfmal hintereinander ausführen kann und sich dabei stets
zügig setzt, bleibt das Leckerchen von nun an
bis nach dem Click in der Tasche. Halten Sie
die Hand jedoch so wie zuvor. Manche Hunde
reagieren erst etwas zögernd, wenn Sie nicht
mehr sicher sind, ob das Leckerchen in Ihrer
Hand ist oder nicht, aber das vergeht nach ein
paar Wiederholungen.

Etwas länger sitzen bleiben

Sie haben nun ein Handzeichen für „Sitz": die
erhobene Hand. Im nächsten Übungsschritt
soll Ihr Hund lernen, etwas länger sitzen zu
bleiben. Clicken Sie nicht mehr jedes Mal
sofort, wenn sein Hinterteil den Boden be--
rührt, sondern zögern Sie den Click ein oder
zwei Sekunden hinaus, dann zwei oder drei
Sekunden, dann vier Sekunden und so fort,
bis Ihr Hund mindestens fünf Sekunden sitzen bleiben und auf den Click warten kann.
Machen Sie sich nichts daraus, wenn er mal
vorzeitig aufsteht. Versuchen Sie es einfach
nochmal und erhöhen Sie die Dauer ggf. sehr
behutsam. Vielleicht steht Ihr Hund in diesem
Stadium nach dem Click auf. Das ist okay, aber
Sie können das Lernen beschleunigen, indem
Sie ihn schweigend mit dem Leckerchen wieder ins „Sitz" locken, ehe Sie es ihm geben.
Beenden Sie die Übung dann (oder wenn Ihr
Hund nach dem Click und Leckerchen noch
sitzt) mit einem Auflösesignal wie z. B. „Okay".
Nach dem Okay bewegen Sie sich ein bisschen
oder locken Ihren Hund, sodass er aufsteht.
Klappt auch das ganz gut, sollten Sie die Arme
ganz normal hängen lassen, wenn Ihr Hund
die Sitzposition eingenommen hat.

Hörzeichen einführen

Nun haben Sie einen Hund, der sich auf ein
Sichtzeichen (erhobene Hand) hin setzt und
auch ein paar Sekunden lang sitzen bleibt, bis
Sie die Übung mit „Okay" beenden. Nun können Sie das Hörzeichen einführen. Ihr Hund
guckt Sie an. Sie sagen „Sitz". Eine Sekunde
später heben Sie die Hand – Ihr Hund sitzt, Sie
clicken, belohnen ihn und heben die Übung
mit „Okay" auf. Nach einigen Wiederholungen
wird Ihr Hund sich bereits auf das Wort „Sitz"
hin setzen, auch ohne dass Sie die Hand
heben. Er kennt nun ein Hörzeichen und ein
Handzeichen für Sitz.

Fürs Sitzen halten Sie dem Hund anfangs ein Leckerchen über die Nase.

So bald wie irgend möglich bleibt das Leckerchen bis nach dem Click in der Tasche.

An vielen Orten üben

Ehe Sie die Übung weiter ausbauen, machen Sie nun am besten eine Serie Generalisierungsübungen. Üben Sie in den nächsten Tagen oder Wochen an allen möglichen Orten und in allen möglichen Situationen. Ist Ihr Hund zu abgelenkt, lassen Sie es entweder einfach gut sein oder „gehen in den Kindergarten" und benutzen nochmal das Leckerchen wie im ersten Stadium der Übung. Verändern Sie auch Ihre eigene Körperhaltung und Position zum Hund. Verlagern Sie das Gewicht von einem Bein aufs andere, schauen Sie gen Himmel, winkeln Sie den anderen Arm an, setzen Sie sich auf einen Stuhl usw. und geben Sie dann das Hörzeichen und/oder Sichtzeichen. Immer noch wird Ihr Hund jedes Mal oder zumindest sehr häufig mit Click und Leckerchen belohnt, wenn er es richtig macht. Erst wenn nach einigen Wochen alles richtig gut klappt und Ihr Hund schon Routine erworben

hat, ersetzen Sie die Clicks durch kurzes Lob mit der Stimme und geben nicht mehr jedes Mal ein Leckerchen.

„Platz"

Die Platz-Übung wird genauso aufgebaut wie das „Sitz". Es ist nur kniffliger, die anfängliche Lockbewegung mit dem Leckerchen abzubauen, da sie beim „Platz" viel auffälliger ist als beim „Sitz". Es gibt Hunde, die nur sehr ungern Platz machen, z. B. Hunde mit ganz kurzem Fell oder manche Kleinhunde. Überlegen Sie in dem Fall ruhig, ob es nicht reicht, das „Sitz" und die Deckenübung (siehe Seite 151) zu trainieren. Ansonsten müssen Sie einfach mehr Geduld und Hartnäckigkeit aufbringen und vielleicht anfangs längere Zeit auf einer angenehmen Unterlage wie Teppichboden oder einer Decke üben.

So geht's

Um Ihren Hund ins „Platz" zu locken, halten Sie ihm ein Leckerchen vor die Nase wenn er sitzt, und bewegen Sie es fast senkrecht vor ihm zu Boden – nicht zu weit vorziehen, sonst steht er eher auf! Folgt er dem Leckerchen in die liegende Position, clicken Sie, sobald er unten ist, und überlassen ihm danach das Leckerchen. (Evtl. geht es auch, ihn direkt aus dem Stehen ins „Platz" zu locken, was die spätere Verwechslungsgefahr mit „Sitz" verringert.) Üben Sie dies, bis es reibungslos klappt.

Diskrete Leckerchenführung

Als Nächstes müssen Sie das Leckerchen weniger auffällig handhaben, damit der Hund lernt, auf Ihre Handbewegung zu achten und nicht auf das Leckerchen. Klemmen Sie sich das Leckerchen mit dem Daumen unter die Handfläche und machen Sie die Lockbewegung nun möglichst schnell, etwa so, als ob Sie vor Ihrem Hund über den Boden wischen wollen. So kann er nicht mehr genau kontrollieren, ob sich ein Leckerchen in Ihrer Hand befindet und in dem Moment, in dem er Ihrer Hand folgt und sich hinlegt, ist diese schon nicht mehr so dicht vor seiner Nase.

Berührt er den Boden: Clicken und schnell das Leckerchen geben. Es macht nichts, wenn er in diesem Stadium nach dem Click und dem Leckerchen aufspringt. Üben Sie weiter, bis die Bewegung flüssig geworden ist.

Derselbe Ort

Um das Herunterbeugen abzubauen und ein Hörzeichen einzuführen, ist es hilfreich, ein paar Tage an derselben Stelle zu üben und sich dabei z. B. aufs Sofa zu setzen. Sie haben es so bequemer, sind näher beim Hund und müssen sich trotzdem weniger stark herunterbeugen. Und der gleiche Ort hilft Ihrem Hund zu erkennen, welche Übung angesagt ist. Sie sitzen also auf dem Sofa, machen vor ihm die wischende Bewegung mit dem in der Hand verborgenen Leckerchen und clicken (und füttern ihn), sobald er sich hinlegt. Nun können Sie die Handbewegung in der Luft vor Ihrem Hund ausführen statt vor seiner Nase. Ihre Hand berührt kaum noch den Boden und bleibt auch nicht mehr vor seiner Nase am Boden liegen. Viele Hunde versuchen die ersten Male, aufzustehen und dem Leckerchen zu folgen, doch so bekommt er es nicht. Schieben Sie ihn sanft ein Stückchen zurück

„Leni" geht erst ins Sitz …

… und wird dann mit einem Leckerchen …

und wiederholen Sie den Vorgang. Normalerweise legt sich der Hund relativ schnell hin, wenn Sie die entsprechende Handbewegung machen – oder womöglich schon, wenn Sie mit Clicker und Leckerchen bewaffnet Ihren Platz auf dem Sofa einnehmen!

Bleib liegen!

Ehe Sie das Hörzeichen einführen, sollten Sie noch einüben, dass Ihr Hund nicht sofort wieder aus dem „Platz" aufspringt. Da das anstrengender ist, als aus dem „Sitz" aufzustehen, bleiben viele Hunde beim Platzüben nach dem Click von sich aus liegen, zumindest während sie das Leckerchen fressen. Macht Ihr Hund das, clicken Sie gleich nochmal und legen ihm ein zweites Leckerchen zwischen die Vorderpfoten auf den Boden. Vielleicht können Sie den Vorgang sogar mehrfach wiederholen. Schließlich beenden Sie die Übung mit „Okay" und ermuntern ihn zum Aufstehen. Falls Ihr Hund ein Stehaufmännchen ist, gehen Sie dazu über, ihm das Leckerchen nach dem Click nur zu überlassen, wenn er noch liegt. Steht er zwischendurch auf, halten Sie es so lange am Boden fest, bis er sich wieder hinlegt.

Hörzeichen einführen

Mit etwas Fingerspitzengefühl bekommen Sie es hin, dass Ihr Hund sich bei entsprechender Handbewegung (oder sogar schon aus der Situation heraus) hinlegt, wenn Sie auf dem Sofa sitzen, und ein paar Momente liegen bleibt, bis Sie clicken, ihn belohnen und die Übung mit „Okay" beenden. Dann kommt das Hörzeichen dazu, z. B. „Plaaatz" oder „Down". Sie sagen es, kurz bevor Sie die Handbewegung machen. Lassen Sie die Zeitlücke nach einigen Wiederholungen größer werden. Sagen Sie „Platz", warten Sie zwei bis drei Sekunden und machen Sie erst dann die Handbewegung. Hunde sind sehr gut darin, Abläufe vorwegzunehmen. Ihr Hund wird sich daher bald schon auf das Hörzeichen hin hinlegen, die Handbewegung ist dann nicht mehr unbedingt nötig. Zur Generalisierung üben Sie zuerst bei allen möglichen Sitzgelegenheiten in Ihrer Wohnung. Dann versuchen Sie es, wenn Sie aufrecht vor Ihrem Hund stehen. Klappt auch das, sind beim weiteren Üben viele verschiedene Orte, eine immer mal wieder etwas veränderte Körperhaltung Ihrerseits und schließlich ganz verschiedene Situationen dran.

…ins Platz gelockt.

Aus der Lockbewegung wird später ein Sichtzeichen.

„Bleib"

Zum „Sitz" oder „Platz" gehört es ja schon, dass der Hund zumindest ein paar Momente in der Position verharrt, denn sonst hat man nicht viel davon. Beim weiteren Üben können Sie die Zeitspanne in Sekunden-Schritten bis auf zehn oder fünfzehn Sekunden ausdehnen. Beginnen Sie damit, sich ein kleines bisschen vor Ihrem Hund hin und her zu bewegen. Clicken Sie mitten in Ihre Bewegung hinein, falls er dabei liegen (sitzen) bleibt, und geben ihm dann das Leckerchen in der Position. Klappt auch das, können Sie sich ein wenig von ihm weg bewegen. Gehen Sie nur ein Schrittchen rückwärts und gleich wieder nach vorn. Liegt (sitzt) er noch: Click und Leckerchen; dann zwei Schrittchen, dann drei usw.

Wenn's mal nicht klappt

Versuchen Sie, die Ansprüche in so kleinen Schritten zu erhöhen, dass es fast immer klappt. Sollte Ihr Hund doch einmal vorzeitig aufstehen, „markieren" Sie den Fehler mit einem freundlichen „Schade" oder „Oh!" und hindern Sie Ihren Hund ggf. mit der Leine daran, das Weite zu suchen. Wenn Sie nichts unternehmen, belohnt er sich selbst für das Verlassen der Position, indem er sich etwas Lustigerem zuwendet. Ist Ihr Hund vor Ihrem Click oder „Okay" aufgestanden, ist die Übung schiefgegangen. Es ist aber nicht besonders wichtig, dass Ihr Hund sich so schnell wie möglich oder an genau derselben Stelle wieder hinlegt oder -setzt. Beginnen Sie einfach von Neuem.

Dauer und Entfernung

Der weitere Ausbau der Bleib-Übung hat zwei Komponenten: Entfernung und Dauer. Konzentrieren Sie sich am besten auf eine zurzeit. Denn wenn Sie gleichzeitig weiter von Ihrem Hund weggehen als bisher und auch noch länger wegbleiben, stellt das eine Überforderung dar und wird zu häufigeren

Erhöhen Sie die Entfernung nur in kleinen Schritten.

Fehlern führen. Sie gehen also entweder weiter weg als bisher und kommen dafür bald zurück oder Sie erhöhen die Dauer und bleiben dafür näher beim Hund. Auch wenn Sie an Orten mit erhöhter Ablenkung üben, werden Dauer und/oder Entfernung zunächst wieder verringert.

> ### > Tipp: Das Zufallsprinzip

> Bei Übungen, die länger dauern, ist es besonders wichtig, recht früh nach dem Zufallsprinzip zu belohnen. Beim „Bleib" bedeutet das: Gehen Sie beim Üben nicht immer weiter weg, sondern mal eine kürzere und mal eine längere Strecke. Auch die Dauer sollte beim Üben stark variieren. Ihr Hund muss z.B. erst 10, dann 2, 15, 5, 8, 15, 6, 3 und 12 Sekunden sitzen bleiben.

„Fuß"

Hiermit ist ein engeres, exakteres Bei-Fuß-Gehen gemeint, das der Hund auf Kommando und für eher kurze Strecken zeigt. Denn diese Übung ist sehr anstrengend für einen Hund und erfordert seine volle Konzentration. Er kann daher nicht den ganzen Spaziergang

über „Fuß" gehen. Zum Fußgehen gehört auch die sogenannte Grundstellung: Wenn Sie im Bei-Fuß-Gehen stehen bleiben, soll Ihr Hund automatisch parallel neben Ihnen halten. Die Grundstellung kann auch stets am Anfang und am Ende der Bei-Fuß-Strecke genutzt werden, um dem Hund deutlicher Ende und Beginn der Übung anzuzeigen. Im Hundesport ist es üblich, dass der Hund links vom Hundeführer exakt mit der Schulter an dessen Knie geht und sich gerade neben ihn setzt, wenn er stehen bleibt. Für den Alltagsgebrauch ist das nicht so wichtig. Sie können z. B. beidseitig üben und Ihrem Hund jeweils zu Beginn die Seite anzeigen, an die er diesmal kommen soll, indem Sie mit der Hand an Ihren Oberschenkel klopfen. Falls Ihr Hund sich ungern setzt, können Sie ihm auch beibringen, dass er neben Ihnen stehen bleibt, wenn Sie stoppen, anstatt sich zu setzen. Die Grundfertigkeiten des Bei-Fuß-Gehens sind auf alle Fälle auch im Alltag nützlich, z. B. um den Hund für ein paar Schritte zu sich heranzuholen, wenn Sie jemandem begegnen.

Die Grundstellung
Bei-Fuß-Gehen lässt sich ganz gut über Locken mit einem Leckerchen beibringen. Ich würde vorschlagen, dass Sie mit der Grundstellung beginnen. Halten Sie ein Leckerchen in der Hand und zwar in der linken, wenn er links von Ihnen und in der rechten, wenn er rechts gehen soll. Zeigen Sie Ihrem Hund, dass Sie ein Leckerchen haben. Drehen Sie sich ein wenig von ihm weg und bleiben Sie so stehen, sodass Ihr Hund, wenn er sich dem Leckerchen nähert, von hinten an Ihre Seite kommt. Clicken Sie und geben Sie ihm das Leckerchen. Damit Ihr Hund parallel an Ihrer Seite bleibt, müssen Sie die Hand mit dem Leckerchen beim Anhalten etwas nach außen drehen,

Sylvia zeigt hier mit „Paula" das Locken in die Grundstellung. Dabei führt sie sie mit einem Leckerchen von hinten im Kreis neben ihren Oberschenkel.

statt sie vor Ihre Körpermitte zu ziehen. Konzentrieren Sie sich erst einmal darauf, dass Ihr Hund überhaupt an Ihre Seite kommt und einigermaßen parallel zu Ihnen steht. Möchten Sie, dass er sich neben Sie setzt, ziehen Sie bei weiteren Übungen das Leckerchen etwas hoch, sodass er sich setzt, und clicken und belohnen Sie erst dann.

Die ersten Schritte

Man braucht ein wenig Übung, bis die Grundstellung reibungslos klappt. Hat es sich eingespielt, können Sie aus der Grundstellung jeweils einen einzigen Schritt vorgehen, dann wieder anhalten und den Hund dabei mit dem Leckerchen wieder in Position „ziehen", wo Sie ihn erneut mit Click und Leckerchen belohnen. Neigt Ihr Hund sehr stark zum „Eindrehen" und Schrägsitzen, üben Sie dies evtl. zuerst längere Zeit mit einer seitlichen Begrenzung, z. B. an einer Mauer oder an der Küchenzeile. Nach und nach werden die Strecken größer und es gibt dann auch mal im Gehen einen Click und ein Leckerchen. Viele Hunde können sich nicht mehr konzentrieren, während sie ein Leckerchen fressen.

Daher ist es besser, nach der Leckerchenübergabe kurz zu warten, bis Ihr Hund fertig ist und Sie anschaut, ehe Sie weitergehen.

Verdeckte Leckerchen

Im weiteren Verlauf müssen Sie darauf achten, dass das Leckerchen sehr gut in der Hand verborgen ist. Zeigen Sie es auch zu Beginn der Übung nicht mehr deutlich vor. Sonst bleibt es dabei, dass Ihr Hund nur mitgeht, wenn Sie eins in der Hand haben. Verstecken Sie es gut, wird dagegen Ihre gesamte Art zu gehen und Ihre Handhaltung zum Sichtzeichen für das Bei-Fuß-Gehen, das dann auch ohne „Köder" funktioniert. All dem können Sie anschließend ein Hörzeichen – z. B. „Fuß" – voranstellen. Damit Sie Ihren Hund auch mal ohne vorherige Grundstellung bei Fuß gehen lassen können, üben Sie am besten auch, im Gehen Hand- und Hörzeichen für „Bei Fuß" zu geben. Clicken Sie, wenn Ihr Hund zu Ihnen aufschließt. Steht die Übung erst einmal, belohnen Sie zum Verlängern der Strecken, nach dem Zufallsprinzip, also mal nach wenigen Schritten, mal nach längeren Strecken, aber ohne in ein festes Schema zu verfallen.

Die meisten Hunde gehen besser bei Fuß, wenn der Mensch sich flott bewegt.

Hundebegegnungen

Egal ob Besuch kommt oder Sie mit Ihrem Hund unterwegs sind und auf Menschen, Hunde und andere Tiere treffen – es geht immer darum, dass Ihr Hund niemanden belästigt.

Nicht anspringen

Während einige Hunde sich von Natur aus manierlich benehmen, wenn Gäste kommen, muss man anderen beibringen, den Besuch nicht anzuspringen oder anzubellen. Die Übung ist in beiden Fällen ähnlich. Verhindern Sie zunächst unerwünschtes Verhalten, indem Sie ihn an die Leine nehmen, ehe Sie die Haustür öffnen. So steht er den Gästen nicht in aufgeregtem Zustand direkt gegenüber, wenn die Tür aufgeht. Wenn er sehr aufgeregt ist und Sie sich momentan nicht so sehr um seine Erziehung kümmern können, sollten Sie die Leine etwas weiter entfernt befestigen, z. B. am Treppengeländer, und ihm kurz vor dem Öffnen der Tür eine Handvoll Leckerchen zuwerfen. Danach widmen Sie sich zunächst einmal Ihrem Besuch.

Gelassen bleiben

Bleiben Sie ruhig, auch wenn Ihr Hund die Leckerchen die ersten Male vor Aufregung liegen lässt oder trotzdem bellt. Gewöhnlich klappt es nach einiger Zeit, dass er die Leckerchen annimmt und dadurch das Eintreten der Gäste positiv verknüpft. Ihre gelassene Haltung zeigt ihm außerdem, dass Sie die Situation regeln und er dies nicht zu tun braucht.

Ist die erste Aufregung vorbei, gehen Sie zu Ihrem Hund, wenn er gerade ein paar Sekunden still war, binden ihn los und behalten ihn vorsichtshalber noch ein bisschen an der Leine, bis die Gäste sich niedergelassen haben. Dabei können Sie ihn ab und zu „Sitz" machen lassen. Hat Ihr Hund sich soweit beruhigt, dass die anschließende Begrüßung ruhig verlaufen kann, können Sie ihn wieder ableinen.

Passanten begrüßen

Wenn Ihr Hund draußen auf beliebige Passanten zuläuft, um sie zu begrüßen und evtl. auch anzuspringen, ist er vermutlich noch recht jung. Hier arbeitet die Zeit für Sie – wenn nicht gerade einige unvernünftige Leute den Hund zum Anspringen auffordern, wird das Problem von selbst schwächer. Um bis dahin Ärger zu vermeiden, sollten Sie Ihren Hund anleinen, wenn Passanten entgegenkommen. Zerren Sie ihn jedoch nicht einfach vorbei, denn davon lernt er nichts. Versuchen Sie stattdessen Ihr Bestes, ihn auf sich zu konzentrieren, wenn jemand vorbeigeht, auch wenn das vorerst nur sekundenweise geht. Benutzen Sie die Übung „Ansprechbarkeit" (Seite 134) oder halten Sie Ihrem Hund notfalls ein gut riechendes Leckerchen vor die Nase, jedoch erst, nachdem er den Passanten gesehen hat, nicht schon vorher. Durch diesen zeitlichen Ablauf verknüpft Ihr Hund allmählich das Auftauchen eines Passanten als Signal dafür, Sie anzuschauen und zu Ihnen zu laufen, sodass er später von alleine kommt, auch wenn Sie nicht extra rufen. Bis ein überschwänglicher junger Hund die Übung ohne Sicherung durch die Leine zuverlässig ausführt, können allerdings einige Monate ins Land gehen.

Begegnung mit Artgenossen

Es ist Hunden nicht immer nur angenehm, Artgenossen zu treffen, sondern kann durchaus auch stressig sein. Das kommt daher, dass Hunde einander vor allem beim ersten Zusammentreffen immer auch ein bisschen austesten, sodass zumindest bei vielen erwachsenen Hunden eine unterschwellige Spannung mitschwingt. Junge Hunde unter anderthalb bis zwei Jahren wollen dagegen oft noch mit jedem Artgenossen spielen, dem sie begegnen, und sind dabei oft allzu aufdringlich und aufgeregt. Stress bei Begegnungen entsteht außerdem durch schlechte Erfahrungen, die Hunde leider manchmal mit unverträglichen Artgenossen machen, sowie durch Kommunikationsprobleme durch die Leine. Als Hundehalter sind Sie daher durch-

aus gefragt, vor allem Ihren jungen Hund vorbeugend zu lehren, wie man fremden Hunden höflich begegnet, statt sich nach dem Motto „Die regeln das alleine" zurückzulehnen und zu riskieren, dass es später diesbezüglich zu Problemen kommt.

Mit oder ohne Leine?

Als Faustregel sollten Sie Ihren Hund möglichst ableinen, wenn der entgegenkommende Hund auch ohne Leine läuft. Geht das nicht, weil Ihr Hund sonst beispielsweise jagen geht, lassen Sie die Leine wenigstens so locker wie möglich, wenn es zu einer – vielleicht von Ihnen unerwünschten – direkten Kontaktaufnahme mit einem frei laufenden Hund kommt. Denn verhindern können Sie es nun nicht mehr und auf den anderen Hund haben Sie vermutlich wenig Einfluss. Wenn Sie Ihren Hund während der Begegnung zurückzerren oder seine Leine ganz kurz halten, bereiten Sie ihm zusätzlichen Stress und machen es ihm unmöglich, seine Körpersprache angemessen

Welpen wollen beim Anblick von Artgenossen meist nur eines: spielen.

Warten Sie dennoch nicht mit dem Üben von manierlichen Begegnungen, bis Ihr Hund 30 Kilo wiegt.

einzusetzen. Das kann allmählich zu Ängstlichkeit oder Aggression bei Hundebegegnungen führen.

Umgekehrt sollten Sie so rücksichtsvoll sein und Ihren Hund normalerweise nicht ohne Einverständnis des Besitzers zu einem anderen Hund laufen lassen, der angeleint ist oder dessen Besitzer der Begegnung offenbar ausweichen will. Es ist auch nicht sehr förderlich, wenn Ihr Hund schräg in der Leine hängt oder womöglich sogar kläfft, wenn ein anderer Hund vorbeikommt. Denn all das wirkt auf den Artgenossen höchst aufdringlich oder sogar bedrohlich, da ein Hund, der auf einen anderen zusteuert, diesen unwillkürlich anstarrt und durch die straffe Leine aufgerichtet wirkt. Aus dem Kapitel Körpersprache (Seite 117) wissen Sie, dass das vom entgegenkommenden Hund als Drohverhalten verstanden werden kann. Er droht also evtl. zurück, worauf Ihr Hund sich wiederum „angemacht" fühlt. Kein Wunder, dass Leinenaggression ein häufiges Problem ist ...

Blickkontakt einfordern

Versuchen Sie also zur Vorbeugung, Ihren Hund immer kurz „anzusprechen" oder zu sich zu rufen, wenn er einen anderen Hund erspäht. Sie können ihm danach immer noch

erlauben, zu diesem zu laufen. Leicht ist das natürlich anfangs nicht, aber wenn Sie hartnäckig sind, wird recht schnell eine gute Gewohnheit daraus. Clicken oder loben Sie schon für kleinste Ansätze, sich Ihnen zuzuwenden. Als Belohnung bietet sich in einer solchen Situation vor allem bei jungen Hunden etwas „action" an: Spiel, Leckerchen rollen oder ein paar Schritte in die Gegenrichtung laufen. Darf er diesmal nicht zu dem anderen Hund, versuchen Sie, ihn anschließend mit weiterem „Ansprechen" oder einem Leckerchen als Lockmittel am Hund vorbeizulotsen. Sehr hilfreich ist es, wenn Sie dabei zwischen den Hunden gehen und einen kleinen Bogen nach außen, weg vom anderen Hund, machen.

> ### > Tipp: Gar nicht schlimm

Wenn Ihr Hund von einem anderen Hund angebellt wird, der hinter einem Zaun oder an der Leine ist, geben Sie Ihrem Hund einfach ein paar Leckerchen. Dazu bleiben Sie in Ihrer Körperhaltung betont ruhig und gelassen und gehen eher langsamer als üblich. Ihr Hund kann so lernen, dass es gar nicht so schlimm ist, von einem Artgenossen „angeschrien" zu werden.

Wehret den Anfängen. Lassen Sie Ihren Junghund gar nicht erst auf den Geschmack kommen.

Nicht jagen und hetzen

Da es sehr schwer ist, einem Hund das Jagen abzutrainieren, wenn er es sich erst einmal angewöhnt hat, geht es hier eher um Möglichkeiten der Vorbeugung beim Welpen oder jungen Hund. Im Prinzip ist es egal, ob es um Wild, Vögel, Katzen oder Jogger geht: Vor allem im zweiten Lebenshalbjahr treten häufig die ersten Vorfälle auf: Der Junghund hetzt erstmals Objekte, die ihn zuvor kaum interessiert haben oder denen er nur nachgeguckt hat. Aufgrund des „Suchtcharakters" des Hetzens treten diese ersten Erfahrungen schlimmstenfalls eine ganze Lawine los. Fangen Sie daher bereits schon beim Welpen mit dem „Antijagdtraining" an.

> Vorbeugende Maßnahmen

Wichtig zur Vorbeugung ist Folgendes

> Lassen Sie Ihren Junghund nicht zusammen mit anderen Hunden frei laufen, die auch jagen. Im Gefolge eines vierbeinigen Vorbildes lernen Junghunde das Jagen in Nullkommanichts!

> Vermeiden Sie generell Situationen, in denen der junge Hund unkontrolliert Kontakt zu Beuteobjekten hat. Meiden Sie als wildreich bekannte Gebiete oder Spaziergehzeiten und nehmen Sie den Hund an die lange Leine.

> Konditionieren Sie Ihren Hund darauf, dass ein Beutereiz (z.B. der Anblick einer auffliegenden Krähe oder eines Rehs) bedeutet, dass bei Ihnen etwas ganz Tolles passiert. Rennen Sie zusammen mit dem Hund in die Gegenrichtung, spielen Sie mit ihm, rollen Sie Leckerchen über den Weg, die er fangen darf, streuen Sie mehrere Leckerchen auf den Boden oder Ähnliches. Welpen unter drei bis vier Monaten gucken bewegten Objekten meistens nur nach, laufen aber noch nicht hinterher. Sie können das Stehen und Gucken anclicken und den Welpen mit den oben genannten Dingen belohnen, wenn er sich daraufhin zu Ihnen umdreht.

> Spaziergänge, bei denen der Mensch seinem Hund passiv dabei zusieht, wie er vergnügt herumrennt und seinen eigenen Beschäftigungen nachgeht, sind zumindest für Hunde mit Jagdveranlagung und junge Hunde im zweiten Lebenshalbjahr riskant. Bauen Sie kleine abwechslungsreiche Gehorsamsübungen ein, verstecken oder rollen Sie Leckerchen, lassen Sie ihn Gegenstände oder Futterbeutel suchen und kleine Naturhindernisse überwinden usw.

Autofahren

Für den sicheren Transport im Auto ist eine Hundebox am besten, da Ihr Hund sich darin anlehnen kann und weniger herumgeschleudert wird, nichts kaputt machen kann, wenn er mal im Auto warten muss und nicht unkontrolliert herausspringen kann. Alternativ gibt es Sicherheitsgurte für Hunde. Trenngitter oder -netze sind nur dann sicher, wenn sie fest in die Karosserie eingehängt sind.

Gewöhnung

Die Gewöhnung an das Autofahren ist normalerweise kein Problem, wenn man beim Welpen schon behutsam anfangen kann. Die ersten Fahrten wird der Welpe am besten auf dem Schoß eines Mitfahrers oder – natürlich entsprechend mit einer Leine gesichert – im Fußraum vor dem Beifahrersitz mitmachen, damit er sich nicht isoliert fühlt und Sie sehen können, wie er reagiert. Etwas Unruhe oder vorübergehendes Unwohlsein am Anfang kann man ignorieren. Oft gewöhnt sich der Welpe auf einer einzigen längeren Autofahrt, bei der er schließlich müde wird und einschläft. Sollte er sehr ängstlich wirken oder erbrechen, ist es allerdings besser, die Gewöhnung in ganz kleinen Schritten vorzunehmen. Evtl. sitzt man erst nur mit dem Hund im stehenden Auto und füttert ihm ein paar Leckerchen und die ersten Fahrten gehen nur einmal um den Block.

Die Deckenübung

Diese Übung ist besonders für Restaurantbesuche oder Ähnliches nützlich. Ziel der Übung ist: Ihr Hund geht auf Ihr Signal hin zu einer Matte, Decke o. Ä., legt sich darauf und bleibt dort, bis Sie ihn wieder abholen. Zum Üben nimmt man am besten immer dieselbe Decke. Später kann man das Gelernte problemlos auf andere Liegeplätze übertragen.

Mit Decke weiß Ihr Hund, wo er hingehört.

So geht's

Legen Sie die Decke aus und halten Sie den Clicker bereit. Evtl. läuft Ihr Hund aus Neugier zur Decke. Ansonsten gehen Sie selbst in Richtung Decke. Sobald Ihr Hund die Decke anschaut, an ihr schnüffelt oder eine Pfote darauf setzt, clicken Sie und werfen das Leckerchen auf die Decke. Ist er nach dem Fressen des Leckerchens immer noch auf der Decke, clicken und belohnen Sie ruhig noch einmal. Nach ein paar Clicks und Leckerchen auf der Decke locken Sie Ihren Hund zu sich. Richten Sie es so ein, dass er wieder in Richtung Decke schaut. Warten Sie einfach ab. Geht Ihr Hund, evtl. anfangs noch zögernd, wieder auf die Decke, gibt es natürlich wieder Clicks und Leckerchen. Wiederholen Sie den Vorgang, bis Ihr Hund zielstrebig zur Decke geht. Dann zögern Sie den Zeitpunkt des Clicks hinaus. Ihr Hund muss also immer länger auf der Decke bleiben, um eine Belohnung zu bekommen. Früher oder später wird er sich hinlegen, um es bequemer zu haben. Clicken Sie dann nur noch, wenn er auf der Decke liegt. Sie können nun auch ein Hörzeichen (z. B. „Geh auf deine Decke") einführen, das Sie sagen, kurz bevor Ihr Hund die Decke ansteuert. Dehnen Sie die Übungsdauer aus, indem Sie nach dem Zufallsprinzip und in immer größeren Abständen belohnen.

Sabine Winkler

4 Spiel und Spaß für Hunde

Inzwischen gibt es ein ausgefeiltes Freizeitangebot für Vierbeiner: Agility für geschickte, Dogdancing für rhythmische, Dummytraining für bringfreudige und Treibball für hütebegeisterte Hunde. „Ist das denn nötig?", werden Sie sich fragen. Ja, denn Hunde wollen geistig und körperlich ausgelastet werden. Wer keine Lust auf Hundesport hat und lieber zu Hause spielen möchte, findet hier zahlreiche Beschäftigungsideen für Sportliche, Schnüffelprofis und Denkertypen.

Freizeitprogramm für Hunde

Warum eigentlich ein Beschäftigungsprogramm extra für den Hund? Ist das nicht etwas übertrieben? Sicherlich nicht. Denn Leinenzwang, mehr Straßenverkehr und eine höhere Menschen- und Hundedichte schränken Freiräume für Hunde immer mehr ein. Zudem gibt es viele Rassen, die Karriere als Familienhund machen, aber ursprünglich für eine bestimmte Arbeit gezüchtet wurden. Diese Hunde bringen oft ein Übermaß an Arbeitsfreude und Temperament mit oder haben ganz spezielle Bedürfnisse; deshalb entwickeln sie viel leichter Verhaltensprobleme, wenn sie nicht ausgelastet werden. Ein müder, zufriedener Hund ist dagegen ein angenehmer Hausgenosse, der abends friedlich zu Füßen seines Besitzers schnarcht und Gemütlichkeit verbreitet, statt ihm pausenlos Tennisbälle in den Schoß zu werfen oder bei jedem Geräusch loszubellen. Außerdem ist es zutiefst befriedigend, dem Hund einiges beizubringen und mit ihm zusammen etwas zu unternehmen. Man bekommt dadurch eine engere Beziehung zu ihm und erhält einen tieferen Einblick in seine Andersartigkeit. Und es macht einfach Spaß!

Das richtige Maß

Sie können natürlich viele verschiedene Dinge mit Ihrem Hund ausprobieren, und auch mehrere Beschäftigungsmöglichkeiten oder Hundesportarten ausüben. Aber Sie sollten dabei etwas aufpassen, dass Sie sich nicht verzetteln. Wie bei menschlichen Hobbys machen viele „Hundehobbys" erst dann richtig Freude, wenn man eine gewisse Geschicklichkeit darin erworben hat. Es lohnt sich also, mindestens ein paar Wochen bei einem „Thema" zu bleiben. Erst dann können Sie wirklich sagen, ob Ihr Hund Spaß daran hat. Ebenso wichtig ist jedoch, dass auch Sie Spaß an der Sache haben. Hunde machen letztlich fast alles gerne mit, was ihre Menschen ihnen bieten, obwohl natürlich auch Hunde Vorlieben und Begabungen haben. Wenn Sie jedoch gar keine Lust dazu haben, frühmorgens querfeldein zu stapfen, um eine Fährte zu legen oder sich die Taschen mit angeschlabberten Apportiergegenständen vollzustopfen, werden Sie das bestimmt nicht auf Dauer durchhalten. Oder Ihre eigene Lustlosigkeit überträgt sich auf den Hund.

Für Sportliche mit Köpfchen

Um befriedigend für Ihren Hund zu sein, sollte Ihr Beschäftigungsprogramm sowohl Bewegung als auch „Kopfarbeit" beinhalten. Bei der Kopfarbeit geht es einerseits um neue Eindrücke und die Befriedigung von Instinkten (z. B. Erkunden und Schnuppern) und andererseits um eine gewisse geistige Herausforderung in Form von Problemlösungsaufgaben und dem Lernen von Neuem. Sie werden feststellen, dass die Kopfarbeit Ihren Hund letztlich am besten auslastet.

Ausdauer und Action

Bewegung kann man noch mal in Ausdauerbewegung und „Actionbewegung" unterteilen. Ausdauerbewegung, die hier nicht weiter Thema sein soll, ist für manche Rassen nicht ganz so wichtig, aber viele Hunde brauchen ein gewisses Maß davon, um zufrieden zu sein und fit zu bleiben.

„Actionbewegung" wie Spurten, Springen, Bällen oder Frisbees Nachjagen usw. „powert" den Hund so richtig aus, kann ihn aber auch übererregt machen, wenn er zu viel davon bekommt. Das liegt daran, dass jagdähnliche Tätigkeiten wie schnelle Sprints, das Hinterherrennen hinter Stöckchen oder Bällen usw. auf Hundetypen, die ganz heiß darauf sind, buchstäblich wie eine Droge wirken können.

Der Körper setzt nämlich bei der hohen Beanspruchung Stresshormone und Endorphine („Glückshormone") frei, und das führt dazu, dass der Hund unter Umständen hyperaktiv und sehr fordernd wird.

Achten Sie also darauf, Ihren Hund nicht zum „Balljunkie" zu machen. Letztlich merken Sie am Verhalten Ihres Hundes, ob die Menge an Aktivierung für ihn persönlich richtig ist. Wird er allzu aufgeregt oder fordernd, schrauben Sie Dauer und Häufigkeit der Tätigkeiten mit „Suchtpotenzial" herunter.

Spielideen für jeden Tag

Unter dem Aspekt der Beschäftigung ist es auch wichtig, dass die Spiele oder Übungen nicht zu aufwendig sind und sich leicht in Ihren Alltag integrieren lassen, sodass Sie täglich etwas mit Ihrem Hund machen können. Dinge wie Agility oder manche andere Hundesportarten sind gut und schön, aber Sie können dies fast nur im Verein zusammen mit anderen durchführen. Und wenn Sie nicht gerade Leistungssport betreiben, bleibt es bei einmal die Woche, was Ihren Hund nicht gerade ausfüllen wird. Daher geht es in diesem Kapitel um Beschäftigungsideen für zu Hause oder unterwegs auf dem Spaziergang, die Sie „so nebenbei" betreiben, aber auch weiter ausbauen können.

Einen Ball zu treiben ist toll, regt manche Hunde aber fast zu sehr auf.

Richtig spielen

Spiel ist bei Hunden fast immer Kampf- oder Jagdspiel. Das ist in Ordnung, aber da Hunde im Spiel ggf. auch testen, wie weit sie gehen können, müssen Sie die Kontrolle behalten. Manche Spiele sind daher – vor allem in Familien mit kleineren Kindern – nicht zu empfehlen, z. B. „Ringkämpfe", bei denen Mensch und Hund sich miteinander am Boden wälzen und versuchen, sich gegenseitig niederzudrücken. Denn dies senkt beim Hund die Hemmschwelle, Körperkraft gezielt zum Durchsetzen seines Willens gegenüber dem Menschen einzusetzen, und das gilt auch, wenn Sie den Ringkampf letztlich gewinnen. Sie selbst können Ihren Hund zwar kontrollieren, aber der Hund setzt dieselben Mittel evtl. auch gegenüber Familienmitgliedern ein, die weniger Autorität ausstrahlen oder weniger kräftig sind.

Nicht zu wild

Auch Spiele, bei denen der Mensch den Hund spielerisch bedroht und so aufstachelt, dass er richtig wild wird, sind schädlich, denn solche „Spiele" stressen den Hund (selbst wenn sie ihm Spaß zu machen scheinen), was sein Verhältnis zu Menschen belasten kann. Und auch Spiele, bei denen der Hund ermuntert wird, am Menschen hochzuspringen und ihm etwas aus der Hand zu reißen, sind nicht zu empfehlen. Denn dadurch wird der Hund zum Anspringen ermuntert und dazu, nach etwas zu grapschen, das Menschen in der Hand halten.

„Meins!" – Der Welpe hat seine Ente in eine sichere Ecke geschleppt und spielt hingebungsvoll mit ihr.

Spielregeln

Damit Sie Spaß beim Spielen haben	Vermeiden Sie Spiele, bei denen Menschen direkt ihre Kräfte mit dem Hund messen, und spielen Sie nicht so wild, dass er „ausflippt".
	Falls er im Spiel doch mal beginnt, Sie anzubellen oder anzuspringen oder Sie zwickt, während er nach dem Spielzeug schnappt, brechen Sie das Spiel sofort ab (durch „Nein" mit tiefer Stimme und sofortigem Abwenden vom Hund).
	Wenn Sie aufrecht stehen und ein Spielzeug in der Hand haben, sollte es tabu sein: Ihr Hund darf nicht von sich aus hochspringen und sich das Spielzeug schnappen. Verwehren Sie ihm dies ggf. durch ein „Nein", bleiben Sie still stehen und wehren Sie ihn mit ausgestreckter Hand ab.
	Sie können ein Hörzeichen für den Spielbeginn einführen (z. B. „Los geht's!"), auch ein Hörzeichen für das Ende des Spiels (z. B. „Pause!") ist sehr nützlich. Es erleichtert es Ihrem Hund, nach dem Spiel wieder „herunterzufahren", und Sie können es später auch mal benutzen, um ihn abzuweisen, wenn er spielen möchte, Sie aber gerade nicht wollen.
	Das Ausgeben im Spiel geht am besten so: Halten Sie das Spielzeug so dicht und so still wie möglich an der Schnauze des Hundes (ggf. beide Hände verwenden). Sagen Sie ein einziges Mal ruhig und freundlich „Lass los!" o. Ä. Warten Sie nun einfach ab – früher oder später wird Ihr Hund loslassen. Im selben Moment rufen Sie „Fein!" oder clicken und werfen oder bewegen das Spielzeug erneut, als Belohnung fürs Loslassen. Schon recht bald wird Ihr Hund auch im wildesten Spiel auf ein leises „Lass los!" das Spielzeug ausgeben, da er begriffen hat, dass es danach erst richtig lustig wird.
Damit Ihr Hund Spaß beim Spielen hat	Die meisten Hunde lieben eher weiche Spielzeuge, in die sie gut hineinbeißen können und die etwas Ähnlichkeit mit einem kleinen Beutetier haben. Eine Schnur am Spielzeug ist hilfreich, damit Sie es bewegen können, ohne sich bücken zu müssen. Außerdem kann man das Spielzeug an einer Schnur weiter wegschleudern, wenn man es werfen möchte.
	Spielen Sie abwechslungsreich und so, als wäre das Spielzeug ein kleines Beutetier: es bewegt sich vom Hund weg, versteckt sich (z. B. hinter Ihrem Bein), lugt kurz hervor, erstarrt, schleicht und „rennt" plötzlich los, quietscht auch einmal, zappelt, bewegt sich im Zickzack usw. Der Schlüssel zu lustbetontem Spiel ist: Bewegung und Abwechslung!
	Falls Ihr Hund nicht allzu spielbegeistert ist, empfiehlt es sich zur Steigerung der Motivation, selbst aufzuhören, bevor der Hund keine Lust mehr hat und Sie stehen lässt. Sie können sein Lieblingsspielzeug auch nur zum gemeinsamen Spiel herausholen.

Nasenarbeit ist ungeheuer befriedigend für einen Hund und lastet ihn sehr gut aus. Kein Wunder – schließlich sind Hunde die geborenen Schnüffler! Und für uns Menschen ist es eine faszinierende Erfahrung, den Hund in der Rolle des Experten zu erleben. Neben der eigentlichen Fährtenarbeit, die aufwendiger ist, da man eine Hilfsperson braucht oder selbst zuvor eine Fährte legen muss, gibt es viele Möglichkeiten, die man ohne großen Aufwand nebenbei und teils auch in der Wohnung betreiben kann. Dadurch ist Nasenarbeit auch eine Alternative bei schlechtem Wetter oder wenn der Hund – z. B. aufgrund einer Pfotenverletzung – mal nicht so viel Bewegung bekommen kann.

Riechprofi Hund

Wenn es ums Schnüffeln geht, gilt das alte Jägersprichwort: „Auf der Fährte hat der Hund immer recht!" Hier hilft kein Zwang und kein „Sichdurchsetzen". Damit bekämen Sie allenfalls einen Hund, der nur so tut, als ob er sucht.

Aber auch wenn Sie zu viel helfen, zeigen und gängeln, wird Ihr Hund kaum Fortschritte machen. Stattdessen geht es darum, Ihrem Hund durch gute Kommunikation und sinnvoll aufgebautes Training klarzumachen, was er für Sie suchen soll und wie er anzeigen soll, dass er es gefunden hat.

Duftverwirrungen

Es kann allerdings vorkommen, dass Ihr Hund im Laufe des Trainings vorübergehend falsche Vorstellungen entwickelt, worum es wirklich geht. Ein Beispiel: Der Hund soll lernen, einen Gegenstand mit dem Geruch „seines" Menschen aus anderen, neutralen Gegenständen herauszusuchen. Da der Mensch aber beim Üben immer Leckerchengeruch an den Händen hat, ist auch stets der Leckerchengeruch am Gegenstand. Der Hund „glaubt" dann vielleicht, es käme nur auf den Futtergeruch an. Ein weiteres Beispiel: Beim Training von Drogenspürhunden versteckt man das Rauschgift möglichst raffiniert, damit der Hund die entsprechende Erfahrung bekommt. Vergisst man aber, auch mit großen, offen herumliegenden Mengen zu üben, kann es

Fährtenarbeit nimmt Hunde voll in Anspruch.
Sie können einer Spur folgen und bewegen sich in
konstantem Tempo fort.

sein, dass der Hund später im Einsatz das Kilo
Heroin auf dem Couchtisch nicht anzeigt.
Statt „Zeige alles Rauschgift im Raum", hat
er gelernt: „Zeige nur kleine und versteckte
Mengen von Rauschgift." Solche Fälle hat es
durchaus gegeben und sie werfen ein interessantes Licht darauf, wie Hunde lernen und
„denken".

Fährtenarbeit für den Hausgebrauch

Alle Hunde können von Natur aus Fährten
verfolgen. Man muss nur eine Situation schaffen, in der die Fährte sie zu einem Ziel führt,
das ihnen wichtig ist (z. B. eine geliebte Person, Futter oder ein Lieblingsspielzeug). Dazu
später mehr. Stellen wir uns zunächst einen
Hund beim Fährten vor. Normalerweise wird
er das nicht unbedingt so tun, wie man es sich
bilderbuchmäßig vorstellt – also angestrengt
mit tiefer Nase dicht am Boden „buchstabie-
rend". Stattdessen folgt er der Fährte vermutlich eher beiläufig, mit halbhoher Nase und
eher in Schlangenlinien.

> ### > Geruchsstoffe in allen Lebenslagen

Damit Ihr Hund nicht durcheinanderkommt,
sollten Sie bei der Nasenarbeit auf Futtergeruch als Lockstoff verzichten und sorgfältig
mit den verwendeten Geruchsstoffen umgehen. Am wichtigsten ist es jedoch, sehr früh zu
generalisieren. D. h. Sie verändern beim Üben
fast von Anfang an die Rahmenbedingungen
– außer dem Geruchsstoff, den der Hund
suchen soll –, bis der Hund verstanden hat,
dass es nur auf diesen Geruch ankommt.

Vielleicht weicht er auch viele Meter vom
eigentlichen Fährtenverlauf ab. Trotzdem
kommt er gewöhnlich an sein Ziel. Er orientiert sich dabei an den Abertausenden mikro-
skopisch kleiner Geruchspartikel, die Menschen ununterbrochen absondern. Die
meisten dieser Partikel sind so klein, dass sie
eine ganze Zeit lang in der Luft schweben und
dabei vom Wind verweht werden. Diese Art
der Suche ist für den Hund einfacher und
weniger anstrengend. Er greift daher erst dann
auf das mühsamere Arbeiten mit tiefer Nase
dicht am Boden zurück, wenn es stellenweise
knifflig wird oder die Fährte schon älter ist
und die Partikel fast alle zu Boden gesunken
sind. Erst dann (nach etwa einer halben
Stunde) entfaltet sich außerdem der Geruch
nach zertretenen Pflanzen und Mikroorganis-
men. Hunde, die mit tiefer Nase suchen, folgen vor allem diesem Bodengeruch, der allerdings mehr oder weniger personenneutral ist.
Orientiert sich der Hund dagegen vor allem
an den Geruchspartikeln, kann er mühelos der
Fährte einer ganz bestimmten Person folgen.
Diese Art des Fährtens nennt man auch „Man-
trailing".

Hohe oder tiefe Nase?

Je nachdem, wie Sie die Fährtenarbeit aufbauen, können Sie Einfluss darauf nehmen,
wie Ihr Hund später suchen wird. Soll er mit
tiefer Nase exakt auf der Fährte gehen, beginnen Sie am besten mit Fährten, die mindestens
eine halbe Stunde alt sind, und geben ihm
anfangs nur wenig Leine. Sie können auch
Leckerchen direkt auf die Spur legen, damit
der Hund motiviert ist, ihr möglichst genau
zu folgen. Einfacher und oft auch interes-
santer ist es allerdings, wenn Sie Ihrem Hund
die Entscheidung über die Suchtechnik überlassen und auch das Arbeiten mit hoher Nase
„erlauben". Dann können Sie nämlich auch
auf ganz frischen Fährten suchen gehen und
zusehen, wie Ihr Nasenexperte je nach Bedarf
zwischen hoher und tiefer Nase wechselt.

Geeigneter Untergrund

Eine Wiese, ein abgeerntetes Feld oder Wald-
boden sind als Fährtengelände gut geeignet.
Sie können durchaus auch auf begangenen
Wegen üben. Im Prinzip können Hunde sogar
über Asphalt fährten. Hunde haben eine so
feine Nase, dass sie einem Fährtenverlauf nur
wenige Meter folgen müssen, um an der
abnehmenden oder zunehmenden Stärke des
Geruchs festzustellen, in welche Richtung der
Fährtenleger gegangen ist. Es ist für sie ein
Leichtes, der Fährte einer bestimmten Person
auf einem Weg zu folgen, auf dem erst vor
wenigen Minuten eine ganze Wandergruppe
gegangen ist.

> Wie der Wind weht

Wichtiger ist anfangs die Windrichtung. Legen
Sie die ersten Fährten so, dass Sie und Ihr Hund
beim Suchen den Wind im Rücken haben.
Kommt der Wind von vorn, wird dem Hund
schon so viel Geruch vom Ziel zugeweht, dass
der Hund direkt hingeht, ohne dem Fährtenverlauf zu folgen.

An der langen Leine

Ihr Hund sollte beim Fährten angeleint sein.
So können Sie Einfluss auf ihn nehmen und
das Tempo bestimmen. Viele Hunde gehen
nämlich auf der Fährte ab wie eine Rakete und
wären ohne Leine im Nu außer Sicht. Daher
sollten Sie auch nur mit einem Brustgeschirr
fährten, das so konstruiert ist, dass es die
Atmung des Hundes auch dann nicht behin-
dert, wenn er die Nase herunternimmt und
sich voll ins Geschirr legt. Die Fährtenleine
von maximal 10 Metern Länge soll so geführt
werden, dass ein möglichst gleichmäßiger Zug
darauf ist. Sie werden feststellen, dass das
Gefühl über die Leine Ihnen dabei hilft, zu
erkennen, wann Ihr Hund auf der Fährte ist
(Ihr Hund strebt nach vorn) und wann er sie
verloren hat (die Leine hängt durch).

Bitte nicht stören

Es ist sehr wichtig, dass Ihr Hund keine Lei-
nenrucke abbekommt, wenn er mal schneller
und mal langsamer geht, da ihn das irritieren
und ihm die Fährtenarbeit schlimmstenfalls
verleiden könnte. Halten Sie die Leine am
besten so, als ob Sie sich beim Klettern an
einem Kletterseil festhalten würden: Das Ende
lassen Sie nachschleppen (mit dem Aufwi-
ckeln wären Sie sowieso überfordert). Sie können dann je nach Bedarf vorgreifen oder sie
ein Stück durch Ihre Hände gleiten lassen,
wobei die Leine trotzdem dieselbe Spannung
behält. All das braucht ein bisschen Übung.
Es ist nicht verkehrt, das Ganze vorab auf
einem normalen Spaziergang auszuprobieren.
Später legen Sie Ihrem Hund das Suchgeschirr
immer erst unmittelbar vor der Fährtenarbeit
an. Er wird dadurch schon auf das Kommende
eingestimmt.

Folgen Sie ihm unauffällig

Versuchen Sie, beim Fährten immer hinter
Ihrem Hund zu bleiben. Kommen Sie vor ihn,
stören Sie ihn beim Suchen oder Ihr Hund
denkt, Sie übernehmen jetzt die Führung.

Die Fährtenleine soll etwas gespannt sein. Das Ende schleppt einfach nach.

Wenn Ihr Hund später auf der Fährte unsicher wird oder stehen bleibt, gehen Sie am besten ein wenig auf der Stelle vor und zurück und blicken konzentriert in Richtung des Fährtenverlaufs. Bleiben Sie stocksteif stehen, unterbricht Ihr Hund eventuell die Suche. Falls er von der Fährte abweichen will, machen Sie es ebenso. Hindern Sie ihn über die Leine daran, weiterzugehen, und warten Sie ab, ob er von selbst wieder auf die Fährte zurückkehrt bzw. die Suche aufnimmt. Erstaunlich oft ist das nach weniger als einer Minute der Fall. Es bringt nichts, auf den Hund einzureden, denn das lenkt ihn nur ab. Zeigen Sie ihm auch nicht den Fährtenverlauf. Er „glaubt" sonst bald, dass Sie besser wissen, wo es langgeht, als er und wird sich Hilfe suchend an Sie wenden, wann immer es ein bisschen knifflig wird.

Geht einmal gar nichts mehr, brechen Sie besser für diesmal ab und versuchen es ein andermal erneut. Vielleicht war Ihr Hund besonders abgelenkt oder es hat ihn etwas gestört wie z. B. Kunstdünger oder ein Hundehaufen direkt auf der Fährte.

Mit Helfer motivieren

Nun gilt es, die Motivation Ihres Hundes aufzubauen. Wenn Sie mit Helfer üben, halten Sie Ihren Hund an Fährtenleine und Geschirr fest. Ihr Helfer nimmt entweder das Lieblingsspielzeug des Hundes oder eine Dose mit besonders tollen Leckerchen, zeigt sie dem Hund und „ärgert" ihn ein bisschen damit. Dann läuft er weg und versteckt sich 10 bis 15 Meter weiter hinter der nächsten Hausecke oder einem Gebüsch.

„Leo" darf zusehen, wie der Anfang der Fährte mit einem Leckerchen präpariert wird.

Verhalten Sie sich neutral, sonst lenken Sie Ihren Hund ab. Er darf gern an gespannter Leine dastehen und dem Helfer nachschauen. Sobald die Hilfsperson außer Sicht ist, gehen Sie einfach los und bleiben hinter Ihrem Hund. Ist Ihr Hund beim Helfer angelangt, gibt es ein dickes Lob und er bekommt seine „Beute". Es macht überhaupt nichts, wenn Ihr Hund bei diesen Vorübungen auf Sicht sucht. Meist reicht es, das Ganze etwa drei Mal zu wiederholen: Ihr Hund hat verstanden, dass er der Person folgen darf und soll, wenn sie mit der Beute verschwindet. (Bei Hunden, die schwer zu motivieren sind, legen Sie notfalls die ersten Male eine Futterschleppe: Ihr Helfer zieht an einer Schnur eine Wurst hinter sich her.) Nun können die Fährten länger werden: Ihr Helfer geht z.B. 100 Meter einen Waldweg entlang, biegt dann ins Gebüsch ab und geht noch etwa 20 Meter weiter, wo er hinter einem Baum stehen bleibt. Ihr Hund darf anfangs noch dabei zuschauen, wie der Helfer losgeht. Das bringt ihn in die richtige Stimmung.

Ohne Helfer

Wenn Sie keinen Helfer haben, binden Sie Ihren Hund an und zeigen ihm die Leckerchendose oder das Spielzeug. Dann gehen Sie 10 Meter weg und legen das Objekt auf den Boden, aber so, dass Ihr Hund es erst dann sehen kann, wenn er auf ein paar Schritte herangekommen ist. Machen Sie die ersten Male ein bisschen „Zinnober", ehe Sie das Objekt ablegen. Tun Sie z.B. so, als ob sie es beschnuppern, werfen Sie Ihrem Hund bedeutungsvolle Blicke zu und legen es dann feierlich und etwas geheimnisvoll auf den Boden. Anschließend gehen Sie auf Ihrer eigenen Fährte zum Hund zurück, binden ihn los und lassen ihn einfach machen. Fast alle Hunde sind neugierig geworden und möchten unbedingt gucken, was ihr Mensch da Interessantes getan hat. Ist der Hund am Gegenstand angekommen, belohnen Sie ihn und loben ihn über den grünen Klee. Auch hier reichen meist wenige Wiederholungen und er hat das Spielchen durchschaut, sodass Sie die Fährten länger legen, Winkel einbauen können usw. Bei längeren Fährten gehen Sie dann auch im Bogen und nicht auf der eigenen Fährte zum Hund zurück. Später kann er beim Fährtenlegen z.B. im Auto bleiben und Sie zeigen ihm den Fährtenbeginn, nachdem Sie ihm das Suchgeschirr angelegt haben. Werden die Fährten immer länger und komplizierter, wird es auch sehr wichtig, den Fährtenverlauf genau zu markieren. Dazu können Sie sich kleine Fähnchen basteln und in gewissen Abständen in den Boden stecken oder beispielsweise Baumstämme mit Kreidestrichen oder Schleifchen markieren.

Umso eifriger folgt er anschließend der Fährtenlegerin.

Die Suche nach Gegenständen

Wäre es nicht toll, wenn Ihr Hund Ihren Auto-schlüssel wiederfinden könnte, den Sie beim Picknicken auf einer Waldwiese verloren haben? Es ist im Prinzip leicht, ihm so etwas beizubringen.

Vorübungen mit Hundekeksen

Eine gute Vorübung für die Suche nach Gegenständen ist das Suchen nach Lecker-chen. Nehmen Sie etwas größere, harte Hun-dekuchen, die knacken, wenn Ihr Hund sie frisst. Dann merken Sie leichter, wann er sie gefunden hat. Die ersten Übungen finden auf einer glatten Oberfläche auf Sicht statt. Lassen Sie Ihren Hund neben sich sitzen (oder halten Sie ihn am Halsband fest). Zeigen Sie ihm den Hundekuchen und rollen Sie ihn dann ca. 2 Meter weg. Nach einem kurzen Moment ermuntern Sie Ihren Hund, z. B. mit „Such", hinterherzulaufen. Natürlich darf er den gefundenen Hundekuchen fressen, wobei Sie ihn loben oder clicken. Nach einigen Wieder-holungen werfen Sie den Hundekuchen auch einmal ins Gras. Nun muss Ihr Hund seine Nase benutzen.

Falls er aufgeben will, helfen Sie ihm mit Schnüffelgeräuschen und indem Sie Ihre Hand etwa da, wo das Leckerchen liegt, über dem Boden kreisen lassen. Vermeiden Sie aber, direkt auf das Leckerchen zu zeigen, sonst wird Ihr Hund unselbstständig. Mit der Zeit werden die Aufgaben schwieriger: Werfen Sie das Leckerchen weiter weg oder gehen ein Stück weg, um es zu verstecken. Oder Sie wer-fen es in höheres Gras oder Gestrüpp oder verstecken eines, ohne dass Ihr Hund zusieht, rufen ihn dann heran und fordern ihn zum Suchen auf. Dabei können Sie testen, ob er das Wort „Such" bereits richtig verknüpft hat.

Hunde, die noch keinerlei Sucherfahrung haben, lässt man anfangs Leckerli suchen. Dafür lässt sich die Bordeauxdogge gern begeistern.

Auf Gegenstände übertragen

Nun wird das Ganze auf Gegenstände übertragen, die Ihren Geruch tragen: Nehmen Sie einen kleinen Gegenstand, etwa eine Wäscheklammer, ein Taschentuch, ein Schlüsseletui oder Ähnliches und halten Sie ihn eine Weile in der Hand – 20 bis 30 Sekunden reichen. Verfahren Sie damit genau wie bei der zuvor beschriebenen Leckerchensuche, nur dass Sie diesmal kein Leckerchen, sondern den Gegenstand ins Gras werfen. Sobald Ihr Hund am Gegenstand angekommen ist, loben oder clicken Sie. Nimmt er ihn auf, darf er ihn eine Weile herumtragen oder damit spielen, während Sie ihn über den grünen Klee loben. Versuchen Sie, sich mit ins Spiel zu bringen, und tauschen Sie den Gegenstand nach einer Weile gegen ein Leckerchen. Nehmen Sie Ihrem Hund seine „Beute" bitte keinesfalls mit Druck ab – er soll ja Spaß an der Sache haben.

Wenn er ihn nicht aufnimmt

Nimmt Ihr Hund den Gegenstand nicht auf, laufen Sie nach dem Click oder während Sie loben zu ihm, geben ihm dicht am Gegenstand sein Leckerchen und machen ein wenig Aufhebens darum, so als würden Sie sich ehrlich freuen, den Gegenstand wiederzuhaben. Ihr Hund begreift dadurch bald, dass es ebenso gut ist, einen Gegenstand zu finden wie ein Leckerchen, und viele Hunde beginnen sogar im Laufe der Zeit von allein, die Gegenstände zu apportieren. Sie können dann die Verstecke immer schwieriger machen wie oben bei der Leckerchensuche beschrieben. Auch die Fläche, die Ihr Hund absuchen muss, wird nach und nach immer größer, wobei es nun manchmal auch mehrere Gegenstände zu finden gibt.

Suche mit mehreren

Eine lustige Variante dieser Übung: Sie verabreden sich mit ein paar anderen Hundehaltern. Jeder wirft einen kleinen Gegenstand (beispielsweise Autoschlüssel) in die Mitte auf den Boden und reihum schickt jeder seinen Hund zum Suchen. Fast immer begreifen die Hunde auf Anhieb, dass sie den Gegenstand bringen oder zeigen sollen, der nach ihrem Menschen riecht. Nimmt Ihr Hund anfangs mal einen anderen Gegenstand auf, werden Sie bloß nicht nervös.

„Guck mal, du hast deinen Autoschlüssel verloren! Aber ich habe ihn für Dich gefunden!"

Nehmen Sie ihm den Gegenstand freundlich, aber kommentarlos ab und versuchen es erneut. (Der falsche, aber nunmehr mit Ihrem Geruch „kontaminierte", Gegenstand darf allerdings bei der Wiederholung nicht mehr bei den Übrigen liegen!)

Einen bestimmten Geruch anzeigen

Die Königsdisziplin des Schnüffelns ist sozusagen das Zuordnen und Anzeigen von Gerüchen. Dabei bekommt der Hund eine Geruchsprobe des zu suchenden Stoffes und wird dann auf die Suche geschickt. Hat er den passenden Geruch ausfindig gemacht, soll er Ihnen dies anzeigen, indem er sich an der Stelle mit der stärksten Geruchskonzentration z. B. hinsetzt oder -legt. Auch dies ist gar nicht so schwer beizubringen, wie es auf den ersten Blick erscheint. Zum Üben brauchen Sie einen – später auch mehrere – Geruchsstoffe, von denen Sie problemlos Nachschub bekommen können. Nehmen Sie besser naturnahe Gerüche. Gut geeignet sind z. B. Teebeutel, Duft-

Leo „sortiert" in aller Ruhe.

kerzen oder eine Lösung aus 1 bis 2 Tropfen eines ätherischen Öls (Anis, Vanille, Zitrone o. Ä.) auf einen Liter Wasser. In einer Blumensprühflasche untergebracht kann man diesen „Zielgeruch" auf verschiedene Trägersubstanzen (Pappdeckel, Tempotuch, Stofffetzen o. Ä.) aufbringen oder auf den Boden sprühen.

Zielgeruch kennenlernen

Zuerst muss Ihr Hund begreifen, dass es sich für ihn lohnt, nach einem Geruch zu suchen, der ihn von Natur aus wenig interessieren würde. Zu diesem Zweck halten Sie ihm einen Gegenstand mit dem Zielgeruch hin. In der Regel wird er aus reiner Neugier daran schnuppern. Loben oder clicken Sie sofort und belohnen ihn mit einem Leckerchen. Wiederholen Sie den Vorgang, bis Ihr Hund gezielt und offensichtlich in Erwartung einer Belohnung an dem Gegenstand schnuppert oder stupst.

Überall erschnuppern

Nun geht es an die Generalisierung: Halten Sie den Gegenstand mal links, mal rechts, mal oben, mal unten, sodass Ihr Hund sich etwas mehr anstrengen muss, um daranzukommen. Sobald auch das klappt, legen Sie den Gegenstand auf den Boden, auf einen Stuhl, auf eine Sessellehne, auf die Tischkante usw., während Ihr Hund – vielleicht im „Sitz" – zuschaut. Gehen Sie anschließend jeweils wieder zum Hund zurück und schicken ihn – mit „Finde es!" – los. Natürlich wird er belohnt, wenn er zum Gegenstand läuft und ihn beschnuppert oder anstupst. Beginnen Sie jetzt, ein Ritual für diese Übung aufzubauen: Halten Sie Ihrem Hund, ehe Sie ihn losschicken, kurz Ihre Hand (an der ja im Moment der Zielgeruch haftet) vor die Nase und sagen z. B. „Riech". Später nehmen Sie dafür auch mal einen weiteren Gegenstand mit dem Geruchsstoff (z. B. einen zweiten Teebeutel). So lernt er, an einer Geruchsprobe zu schnuppern und sich deren Geruch zu merken. Außerdem dient das Ritual dazu, ihn auf die Suchaufgabe einzustimmen.

Geruchsverstecke

Bis jetzt können Sie noch nicht mit Sicherheit sagen, ob Ihr Hund sich wirklich am Geruch orientiert oder mit den Augen sucht. Daher besteht der nächste Schritt darin, dass Sie den Gegenstand mit dem Zielgeruch verstecken: draußen in tiefem Gras, im Gebüsch, unter Laub usw. und drinnen in einer halb offenen Schublade, in einem Schuh, unter der Teppichkante, dem Sofakissen usw. Recht bald gehen Sie auch dazu über, den Hund nicht mehr direkt zusehen zu lassen, wenn Sie den Gegenstand verstecken. Stattdessen muss er hinter der Hausecke, im Auto oder im Nebenzimmer warten. Schließlich verändern Sie auch noch den Gegenstand: Sprühen Sie die Lösung mit dem Geruchsstoff auf eine andere Trägersubstanz bzw. verstecken Sie den Teebeutel oder die Duftkerze in verschiedenen Dosen mit Löchern im Deckel, wickeln Sie sie in Taschentücher usw. Gelegentlich üben Sie auch einmal mit Geruchsträgern, die Sie nicht selbst angefasst haben, um sicherzustellen, dass Ihr Hund auch wirklich den Zielgeruch sucht und nicht Ihren Individualgeruch. Dazu kann entweder ein Helfer den Gegenstand mit dem Geruch präparieren und verstecken, oder Sie tun dies mit Gummihandschuhen oder einer Plastiktüte über der Hand. Falls Ihr Hund an irgendeinem dieser Punkte ein wenig irritiert ist, gehen Sie einfach den Trainingsaufbau mit dem „veränderten" Gegenstand noch einmal im Kurzdurchlauf durch.

Zeig mir den Geruch

Klappt alles und ist Ihr Hund mit einer gewissen Begeisterung dabei, können Sie ihm das Anzeigeverhalten beibringen. Halten Sie ihm wieder Ihren Gegenstand mit dem Zielgeruch vor. Sobald er daran schnuppert, sagen Sie das Hörzeichen für das gewünschte Anzeigeverhalten (z. B. „Sitz"). Die ersten Male ist Ihr Hund vielleicht so überrascht, dass er das Kommando nicht ausführt.

Trotzdem gibt es bei den ersten drei Wiederholungen Click (oder Lob) und Leckerchen, gleich nachdem Sie „Sitz!" gesagt haben, selbst wenn Ihr Hund (noch) gar nicht wirklich sitzt. Das erzeugt eine positive Assoziation zwischen dem Geruch, Ihrem Hörzeichen und der Belohnung. Bei weiteren Wiederholungen loben und belohnen Sie jedoch erst, wenn er das Anzeigeverhalten ausgeführt hat.

Gegenstand als Signal

Während Ihr Hund sein Leckerchen frisst, entfernen Sie den Gegenstand am besten aus seinem Gesichtsfeld (halten Sie ihn hinter Ihren Rücken oder stellen Sie ihn außer Sicht des Hundes auf einen Tisch o. Ä.). Hat er zu Ende gefressen, halten Sie ihm den Gegenstand wieder vor, sagen „Sitz" usw. Nach einigen Wiederholungen wird Ihr Hund sich bereits beim Anblick oder Beschnuppern des vorgehaltenen Gegenstandes setzen, noch ehe Sie „Sitz" sagen konnten. Der Gegenstand ist sozusagen zum „Kommando" fürs Hinsetzen geworden. Kümmern Sie sich nicht darum, dass Ihr Hund im Moment vielleicht weniger auf den Geruch, sondern mehr auf den Anblick des Gegenstandes reagiert. Er wird die Nase später ganz von selbst einsetzen.

Keine Frustration aufkommen lassen

Manche Hunde beginnen an dieser Stelle des Trainingsprozesses, das Sitz vorwegzunehmen: Ihr Hund setzt sich ggf. bereits hin, ehe Sie ihm den Gegenstand hingehalten haben. Dafür bekommt er natürlich keinen Click (kein Lob) und kein Leckerchen. Lassen Sie ihn kommentarlos wieder aufstehen und wiederholen Sie die Übung. Falls dieser Übungsschritt sehr frustrierend für Ihren Hund ist, clicken (loben) und belohnen Sie ruhig ab und zu auch dafür, wenn er in Abwesenheit des Gegenstandes nicht anzeigt (also nicht „Sitz" macht). Ziel ist, dass er aufmerksam vor Ihnen steht und sich erst dann setzt, wenn Sie ihm den Gegenstand zeigen oder vor die Nase halten.

Generalprobe mit Souffleur

Sobald dies klappt, gehen Sie alle vorherigen Übungsschritte noch einmal durch: den Gegenstand nach oben, unten, links, rechts halten, an verschiedenen Stellen auf Sicht auslegen und schließlich wieder außer Sicht verstecken. Der Unterschied ist nur, dass Ihr Hund jetzt nicht nur hingehen und stupsen, sondern sich auch möglichst nahe am Gegenstand hinsetzen soll. Erst dann wird er belohnt. Wenn er anfangs irritiert wirkt, helfen Sie ihm ruhig, indem Sie leise „Sitz" soufflieren, während er am Gegenstand schnüffelt.

Schummeln verboten

Auch hier kommt es manchmal nach einer Weile zum Vorwegnehmen: Mancher vierbeinige Nasenkünstler kommt auf die Idee, sich sofort zu setzen, nachdem er den Raum betreten hat und seine feine Nase ihm gesagt hat, dass hier irgendwo der Zielgeruch versteckt ist. Ermuntern Sie ihn zum Weitersuchen. Belohnt wird nur, wenn er sich so nah wie möglich an die Geruchsquelle setzt. Allerdings kann diese vom eigentlichen Versteck etwas abweichen, wenn die Luftströmungen den Geruch weggetrieben und woanders angehäuft haben.

> Wie Hunde suchen

Es ist sehr spannend, Hunden beim Suchen zuzuschauen. Besonders schwierig sind oft Verstecke über Hundenasenhöhe. Hier kann man beobachten, wie der Hund zuerst den „heruntergetropften" Geruch findet und aufgeregt am Boden herumsucht, bis er endlich darauf kommt, die eigentliche Quelle oberhalb zu suchen.

Mit neuen Zielgerüchen

Das, was Ihr Hund nun kann, ist schon beachtlich. Sie können aber noch eins draufsetzen, indem Sie den ganzen Trainingsprozess mit einem neuen Zielgeruch durchspielen und dann mit einem weiteren und noch einem und noch einem ... Keine Angst, das geht in diesem Stadium ganz schnell. Viele Hunde begreifen schon nach ein paar Clicks, dass dies der neue Zielgeruch ist, den sie ebenso anzeigen sollen wie den ersten. Haben Sie und Ihr Hund sich so eine ganze Palette von verschiedenen Zielgerüchen erobert und sind mittlerweile erfahrene Suchexperten geworden, wagen Sie doch mal den großen Wurf: Verstecken Sie mehrere Gegenstände mit verschiedenen Zielgerüchen, die Ihr Hund alle schon mal im Training gesucht hat. (Passen Sie aber auf, dass sich die Gerüche nicht durch das Anfassen vermischen oder nachher alle an Ihrer Hand kleben!) Halten Sie ihm anschließend die Probe einer dieser Zielgerüche vor und schicken Sie ihn los. Wird er diesen und nur diesen Zielgeruch anzeigen? Gut möglich, dass es auf Anhieb klappt! Andernfalls helfen Sie anfangs wieder ein bisschen nach. Hat Ihr Hund auch diese Hürde genommen, haben Sie wirklich etwas, mit dem Sie auf Partys oder im Freundeskreis Aufsehen erregen können.

Anne hält „Inka" eine Geruchsprobe hin. Die Hündin schnuppert interessiert daran.

Bewegungsspiele

Bei diesen Spielen kann Ihr Hund so richtig rennen. Zwei ganz einfache Varianten, um ihn auf Touren zu bringen: Rollen Sie mit einer Armbewegung ähnlich wie beim Kegeln runde, etwas größere Leckerchen über eine harte Fläche vom Hund weg. Ihr Hund rennt hinterher und „erbeutet" das Leckerchen. Das nächste werfen Sie in die Gegenrichtung, sodass er hin und her flitzt und die Laufstrecke größer wird. Ebenso einfach, aber effektiv: Sie lassen Ihren Hund im Sitz oder Platz zurück, gehen möglichst weit weg und rufen ihn dann. Dazu muss das Bleib schon gut klappen. Und damit Ihr Hund nicht anfängt Frühstarts hinzulegen, müssen Sie ihn gelegentlich auch abholen, statt ihn zu rufen. Mit einer zweiten Person können Sie Ihren Hund auch abwechselnd heranrufen.

Voranschicken

Das Voranschicken ins Blaue hinein ist für einen Hund sehr abstrakt und daher schwer zu lernen. Man belässt es deshalb zunächst beim Schicken zu einem gut sichtbaren Ziel.

Mit viel Übung, viel Generalisieren und dem systematischen Erhöhen der Entfernung bis zu einer Strecke, bei der der Hund das Ziel erst sehen kann, wenn er bereits ein gutes Stück gelaufen ist, kann man mit der Zeit auch erreichen, dass er sich „frei" (ohne Ziel) in eine angegebene Richtung voranschicken lässt.

Aufbau der Übung

Das Voranschicken baut man rückwärts auf: Zuerst bringt man dem Hund bei, was er am oder mit dem Ziel tun soll. Dann erhöht man allmählich die Entfernung. Das Einfachste ist natürlich, etwas zu verwenden, das der Hund gern haben will, wie z. B. ein Spielzeug, eine Schüssel mit Leckerchen oder ein Apportel (wenn er bereits apportieren kann). Der Nachteil ist, dass Sie jedes Mal selbst die ganze Strecke gehen müssen, um den Köder erneut auszulegen – für faule Menschen wie mich sehr unbefriedigend. Ebenso einfach ist es, den Hund auf ein Hindernis zu schicken, wie z. B. einen Agilitytisch oder eine Parkbank. Nachteil ist, dass man das sperrige Ziel nicht mitnehmen kann. Daher möchte ich hier das sogenannte „Targeting" (von engl. target = Ziel) vorstellen. Beim Targeting lernt der Hund, ein Zielobjekt entweder mit der Nase (Nasentarget) oder mit der Pfote (Pfoten- oder Bodentarget) zu berühren. Man kann ein solches Target auch zum Aufbau weiterer Übungen verwenden und den Hund mehrfach hinschicken, ohne jedes Mal selbst hingehen zu müssen.

Targetvorbereitung

Als Nasentarget eignet sich ein länglicher Gegenstand, mit einer etwas auffälligeren Spitze, z. B. eine Fliegenklatsche, ein ausziehbarer Zeigestock oder ein Angelrutenhalter (den man auch problemlos in den Boden stecken kann). Bringen Sie Ihrem Hund als Vorübung bei, dass er an Ihre hingehaltene Hand stupst. Halten Sie ihm die Faust oder die Handfläche dicht vor die Nase, so dicht, dass Sie sie fast berühren. Clicken (oder loben) Sie sofort, sobald Ihr Hund die Hand berührt, und geben Sie ihm aus der Tasche oder aus der anderen Hand ein Leckerchen. Die meisten Hunde lernen bereits nach wenigen Wiederholungen, an die Hand zu stupsen. Halten Sie dann die Hand nicht mehr ganz so dicht vor Ihren Hund – er muss sich jetzt von selbst darauf zubewegen, um daran zu stupsen, sich etwas recken, einen Schritt hingehen usw.

Der Targetstick wird eingeführt

Klappt es mit Ihrer Hand, nehmen Sie den Targetstab so in die Hand, dass nur ein kurzes Stück herausragt. Wiederholen Sie den ganzen Prozess, nur mit dem Unterschied, dass Ihr Hund Click (Lob) und Leckerchen bekommt, wenn er an den Stab stupst. Hat er sich daran gewöhnt, verlängern Sie nach und nach das Stabende, das herausguckt. Ihr Hund wird jetzt nur noch belohnt, wenn er an das Ende des Stabes stupst. Rutscht seine Nase zu Ihrer Hand oder beißt er in den Stab, gibt es keinen Click. Hat er begriffen, dass er an die Stabspitze stupsen soll, halten Sie den Stab in verschiedene Positionen (links, rechts, oben, unten, ein oder zwei Schritte entfernt). Klappt auch das, können Sie den Stab in einen umgestülpten Blumentopf o. Ä. oder direkt in den Boden stecken. Es kann sein, dass Ihr Hund sich etwas wundert und anfangs zögert, aber nach all dem Vortraining kommt er bestimmt auch jetzt auf die Idee, die Stabspitze zu berühren. Tut er das regelmäßig, gehen Sie beim weiteren Üben Schritt für Schritt vom Stab weg. Die Strecke, die Ihr Hund zurücklegen muss, um an die Spitze zu stupsen, wird immer länger, und schon sind Sie beim Voranschicken.

Voranschicken im Viereck: „Inka" wird nacheinander zu verschiedenen Targets geschickt.

„Jamie Lee" läuft zu einem Bodentarget – nämlich ihrer Hundeleine – ...

Der Bodentarget als Alternative

Als Bodentarget nehmen Sie am besten anfangs etwas leicht Erhöhtes, wie z. B. ein Holzbrett oder ein etwas dickeres Stück einer Isomatte. Legen Sie das Target auf den Boden und clicken (loben) Sie anfangs jedes Interesse des Hundes daran, auch wenn er zuerst evtl. nur daran schnuppert. Wird er nicht selbst aktiv, gehen Sie mit ihm zusammen so auf das Ziel zu, dass er „rein zufällig" darauf tritt. Clicken (loben) Sie sofort, sobald auch nur eine seiner Vorderpfoten das Objekt berührt, und geben Sie das Leckerchen auf dem Target. Manche Hunde wollen das Bodentarget anfangs apportieren oder damit spielen. Nehmen Sie dann zunächst ein Brett oder eine Steinplatte. Versteht Ihr Hund, dass er belohnt wird, wenn er auf das Ziel tritt, und läuft direkt hin, können Sie auch hier zunächst das Zielobjekt an verschiedene Orte legen und schließlich in kleinen Schritten die Entfernung erhöhen. Hat Ihr Hund das Prinzip verstanden, ist es leicht, es auf andere Zielobjekte (wie z. B. die auf den Boden gelegte Hundeleine) zu übertragen, indem Sie einfach die Übungsschritte mit dem neuen Target noch einmal kurz durchgehen. Wenn Ihr Hund gezielt und freudig auch mehrfach hintereinander zum Target läuft, können Sie ein Signal einführen. Gucken Sie auf das Ziel, zeigen Sie mit dem ausgestreckten Arm darauf und sagen Sie z. B. „Voran!".

Laufrichtung vorgeben

Falls Sie Ihren Hund später auch auf weite Strecken und zu allen möglichen Objekten schicken wollen, sollten Sie ein Ritual aufbauen, mit dem Sie Ihrem Hund später eine genaue Laufrichtung vorgeben können, auch wenn er das Ziel aus seiner Position noch nicht sieht. Nehmen Sie ihn dazu, ehe Sie ihn auf das nur ca. 3 Meter entfernte Ziel losschicken, an Ihre linke Seite. Halten Sie ihn ganz leicht mit der linken Hand am Halsband, aber ohne ihn zu bedrängen. Gehen Sie in die Hocke, schauen Sie konzentriert nach vorn zum Ziel und zeigen Sie mit dem ausgestreckten rechten Arm darauf. Wenn Ihr Hund bereits einige Übung im „Targeting" hat, wird er höchstwahrscheinlich auf das Ziel gucken. Lassen Sie ihn dann mit ‚Voran!' los. Sie brauchen den Vorgang nicht jedes einzelne Mal zu wiederholen, wenn Sie Ihren Hund voranschicken wollen, aber oft genug, dass er den Vorgang kennt und beginnt, in die Richtung zu schauen, in die Sie zeigen.

Hin und her flitzen oder warten?

Geht es Ihnen eher darum, Ihren Hund hin und her flitzen zu lassen, bekommt er seine Bestätigung (Click oder Lob), sobald er das Ziel erreicht hat, und rennt dann wieder zu Ihnen, um sein Leckerchen abzuholen. Möchten Sie, dass er beim Ziel auf Sie wartet, üben Sie anfangs nur über eine kurze Strecke und

...und legt sich darauf ab.

gehen Sie hinter ihm her, sobald er losgelaufen ist, sodass Sie ganz kurz nach ihm am Ziel ankommen. Sobald Ihr Hund das Ziel erreicht hat, clicken (loben) Sie und geben ihm sein Leckerchen am Ziel. Mit der Zeit wird er nach dem Click nicht mehr sofort zurücklaufen, sondern warten, bis Sie kommen. Dann können Sie Ihr Signal für „Bleib am Ziel" (z. B. „Warte") einführen, nach und nach langsamer folgen und später clicken (loben), bis Ihr Hund auch dann beim Ziel bleibt, wenn Sie am Ausgangspunkt stehen geblieben sind. Für den Aufbau brauchen Sie ein wenig Geduld.

Mit anderen Übungen kombinieren

Sind die Grundlagen gelegt, können Sie die Übung fast beliebig ausbauen und natürlich auch mit den verschiedensten anderen

Übungen (z. B. Gegenstände-Suchen oder Apportieren) kombinieren. Sie können Ihren Hund beispielsweise von einem Ziel zum anderen schicken, ihn stoppen, zurückrufen usw. Wenn Sie sehr viel generalisieren, also an allen möglichen Orten, mit verschiedenen Entfernungen und mit allen möglichen Zielen üben (auch Naturzielen wie großen Steinen oder Zaunpfählen), können Sie mit der Zeit dahin kommen, dass Sie Ihren Hund auch im Gelände zu einer bestimmten Stelle dirigieren können (etwa dahin, wo Sie ein Apportel versteckt haben), was man in der Fachsprache „Detachieren" oder „Einweisen" nennt.

Umkreisen

Eine ebenfalls sehr vielseitige Variante ist das Umkreisen eines Objektes, das viele Hütehunde besonders lieben – vermutlich, da es ein bisschen an das instinktive Einkreisen einer Schafherde erinnert.

Die meisten Hunde haben anfangs eine „Schokoladenseite" – sie laufen von Natur aus deutlich lieber und geschickter in die eine Richtung als in die andere. Evtl. ist es einfacher, zuerst das Umkreisen in die leichtere Richtung zu üben und fertig zu trainieren und erst dann mit der anderen Richtung ganz von vorn anzufangen.

Schafe zu hüten wäre natürlich lustiger, aber das Umkreisen macht auch so Spaß.

Übungen mit einem Hocker

Stellen Sie sich dicht vor einen Stuhl oder Hocker. Ihr Hund ist an Ihrer Seite. Locken Sie ihn mit einem Leckerchen in der Hand (oder noch besser: dem Targetstab!) so, dass er um den Stuhl herumgeht. Clicken (loben) Sie, wenn er hinter dem Stuhl ist, und geben Sie ihm das Leckerchen, wenn er wieder auf Ihrer Seite angekommen ist. Wiederholen Sie das, bis die Bewegung „flüssig" geworden ist. Nun bauen Sie das Lockmittel ab, indem Sie die Lockbewegung zwar wie bisher anfangen, aber die Hand mit dem Leckerchen oder den Targetstab schnell weiterbewegen, sobald Ihr Hund losgelaufen ist. Es ergeben sich dann Momente, in denen Ihr Hund noch hinter dem Stuhl ist, obwohl Sie Ihr Lockmittel bereits wieder weggezogen haben. Bevorzugt in solchen Momenten clicken (loben) Sie. Schließlich versuchen Sie, die Bewegung mit der Hand oder dem Targetstab nur noch anzudeuten. Clicken (loben) Sie sofort, wenn Ihr Hund – vielleicht noch etwas zögernd – um den Stuhl läuft. Im Grunde haben Sie damit schon ein Sichtzeichen fürs Umkreisen. Wollen Sie zusätzlich noch ein Hörzeichen einführen (z. B. die Hütehundkommandos „Away to me" für rechtsrum und „come by" für linksrum), sagen Sie es jeweils, kurz bevor Sie das Handzeichen geben.

Marion wirft den Ball.

Läuft Ihr Hund selbstständig, also ohne Locken, um den Stuhl, können Sie die Entfernung zwischen sich und dem Stuhl langsam erhöhen. Ebenso wie bei Nasen- oder Pfotentargets kann man die Übung später auf alle möglichen Objekte übertragen und den Hund z. B. um Bäume, geparkte Autos, Menschen oder Gartenstühle schicken und zur Abwechslung Stopps oder Richtungswechsel einbauen.

Apportieren

Auch das Apportieren, also das Wiederbringen von geworfenen oder ausgelegten Gegenständen, ist eine Basisfähigkeit, die man vielfältig ausbauen kann. Daher lohnt sich der manchmal etwas langwierige Trainingsaufbau.

Ein Körbchen als Apportel macht gleich viel mehr her. „Beau" trägt es mit Stolz.

„Bronnie" bringt ihn schnell wieder …   …damit Marion ihn erneut werfen kann.

Spielapportierer und Futterbeutelträger

Wenn Ihr Hund gern spielt, können Sie ihm das Apportieren aus dem Spiel heraus beibringen. Viele Hunde lernen es schon im Welpenalter von allein. Der Nachteil ist, dass es schwierig ist, aus einem reinen Spielapportieren ein exakteres Apportieren zu machen und dies auf alle möglichen Gegenstände zu übertragen. Der Spielapportierer bringt später vielleicht nur, wenn er in Spiellaune ist, und nur bestimmte Spielzeuge. Zudem kaut er eher auf dem Apportel herum oder wirft es einem vor die Füße. Dennoch hat man bereits mit einem Spielapport viele gute Beschäftigungsmöglichkeiten. Ähnlich verhält es sich mit der Methode Futterbeutel: Es kann schwierig sein, das Apportieren eines mit Leckerchen oder Trockenfutter gefüllten Beutels auf andere Gegenstände zu übertragen. Dafür funktioniert es meist auch bei Hunden, die nicht gern spielen oder schwer zu motivieren sind, etwas ins Maul zu nehmen. Und der Futterbeutel wird meist fester gepackt und eignet sich daher auch dafür, einem Hund ein sichereres Halten und Tragen beizubringen. Wenn Sie ein wirklich vielseitiges, gut übertragbares und sicheres Apportieren haben wollen, bei dem der Hund genau weiß, worum es geht, und bei dem Sie auch später noch leicht an Details feilen können, lohnt es sich auf alle Fälle, das Apportieren systematisch mit dem Clicker beizubringen.

Apportieren für Spielertypen

Für ein Spielapportieren versuchen Sie, das Spiel so zu steuern, dass es für Ihren Hund besonders lustig weitergeht, wenn er Ihnen das Spielzeug wieder zuträgt, nachdem er es erobert hat oder Sie es weggeworfen haben. Dazu müssen Sie wissen, was Ihr Hund am liebsten mag. Rennt er gern hinter etwas Geworfenem her? Oder spielt er lieber Tauziehen? Im zweiten Fall lassen Sie das Spielzeug mitten im Zerren los und gehen einen Schritt zurück, wobei Sie eine einladende Körperhaltung beibehalten. Sehr viele Hunde kommen automatisch nach, um einem das Spielzeug für eine weitere Zerr-Runde in die Hand zu drücken. Indem Sie stets begeistert weiterspielen und sich im Gegenzug etwas kühl und spielunlustig geben, falls Ihr Hund mit dem Spielzeug von Ihnen wegläuft, können Sie daraus allmählich ein Spielapportieren formen. Ähnlich verhält es sich, wenn Ihr Hund das Spielzeug gern verfolgt. Versuchen Sie, es gerade dann erneut zu werfen, wenn er es Ihnen gebracht hat oder zumindest damit in Ihre Nähe gekommen ist. Läuft er damit weg, gehen Sie nicht darauf ein, sondern entfernen sich eher in die andere Richtung. Oft ist es hilfreich, anfangs mehrere Spielzeuge zu benutzen. Sie müssen dann das erste Spielzeug nicht unbedingt in die Hand bekommen, um Ihren Hund mit einem weiteren Wurf zu belohnen, sondern können dafür ein anderes Spielzeug nehmen.

Zum Apportieren ist für manche Hunde der Futterbeutel der große „Hit".

Apportieren für Futterbeutelfanatiker

Viele Hunde spielen nicht besonders gern oder sind so „besitzergreifend", dass sie Spielzeug lieber wegschleppen und sich allein damit beschäftigen. Für einen Versuch mit dem Futterbeutel (ein Federmäppchen tut es für den Anfang auch) muss Ihr Hund unbedingt an der langen Leine sein, bis der Ablauf automatisiert ist, denn Sie müssen verhindern können, dass er den Beutel außerhalb Ihrer Reichweite aufreißt und sich so für etwas Unerwünschtes selbst belohnt. Füttern Sie ihm ein paar Leckerchen aus dem Beutel. Dann versuchen Sie ihn dazu zu animieren, dass er den Beutel ergreift, entweder indem Sie ihn spielerisch bewegen oder ein kurzes Stück wegwerfen. Sobald Ihr Hund ihn ins Maul genommen hat, bewegen Sie sich etwas von ihm weg und versuchen, ihn zu sich zu locken. Die meisten Hunde muss man anfangs sanft mit der Leine heranziehen, da sie mit dem Beutel weglaufen oder sich damit hinlegen wollen. Loben Sie Ihren Hund sehr, sobald er wieder bei Ihnen ist, nehmen ihm den Beutel weg und lassen ihn ein paar Leckerchen direkt aus dem Beutel fressen. Wiederholen Sie dies so oft, bis Ihr Hund begriffen hat, dass er nur dann an das Futter kommt, wenn er Ihnen den Beutel wiederbringt.

Apportieren für Profis

Um das Apportieren Schritt für Schritt mit dem Clicker beizubringen, gehen Sie anfangs so vor wie beim Targeting: Clicken Sie dafür, dass Ihr Hund an den Apportiergegenstand stupst. Nur zielen Sie diesmal darauf ab, dass er ihn auch ins Maul nimmt. Versuchen Sie, bevorzugt zu clicken, wenn Ihr Hund den Fang beim Stupsen öffnet, das Apportel beleckt oder Sie spüren, dass er es mit den Zähnen berührt. Manche Hunde kommen sehr schnell darauf, das Apportel zu ergreifen, bei anderen dauert dieses Stadium lange. Tut Ihr Hund sich schwer damit, gehen Sie dazu über, nicht mehr jedes Mal zu clicken, wenn er an das Apportel stupst. In der Regel ist er dann etwas frustriert und wird intensiver. Vom Stupsen über das kurze Umfassen mit den Zähnen geht es im Idealfall mit viel Geduld und in kleinen Schritten reibungslos zum etwas längeren Halten, Tragen und Vom-Boden-Aufnehmen über. Sie legen dann das Apportel immer etwas weiter von sich weg und bringen Ihren Hund so dazu, es Ihnen zuzutragen. Oft funktioniert auch die Abkürzung: Ist Ihr Hund so weit, das Apportel aus Ihrer Hand zu nehmen, versuchen Sie einfach, es ein oder zwei Meter weit wegzuwerfen oder zu legen. Mit etwas Glück kommt Ihr Hund sofort darauf,

Bei mehreren Hunden beugt Disziplin Beuteneid vor.

es Ihnen zu bringen. Dann gibt es natürlich großen Jubel und ein besonders tolles Leckerchen! Schließlich gibt es die Clicks nur noch, wenn Ihr Hund Ihnen das Apportel direkt in die Hand gibt.

Maulschmeichelnde Apportel

Es lohnt sich, beim Apportiertraining einen Gegenstand zu finden, der Ihrem Hund sympathisch ist. Viele Hunde, die mit dem Anpacken etwas zaghaft sind, mögen lieber einen

kleinen Gegenstand wie eine Holzwäscheklammer oder ein Stofftier. Allerdings sollte es für den Clickerweg besser nichts sein, das den Hund zu sehr dazu anregt, damit zu spielen, es „totzuschütteln" usw. Da der Hund beim Apportieren an der Situation sehr leicht erkennen kann, welches Verhalten erwartet wird, kann und sollte man das Hörzeichen übrigens erst sehr spät einführen. Man kann ruhig damit warten, bis der ganze Vorgang mit Halten und Bringen fertig „geformt" ist.

Generalisieren

Hat Ihr Hund so oder so erst einmal die Basis verstanden (was bei von Natur aus wenig apportierfreudigen Hunden durchaus viele Wochen dauern kann), können Sie auch das Apportieren generalisieren und immer weiter ausbauen. Üben Sie an allen möglichen Orten und mit allen möglichen Gegenständen (Handy, Schlüssel, Handschuhe ...). Legen Sie das Apportel auf einen Stuhl, in einen Karton oder außer Sicht. Lassen Sie Ihren Hund mit dem Apportel im Fang Sitz machen, über eine Hürde springen oder ein paar Schritte bei Fuß gehen. Kombinieren Sie die Übung mit dem Voranschicken oder Suchen.

Ein „Dummy" ist ein schwimmfähiger Stoffbeutel, der bei der Jagdhundausbildung als „Ersatz-Ente" dient.

All diese Veränderungen der Übung können sich zunächst als schwierig für Ihren Hund erweisen. Ggf. gehen Sie mit dem neuen Gegenstand das Training im Kurzdurchlauf noch einmal durch bzw. clicken ein paarmal auch schon für Vorstufen des gewünschten Verhaltens (z. B. fürs bloße Anstupsen).

Räum auf!

Eine spaßige und sogar nützliche Variante des Apportierens ist das Aufräumen (Dinge in einen Behälter werfen). Der Trick besteht aus zwei Bestandteilen: erstens Gegenstände halten und zweitens den Kopf in den Behälter stecken. Da Ihr Hund ja schon etwas tragen und halten kann, brauchen Sie nur den zweiten Teil zu üben. Stellen Sie einen Eimer oder Karton auf. Vermutlich wird Ihr Hund daran schnuppern. Clicken und belohnen Sie jedes Interesse an dem Eimer. Clicken Sie nach und nach nur noch dann, wenn Ihr Hund die Nase über den Eimerrand hält, in den Eimer schaut usw. Beschleunigen können Sie die Sache, indem Sie das Leckerchen anschließend in den Eimer werfen. Erstens baut er dadurch eine eventuelle Scheu davor ab, den Kopf hineinzustecken, und zweitens kommt er schneller darauf, wieder in den Eimer zu gucken. Wenn Ihr Hund gelernt hat, die Nase schön tief in den Eimer zu stecken, verknüpfen Sie dies mit einem Hörzeichen, z. B. „Aufräumen." Schließlich geben Sie Ihrem Hund ein Apportel und sagen, wenn er es aufgenommen hat: „Aufräumen". Die meisten Hunde stecken anfangs zwar den Kopf in den Eimer, lassen aber nicht das Apportel fallen. Trotzdem gibt es dafür zunächst Clicks und Belohnungen. Mit der Zeit wird dann nur noch geclickt, wenn das Apportel auch wirklich im Eimer gelandet ist.

„Inka" räumt auf: Begeistert steckt die Golden Retriever-Hündin ihren Kopf tief in die Kiste und lässt den Gegenstand hineinfallen. Danach holt sie sich bei Anne die wohlverdiente Belohnung ab.

Was für uns das Kreuzworträtsellösen oder Basteln ist, ist für den Hund das Knabbern. Gerade junge Hunde müssen Gelegenheit haben, ihre Zähne einzusetzen, und indem Sie Ihrem Hund geeignetes Material zur Verfügung stellen, erfreuen Sie nicht nur Ihren Hund, sondern retten auch Ihre Wohnungseinrichtung. Doch auch sonst ist das Knabbern für den Hund eine artgerechte und sehr entspannende und befriedigende Tätigkeit, die unter anderem hilft, Zeiten der Langeweile oder des Alleinbleibens zu überbrücken. Das Prinzip bei dieser Art von Beschäftigung ist: Wenig Futter so verpacken, dass der Hund viel tun muss, um es zu erreichen, damit man nicht ein Schweineöhrchen nach dem anderen verfüttern muss.

Leberwurst an Kong

Eine sehr gute und haltbare Möglichkeit ist ein sogenannter Kong®. Das ist ein sehr robustes Spielzeug aus Gummi, das sich ausgezeichnet dazu eignet, mit Futter befüllt zu werden, und sogar spülmaschinenfest ist. In einen Kong (oder ähnliche, im Fachhandel erhältliche Spielzeuge) können Sie z. B. einen Löffel Dosenfutter, Quark oder Leberwurst streichen und darüber ein oder zwei Hundekuchen verkanten. Das ist besonders attraktiv, sodass Ihr Hund nicht so schnell aufgibt, aber schwer herauszubekommen, sodass er lange glücklich mit Kauen, Knabbern und Lecken beschäftigt ist.

Futterrätsel

Mittlerweile gibt es eine ganze Palette von Spielzeugen, in die man Leckerchen tun kann, auch solche, bei denen es eher ums Problemlösen als ums Kauen geht. Das fängt bei Futterbällen oder -würfeln an, aus denen Leckerchen fallen, wenn der Hund sie lange genug herumrollt (was leider einen Höllenlärm macht ...), und gipfelt in mehr oder weniger komplizierten Spielen aus Holz oder Kunststoff, bei dem es darum geht, dass der Hund mit den Zähnen Stifte aus Löchern zieht oder mit der Pfote Tasten betätigt, um an die Leckerchen zu kommen.

Der Futterball sorgt für Abwechslung.

Selbst gemachte Leckerchenverstecke

Zum Glück kann man mit wenig Aufwand auch eine Reihe von „Billigversionen" solcher Spielzeuge herstellen. Das Einfachste ist, dem Hund leere Joghurt- oder Quarkbecher zum Auslecken zu geben. Sie können auch ein Leckerchen in eine Papprolle (etwa von Küchenkrepp) oder einen leeren Eierkarton tun und diese entweder mit Tesa zukleben oder – im Falle der Papprolle – zufalten. Schwieriger wird es, wenn Sie ein Leckerchen oder einen Kauknochen fest in mehrere Lagen Packpapier oder Pappschachteln einpacken. Für Fortgeschrittene kleben Sie alles gut zu. Sie können auch Leckerchen in alte Stoffreste einknoten oder ein paar Hundekuchen in eine leere PET-Flasche oder in einen Eimer tun, in den Sie dann einen zweiten, kleineren Eimer stellen. Wichtig ist, dass Sie anfangs dabei sind und Ihren Hund gut beobachten, um sicherzustellen, dass er nichts vom Verpackungsmaterial verschluckt. Vorsicht: Es kann sein, dass Ihr Hund findiger darin wird, z. B. den Komposteimer zu öffnen und Behälter aufzumachen, wenn Sie viel mit ihm üben.

Der Nachteil dieser Spiele ist, dass bei den meisten die Luft heraus ist, wenn der Hund das Prinzip begriffen hat, was manchmal sehr schnell geht, aber oft auch ein bisschen Nachhilfe durch z. B. unterstützendes Clickern braucht, da der Hund auf sich allein gestellt vielleicht aufgeben würde, wenn er lange Zeit nichts Essbares herausbekommt.

„Da! Da ist das Leckerchen drunter!"

„Arkasha" hat das Knobelspiel schnell geknackt.

Die weite Welt als Spielplatz

Ob Stadt oder Land: Unterwegs auf dem Spaziergang gibt es schöne Naturhindernisse, andere Anlässe für Spiele oder Geschicklichkeitsübungen. Viele Hunde haben Spaß daran, auf Hindernisse wie Mauern, Baumstämme oder Baumstümpfe zu springen und darauf zu balancieren. Dass Sie darauf achten, dass Ihr Hund nicht abstürzt, abrutscht oder unter ins Rollen geratenen Baumstämmen begraben wird, ist sicher selbstverständlich. Bäume, Bänke und anderes können zum Voranschicken oder Umkreisen genutzt werden. Um eine Reihe von Begrenzungspfählen kann man im Slalom bei Fuß gehen usw. Viele der beschriebenen Übungen wie Suchen oder Apportieren kann man auch sehr gut unterwegs beim Spaziergang durchführen.

Für Wasserratten

Im Sommer bieten Gewässer etwas für die Wasserratten unter den Hunden. Viele Hunde schwimmen oder planschen gern oder apportieren mit Begeisterung aus dem Wasser. Es macht Spaß, ihnen dabei zuzugucken –

vorausgesetzt man geht rechtzeitig beiseite, ehe sie sich schütteln. Schwimmen hält fit und ist gelenkschonendes Training. Achten Sie jedoch darauf, dass Ihr Hund nicht in Gewässer mit starker Strömung oder zu steilen Uferböschungen geht. Zudem sollten Sie nicht so leichtsinnig sein, Ihren Hund durch geworfene Stöckchen oder Bälle dazu zu ermuntern, in hohem Bogen in unbekanntes Gewässer zu springen, in dem womöglich scharfe Äste unter der Wasseroberfläche verborgen sind. Und bei kühlem Wetter muss Ihr Hund nach dem Bad unbedingt in Bewegung bleiben können, damit er nicht auskühlt.

> **Tipp: Hundeplanschbecken**

Falls Sie eine Wasserratte haben und über einen Garten verfügen, können Sie Ihrem Hund eine große Freude machen, wenn Sie ihm im Sommer ein Kinderplanschbecken mit Wasser füllen. Auch eine einfache Waschschüssel mit ein paar Eiswürfeln, Spielzeugen oder schwimmenden Leckerchen zum Rausfischen kann zur „Hundebelustigung" beitragen.

Dr. med. vet. Barbara Schöning

Die meisten Hundehalter wünschen sich einen unkomplizierten und freundlichen Hund – und viele bekommen ihn auch, wenn sie von Anfang an alles richtig machen. Doch gar nicht selten kommt es vor, dass der Vierbeiner Angst vor Gewitter hat, mit Nachbars Rüden Streit anfängt, Rehe jagt oder einfach nicht allein sein will. Hier erhalten Sie Lösungsansätze, wie Sie Ihr Problem in den Griff bekommen können.

Problemverhalten

Unter dem Begriff „Problemverhalten" werden alle Verhaltensweisen eines Hundes zusammengefasst, die ihm oder anderen (besonders Menschen) Probleme bereiten. In den meisten Fällen handelt es sich um Elemente aus dem normalen Verhaltensrepertoire (zur falschen Zeit am falschen Ort ...), die lästig sind oder andere gefährden. In selteneren Fällen handelt es sich um echte Verhaltensstörungen.

Die weltweit häufigsten Probleme

Probleme mit Hunden und für Hunde gibt es nicht nur in Deutschland. Auch aus anderen Ländern kommen Studien oder empirische Berichte über Probleme, z. B. mit Aggressionsverhalten oder die Hunde haben Trennungsangst. Phobien oder schlichtweg Gehorsamsprobleme. In den USA leben im Durchschnitt 56 Millionen Hunde auf ca. 35 % aller Haushalte verteilt – und in amerikanischen Tierheimen werden pro Jahr ca. 15 bis 20 Millionen Haustiere (nicht nur Hunde!) eingeschläfert. Die absolute Mehrzahl dieser Tiere wurde auf-

grund von Verhaltensproblemen abgegeben und ist aus diesem Grund auch nicht mehr vermittelbar. Aus Deutschland wie auch aus anderen europäischen Ländern gibt es leider keine genauen Angaben zu der Anzahl von Hunden, die jedes Jahr mit Problemen auffallen, in ein Tierheim abgeschoben oder deshalb eingeschläfert werden. Aus Großbritannien gibt es Übersichtszahlen zur Verteilung der Problembereiche. Über 50 % aller Hundepatienten kommen aufgrund von Aggressionsproblemen zu einem Verhaltenstherapeuten oder Problemhundetrainer: 19,4 % Aggressionsverhalten gegen andere Hunde, 21,4 % Aggressionsverhalten gegen fremde Menschen und 15,6 % Aggressionsverhalten innerhalb der Familie. Dann folgen in absteigender Reihenfolge Probleme wie „Der Hund kann nicht alleine bleiben", „Ängste und Phobien jeder Art", Stubenunreinheit, unerwünschtes Jagdverhalten und Gehorsamsprobleme. „Echte Verhaltensstörungen" werden nur sehr selten zur Verhaltenstherapie vorgestellt. Ob dies bedeutet, dass sie auch nur selten vorkommen oder die Hund anders „entsorgt" werden, lässt sich nicht sagen.

Beißzwischenfälle

Die Liste auf S. 182 widerspricht im Bereich des Aggressionsverhaltens den Zahlen über reale Beißzwischenfälle. Nach international vergleichbaren Zahlen über ärztliche Behandlungen finden über die Hälfte aller Beißzwischenfälle mit Menschen innerhalb der Familie bzw. mit bekannten Personen statt. Traurigerweise sind dabei mehr als zwei Drittel der Opfer Kinder unter 15 Jahren (siehe Verhaltenskapitel, S. 22).

Der Grund für diese Diskrepanz liegt darin, dass die Notwendigkeit einer Therapie meist nicht sehr groß ist, solange das Problem im privaten Bereich besteht: Erst da, wo unerwünschtes Tierverhalten öffentlich wird, entsteht für viele Besitzer der Druck, etwas zu unternehmen – und das öffentliche Interesse ist natürlich schneller geweckt, wenn der Hund den Postboten anknurrt, als wenn er im eigenen Wohnzimmer nach einem Familienmitglied schnappt.

Entstehungsgründe

Wenn die Probleme mit Hunden weltweit relativ ähnlich aussehen, dann auch die Entstehungsgründe. Die Hauptursache sind tatsächlich oft Nicht- oder Halbwissen über Hundeverhalten oder Lernverhalten von Hunden, und dadurch falsche Ansprüche an das Lebewesen Hund. Irgendwann kollidiert dann das Bild, welches sich der Halter von seinem Hund gemacht hat, mit der rauen Wirklichkeit – ein Problem ist entstanden!

Viele Hunde landen im Tierheim, weil ihre Besitzer nicht mehr mit ihnen zurechtkommen.

Grundsätzliche Maßnahmen und Trainingsansätze

Bevor auf einzelne Problembereiche eingegangen wird, werden jetzt einige grundsätzliche Therapie- und Trainingsmaßnahmen vorgestellt. Diese werden später bei einzelnen Problemen eventuell nur noch mit dem Stichwort genannt. Natürlich kann solch ein Buch nicht für jeden individuellen Problemfall konkrete Hilfestellung geben. Sie finden hier grundsätzliche Maßnahmen, die je nach Einzelfall noch variiert werden müssen. Im Zweifelsfall sollten Sie immer die Hilfe einer externen Fachfrau oder eines externen Fachmannes hinzuziehen.

> Problemanalyse

Vor jeden Therapieversuch gehören ausführliche Überlegungen und Untersuchungen:

> Seit wann besteht das Problem?

> Wie hat es begonnen und sich dann entwickelt?

> Welche Problemlösungen wurden versucht?

> Wie hat sich der Mensch grundsätzlich dem Hund gegenüber verhalten?

> Wie hat der Hund auf die Problemlösungen reagiert?

Ganz besonders wichtig ist eine ausführliche tierärztliche Untersuchung, um mögliche klinische Grundleiden zu erkennen und zu beheben.

Management

An erster Stelle bei einer Verhaltenstherapie stehen immer Managementmaßnahmen. Management bedeutet: 1.) das Problem zu vermeiden, wo es geht; 2.) das Problem zu kontrollieren, wo es nicht vermeidbar ist. Ziel solcher Managementmaßnahmen ist es, eine mögliche Gefährdung Dritter und weiteres unerwünschtes Lernen beim Hund zu verhindern.

Es ist keine „Flucht vor dem Feind", die Straßenseite zu wechseln, wenn einem ein Hund entgegenkommt, mit dem der eigene Hund Probleme hat. Indem man diesem Problem ganz aktuell aus dem Weg geht, vermeidet man unter Umständen ein weiteres Lernen am Erfolg. „Lernen am Erfolg" könnte

z. B. eintreten, wenn der eigene Hund den anderen durch sein aggressives Verhalten erfolgreich in die Flucht schlägt. In Zukunft würde der Hund dann immer schneller und massiver aggressiv auf andere Hunde reagieren – ein Teufelskreis etabliert sich. Diesen Teufelskreis unterbrechen Sie, wenn Sie das Problem zunächst einfach vermeiden. Natürlich bessern sich Probleme allein durch Managementmaßnahmen nicht, aber es wird dadurch der Weg ins Training ermöglicht.

Trennung zwischen Ernstfall und Training

Eine der wichtigsten Managementmaßnahmen ist eine deutliche Trennung zwischen Ernstfall und Training. Dem Ernstfall gehen Sie aus dem Weg so gut es geht (wenn Sie wissen, in welchen Situationen, an welchen Orten, Ihr Hund Angst zeigt, aggressiv reagiert, das Jagen beginnt, Futter klaut, bellt etc.) – und spezielle Trainingssituationen schaffen Sie so oft, wie es nur machbar ist. Der Ernstfall ist immer stressbelastet – keiner will ihn haben und so steht man meistens ganz plötzlich, unvorbereitet und ohne konkrete Handlungsmöglichkeit davor. Eine spezielle Trainingssituation für ein bestimmtes Verhaltensproblem hat den Vorteil, dass Sie alles genau planen können. Sie wissen genau, wann „es" passiert und können sich im Voraus Gedanken machen: „Wie wird mein Hund reagieren und wie kann ich dann auf meinen Hund reagieren, damit ein Lernerfolg in Richtung Problembeseitigung eintritt?" Nun trifft es Sie nicht unvorbereitet, dass ein Jogger plötzlich unvermutet drei Bäume weiter aus einem kleinen Nebenweg heraussprintet; Sie hatten sich ja vorher mit dem Freund der Tochter verabredet und wussten, dass er da um 15 Uhr gelauert hat, bis Sie mit Ihrem Hund kommen. Dies ist dann die Situation, in der Sie üben können. Sie waren vorbereitet und damit ist die Grundlage vorhanden, dass auch Ihr Hund in dieser Situation lernen kann.

> ## Managementmaßnahmen

Managementmaßnahmen sind nie als Dauerlösung gedacht, aber sie schaffen unter Umständen erst die Grundlage dafür, dass mit anderen verhaltenstherapeutischen Maßnahmen angefangen werden kann.

Hilfsmittel

Zu den Managementmaßnahmen gehört neben der Problemvermeidung auch das Benutzen bestimmter Hilfsmittel: Maulkorb, Leine, Schleppleine, Hausleine, Halti® oder Gentle Leader®, Brustgeschirr oder ein fester Haken in der Wand, ein Zaun oder eine geschlossene Tür an einer Stelle, an der sie vorher offen war. Es ist kein Armutszeugnis, den Hund für eine bestimmte Zeit im Gelände nur an der Leine zu führen, bis man Lösungen für ein Jagdproblem erfolgreich abgearbeitet hat; und es ist auch kein Armutszeugnis, den Hund an einen Maulkorb zu gewöhnen, um Beißzwischenfälle zu verhindern.

Ziele und Zwischenziele

Vor dem Therapiebeginn sollte man sich Gedanken über die anzustrebenden Ziele machen. Gerade bei Angstproblemen ist es besser, erreichbare Zwischenziele anzugehen und dann zu sehen, wie man sich von dort weiter verbessern kann. Wenn ein Hund vor großen Männern mit Bärten Angst hat und zur Zeit in einem großen Bogen darum herumläuft, kann ein realistisches Zwischenziel so aussehen: Er zeigt zwar weiterhin in Mimik und Körpersprache seine Angst, aber er bleibt jetzt beim Besitzer und geht zusammen mit ihm am Angstauslöser vorbei. Der nächste Schritt wäre z. B., dass er anfängt, sich beim Vorbeigehen deutlich zu entspannen. Bei einem Hund mit starken Defiziten während der Sozialisationsphase kann es sein, dass die Angst nie ganz weg geht, aber er wird lernen, sich zumindest etwas zu entspannen.

Maulkorbtraining

Das Maulkorbtraining sollte immer als separater Trainingsabschnitt geübt werden; es ist außerdem eine optimale Vorbereitung, um einen Hund an ein Halti zu gewöhnen. Am Maulkorb zeigt sich gut die Wichtigkeit der Trennung von Ernstfall und Training. Wenn Sie Ihrem Hund den Maulkorb immer nur dann aufsetzen, wenn der Hund ihn „wirklich braucht", dann wird es über kurz oder lang zu einer furchtbaren Angelegenheit für alle Beteiligten. Der Hund wird den Maulkorb nur mit Stress und unangenehmen Ereignissen verknüpfen. Folglich wird er mehr und mehr versuchen, ihn sich abzustreifen. Dies wird dazu führen, dass Sie manipulieren müssen, eventuell mit Zwang, damit der Maulkorb auf der Nase bleibt. Für den Hund wird es dadurch nur noch unangenehmer und er wird versuchen, das Aufsetzen zu verhindern – eventuell, indem er beim Versuch des Aufsetzens aggressiv reagiert. Diesen Teufelskreis können Sie verhindern, indem Sie in Trainingssituationen, ohne dass der Hund den Maulkorb wirklich braucht, das Aufsetzen und Tragen üben. So können Sie erreichen, dass der Hund den Maulkorb später, wenn es wirklich einmal nötig sein sollte, stressfrei und entspannt trägt; ja, dass er die Nase sogar freiwillig hineinsteckt.

Gewöhnung Schritt für Schritt
Die Maulkorbgewöhnung sollte in den folgenden Schritten ablaufen:

1. Der richtige Maulkorb
Sie benötigen einen gut sitzenden Gitter-Maulkorb aus Plastik, Leder oder Stahl. Plastik und Leder haben den Vorteil, dass der Maulkorb leicht ist und auch bei kurzhaarigen Hunden kaum auf der Nase oder im Wangenbereich scheuert. Drahtmaulkörbe sind schwerer, drücken daher leichter – gehen aber auch seltener kaputt. „Gut sitzen" bedeutet, dass der Fang noch leicht geöffnet werden

Der Maulkorb dient als Fressnapf.

Der Hund muss die Nase freiwillig hineinstecken.

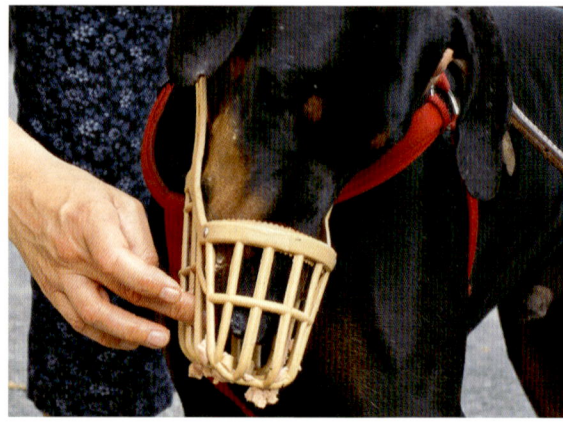
Ein Leckerchen wird durch das Gitter geschoben.

kann. Der Hund muss hecheln, saufen und ein Leckerchen nehmen können, welches Sie mit spitzen Fingern durch das Gitter schieben. Auf der anderen Seite muss der Maulkorb so eng sitzen, dass er nicht permanent auf dem

Nasenrücken vor und zurück scheuert und dass der Hund ihn nicht mit einem Kopfschütteln abstreifen kann.

2. Maulkorb als „Fressnapf"

Der Maulkorb wird innen mit Aluminiumfolie ausgekleidet und Ihr Hund erhält über mehrere Tage sein normales Futter nur aus diesem „Fressnapf".

3. Riemen hinter die Ohren

Wenn Ihr Hund großes Interesse an diesem Napf hat und die Nase stets freiwillig hineinsteckt, wird der Korb (ohne Folie) innen mit Schmierkäse, Joghurt oder Leberwurst ausgeschmiert. Sie lassen Ihren Hund außerhalb der Fütterungszeit freiwillig seine Nase hineinstecken, um die Schmiere abzulecken. Wenn der Hund dabei entspannt ist, kann man nun die Riemen seitlich greifen und zieht sie leicht hinter die Ohren. Machen Sie sie aber anfangs noch nicht gleich zu. Achten Sie erst einmal darauf, wie der Hund auf diese neue „Enge" am Kopf reagiert. Wenn er Abwehrbewegungen macht, müssen Sie diesen Schritt eventuell länger ausdehnen und zusätzlich neben der Leberwurst von innen auch noch kleine Leckerchen von außen durch das Gitter schieben.

4. Maulkorb schließen

Nach einigen Tagen werden die Riemen des Maulkorbs hinter den Ohren geschlossen. Nun wird langsam die Zeit verlängert, die der Hund mit Maulkorb herumläuft. Grundsätzlich sollte der Hund zwischendurch für das entspannte Tragen des Maulkorbs belohnt werden.

Hundetagebuch

In die Vergangenheit betrachtet sehen Probleme immer entweder weniger stark oder stärker aus, als sie tatsächlich waren. Man verliert leicht den Blick, wie häufig ein bestimmtes

Problem auftrat oder wie schwerwiegend es tatsächlich war. Aus diesem Grund kann es nützlich sein, eine Art Tagebuch zu führen, in dem man stichwortartig für jeden Tag einträgt, ob das Problemverhalten wirklich gezeigt wurde und wie intensiv es war.

Solch ein Tagebuch ist auch ein wichtiges Hilfsmittel, damit Sie ehrlich gegenüber sich selbst und fair zu Ihrem Hund sind! Wenn Sie bestimmte Übungen zur Lösung eines Verhaltensproblems nur zweimal pro Woche oder sehr unregelmäßig durchführen, lässt der Erfolg auf sich warten oder stellt sich nie ein. Ein Tagebuch hilft Ihnen auch da. Wenn Sie jeden Tag eintragen, wie häufig Sie welche Übungen mit Ihrem Hund gemacht haben, können Sie besser abschätzen, ob bestimmte verhaltenstherapeutische Maßnahmen für Ihren speziellen Hund und das individuelle Problem tatsächlich nützlich sind, oder ob Sie die Strategie ändern müssten. Und mit Sicherheit werden Sie dann nicht dem Hund die Schuld in die Schuhe schieben, wenn es nicht klappt.

Was haben wir gemacht? – Ein Blick ins Buch genügt.

Ja-Nein-Kommunikation

Ein wichtiges Prinzip bei der Korrektur von unerwünschtem Verhalten ist es, dieses Verhalten komplett zu ignorieren und stattdessen ein erwünschtes Alternativverhalten konsequent zu belohnen. Dazu muss vorher ein eindeutiges, kurzes Belohnungssignal („Ja": dieses Verhalten bitte öfter und intensiver zeigen!) trainiert werden, damit man es später zielgenau einsetzen kann. Dieses Auftrainieren geschieht in Form der klassischen Konditionierung: Zwei Signale werden gepaart. Bieten Sie dem Hund ein kleines Leckerchen oder werfen Sie den Ball und sagen Sie parallel Ihr Belohnungssignal. Über viele Wiederholungen lernt der Hund: „Brav" bedeutet „eigentliche Belohnung (Ressource Leckerchen oder Ball) ist im Anmarsch". Nach intensivem Training lässt sich das „Brav" durchaus auch allein erfolgreich einsetzen. Benutzen Sie es aber nicht zu häufig allein. Wenn es zu oft vorkommt, dass der Hund nach dem „Brav" das Leckerchen nicht will (oder Sie haben verges-

> ### > Ignorieren
>
> Ignorieren heißt: NICHT angucken, NICHT ansprechen, NICHT anfassen – und das alles gleichzeitig. Wenn Sie zum Beispiel Ihren am Sofa kratzenden Hund ausschimpfen und sagen, dass er es jetzt gefälligst sein lassen soll, ignorieren Sie ihn gerade NICHT!

sen, es zum Training mitzunehmen), müssen Sie wieder eine konkrete Trainingseinheit für das Belohnungssignal durchführen.

Ab jetzt können Sie mit Ihrem Hund in einer Ja-Nein-Kommunikation reden, die er versteht: „Ja, dieses Verhalten ist erwünscht". „Nein, dieses Verhalten war jetzt keine gute Idee, das vergiss bitte schnell wieder." Das „Ja" sagen Sie in Form von Belohnung: Belohnungssignal plus Leckerchen, Streicheleinheit oder Ball. Das „Nein" sagen Sie in Form von Strafe im biologisch-ethologischen Sinne: Ignorieren, Entzug von Leckerchen oder Streicheleinheit, oder Strafwort.

Auftrainieren vom Belohnungssignal: „Fein" und Streicheln kommen parallel.

Das „Nein"-Kommando

Es ist praktisch, ein Signal (Strafwort / „Nein"-Kommando) zu haben, mit dem man ein bestimmtes Verhalten des Hundes nicht nur unterbrechen kann, sondern das dazu führt, dass dieses Verhalten immer seltener gezeigt wird. So ein „Nein"-Kommando soll genau diese Information beinhalten: „Dieses Verhalten lohnt sich nicht für dich, lass es am besten sein."

Über viele konsequente und schnelle „Nein"-Erfahrungen während eines gezielten kontrollierten Trainings im Zusammenhang mit einem bestimmten Verhalten wird der Hund lernen, dieses Verhalten seltener zeigen.

„Nein"-Kommando auftrainieren

Man provoziert eine Situation, in der der Hund mit einem bestimmten Verhalten einen Misserfolg erlebt und sagt gleichzeitig dazu deutlich das „Nein"-Signal. Über viele Wiederholungen lernt der Hund dann, dass dieses Signal Misserfolg ankündigt und so kann damit auf Dauer unerwünschtes Verhalten zuverlässig abgebrochen werden.

Für das Training brauchen Sie „etwas", was Ihr Hund gerne haben will und was Sie schnell und gut kontrollieren können, sodass er es nicht bekommt. Hier bieten sich Leckerchen an, da Spielzeug wegen seiner Größe in der Anfangsphase schlechter zu handhaben ist.

Auftrainieren vom „Pfui": Wenn der Hund den Kopf zurücknimmt, kommt die Belohnung.

Achten Sie hier auf Ihre eigene Art zu sprechen ... wenn Sie gerne leicht undeutlich sprechen, wäre eine Kombination „Nein" – „Fein" nicht günstig!

1. Unterbrechungssignal einführen

Sie halten Ihrem Hund das Leckerchen auf der flachen Hand mit kleinem Abstand vor die Nase. Wenn der Hund es von der Hand fressen will, sagen Sie deutlich (aber ruhig) Ihr Strafwort (z. B. „Pfui"), schließen gleichzeitig die Finger um das Leckerchen und ziehen die Hand schnell von der Hundenase weg. Wenn nun eine gewisse Distanz zwischen Hand und Nase da ist, bekommt der Hund mit der anderen Hand ein Leckerchen und dazu das Lobwort („Brav"). Danach geht das Spielchen von vorne los.

2. Selbstständig abwenden

Ziel ist es, dass der Hund auf das Signal „Pfui" hin seine Nase selbstständig von der Hand wegnimmt und nicht der Mensch den Abstand zwischen Nase und Hand herstellt. Nach einigen Wiederholungen stellt sich dieser Lernschritt ein. Wenn Sie ruhig und konsequent vorgehen, macht der Hund die Erfahrung: „Pfui" bedeutet, gleich ist es weg – dann kann ich auch mit meinem Verhalten (Fressversuch) aufhören". Wichtig ist, dass jedes noch so kurze Zurücknehmen des Kopfes auf das „Pfui" hin sofort belohnt werden muss.

Der Hund hat sich auf das „Pfui" hin vom Leckerchen am Boden abgewandt. Dafür wird er gelobt und darf es auf Kommando fressen.

3. Generalisieren

Wenn die Übung mit der einen Hand gut klappt, kommt die andere dran; dann kann man das Leckerchen auf den Boden legen und stellt zur Not mit dem „Pfui" einen (unbeschuhten) Fuß darüber. Jetzt brauchen Sie viele verschiedene Situationen zum Generalisieren. Der Hund darf das Leckerchen dabei nicht erwischen. Entweder hat das „Pfui"-Signal funktioniert – und dann muss der Hund dafür auch belohnt werden; oder es hat nicht funktioniert – dann haben Sie aber auch kontrolliert, dass er das Leckerchen nicht bekommen konnte.

4. Pfui auf Distanz

Später ändern Sie das Objekt der Begierde (z. B. ein Spielzeug). Arbeiten Sie auf größere Entfernungen zu Hund und Objekt. Nehmen Sie z. B. den Hund an die Leine und werfen ein Leckerchen oder ein Spielzeug wortlos (!) ca.

zwei Meter vor seine Nase. Wenn der Hund hinläuft, sagen Sie in das Laufen hinein, kurz bevor sich die Leine strafft, „Pfui". Wenn er sein Verhalten der Annäherung abbricht und sich sofort auf Sie konzentriert, wird er belohnt und Sie üben genau diese Situation mit immer längerer Leine, an unterschiedlichen Orten und mit unterschiedlichen Objekten der Begierde.

5. Langsam vorgehen

Sie können später den Hund nur noch an eine lange Schleppleine nehmen, um im entscheidenden Moment (sollte er das „Pfui" doch überlaufen) zur Not auf die Schleppleine treten zu können. Grundsätzlich sollten Sie aber immer so trainieren, dass Sie dieses Hilfsmittel weniger und weniger brauchen, dass also Ihr „Pfui"-Signal immer besser wird. Für solch ein Training müssen Sie in den einzelnen Schritten sehr langsam und vorsichtig vor-

Akustische Belohnungssignale ("Brav" oder Click)

Der Clicker besteht aus einem kleinen Plastik-gehäuse mit einem Metallplättchen drin. Wenn man das Plättchen drückt, ertönt ein Clickgeräusch. Dieser Click wird im Training als akustisches Belohnungssignal benutzt. Wie beim „Brav" wird auch das Clickgeräusch mit einem Leckerchen gepaart. Nach vielen Wie-derholungen bedeutet dann der Click: „Die eigentliche Belohnung ist zu erwarten" (siehe Ja-Nein-Kommunikation Seite 188).

Viele Hundehalter lehnen den Clicker als zu „technisch" ab – und man muss natürlich auch daran denken, ihn zum Training mit-zunehmen, während man seine Stimmbänder immer dabei hat. Aber Sie sollten sich zum Durchführen verhaltenstherapeutischer Maßnahmen, zumindest in den ersten Mona-ten, ja auch immer gezielt mit Leckerchen (oder Ball) ausstaffieren – und da wird es vielleicht auch einfacher, gleichzeitig an den Clicker zu denken.

Der Clicker hat gewisse Vorteile gegenüber dem „Brav", die nicht von der Hand zu weisen sind, und insofern empfehle ich es auch, dieses Hilfsmittel zumindest einmal auszuprobieren und zu testen, wie man damit klarkommt.

gehen. Jedes zu schnelle Vorgehen oder Über-laufen eines einzelnen Schrittes wird Ihnen umgehend die Quittung in Form eines nicht-funktionierenden Kommandos einbringen.

Chance zum Lernen geben

Dieser Vorgang mag langwierig erscheinen, um dem Hund solch ein Signal beizubringen. Von sich aus weiß aber kein Hund der Welt, was ein „Pfui" oder „Nein" bedeutet. Es ist ein Teil einer Fremdsprache, die er im Zusam-menleben mit dem Menschen lernt. Und er kann es nur aus einem situativen Zusammen-hang heraus lernen. Man kann ihm die Bedeu-tung dieser Vokabel nicht erklären. Dies gilt auch für alle anderen Signale, welche Sie bei der Erziehung Ihres Hundes benutzen wollen. Auch der Clicker oder das „Fein" müssen dem Hund erst in einem situativen Zusammen-hang beigebracht werden bevor man sie effek-tiv anwenden kann.

> ### Was für den Clicker spricht

> Das Click-Geräusch ist für die meisten Hunde ein völlig neues Geräusch. Der Click kann oft schneller und aussagekräftiger zum „Ja"-Signal werden als ein „Brav".

> Das vielfrequente Geräusch des Clicks akti-viert direkt bestimmte Hirnareale, die für das Lernen eine wichtige Rolle spielen, während dies die menschliche Stimme nicht so ohne Weiteres tut.

> Mit unserem Daumen produzieren wir schneller ein Clickgeräusch als mit unseren Stimmbändern ein „Brav".

Gehorsamstraining dient dem Management

Grundgehorsam dient dazu, kritische Situationen zu umschiffen. Man braucht nicht viele Kommandos, um Konfliktsituationen zu managen. Eigentlich reicht eines völlig aus: das Aufmerksamkeitskommando. Wenn sich der Hund auf das Aufmerksamkeitssignal hin zu Ihnen umdreht, kann er nicht gleichzeitig den anderen Hund (das Problem) angucken. Der Hund geht also aus dem Konflikt/Problem heraus und das kann ausreichen, um die Situation zu entschärfen. Wenn Sie dann mit dem Hund, der an Ihren Lippen klebt, vom Problem/Konflikt weggehen, ist die kritische Situation vorbei.

Der eigentliche Grund, warum sich Ihr Hund auf andere stürzen will, ist damit nicht aus der Welt; Sie müssen weiterhin aufmerksam auf Spaziergängen sein, um das Gehorsamskommando rechtzeitig zu geben. Für viele Besitzer von Problemhunden reicht aber solch ein guter Grundgehorsam aus, um zufriedener zu sein. Auf Dauer bewirkt dies natürlich auch eine Entspannung des Hundes und Problemsituationen werden insgesamt weniger häufig auftreten.

Spielregel-Training

Wenn man dem Hund emotional „hinterherrennt" und auf jedes Verhalten von ihm achtet, hat er es nicht nötig, auf den Menschen zu achten. Dies ist eine schlechte Grundlage für Training oder Verhaltenstherapie. Nur wenn der Hund weiß: „Die oder der ist wichtig für mich, auf die muss ich achten", kann man Veränderungen im Verhalten über Training leicht erreichen.

Machen Sie sich deshalb zum Nabel der Welt für Ihren Hund: Ignorieren Sie den Hund häufiger – genau in der Sekunde, wenn er etwas von Ihnen will! Und wenn er entspannt abwartet, geben Sie ihm häufig und regelmäßig die Dinge, die er gerne hat. Das gilt für alle Ressourcen: Sozialkontakt, Spielzeug, Futter. Für etwas, das einem freiwillig gegeben wird, muss man nicht arbeiten – die Motivation sich anzustrengen, ist dann gering und damit dann auch der Lernerfolg. Gibt man dem Hund aber Motive, genau auf den Menschen zu achten, wird sich das positiv auf das Training und den Gehorsam auswirken.

Interaktionen gehen vom Mensch aus

Der Hund erhält viel Aufmerksamkeit und es wird viel mit ihm gespielt – aber nur, wenn der Mensch es will und die Interaktion startet. Wenn der Hund von allein ankommt, wird er ignoriert. Für den Besitzer bedeutet dies, dass er in die Luft schaut und die Hände ruhig hält – unter Umständen muss man sogar ruhig aufstehen und gehen, wenn der Hund zu aufdringlich wird. Wichtig ist dabei das vollständige Ignorieren. Nur so setzen Sie ein deutliches Signal für den Hund. Wenn sich der Hund dann vom Menschen zurückzieht, wird er zwei bis drei Minuten später herangerufen: „Hey – jetzt habe ich Lust, dich zu streicheln oder zu spielen."

Aufmerksamkeitssignal

Der Name eignet sich gut als Aufmerksamkeitssignal. Den meisten Menschen kommt er schnell über die Lippen und auch außerhalb des bewussten Trainings belohnen Besitzer ihren Hund oft durch freundliches Verhalten, wenn sie ihn mit Namen ansprechen. Das Ziel soll sein, dass der Hund sich zuverlässig, sowie sein Name fällt, auf denjenigen Menschen konzentriert (ihm Aufmerksamkeit schenkt), von dem das Signal kam. Funktionieren soll es in jeder Lebenslage, sowohl im eigenen Wohnzimmer als auch, wenn der Hund hochgradig Angst hat oder einem Kaninchen hinterhersetzen will.

› Aufmerksamkeitssignal

Signal: Name des Hundes

Verhalten, dass auf das Signal hin gezeigt werden soll: Fokus auf Mensch

Belohnung: Das „Brav" kommt genau in dem Moment, in dem der Hund sich umdreht (nicht erst, wenn er schon eine halbe Sekunde guckt!). Danach darf der Hund kommen, und sich das Leckerchen beim Menschen abholen.

Übungsschritte

Platzieren Sie Ihr Kommando dann, wenn der Hund durch Umwelteinflüsse abgelenkt ist, z. B. wenn er am Boden schnuppert, wenn er sich für ein Mauseloch interessiert oder auf ein leises Geräusch reagiert. Belohnen Sie korrektes Reagieren (= Umgucken in Ihre Richtung) anfangs regelmäßig und gehen Sie nach Erreichen des Trainingszieles zur weiteren Festigung in eine variable Belohnung über. Das Trainingsziel kann z. B. sein, dass Ihr Hund auf einer Entfernung von fünf Metern von Ihnen mit 98-prozentiger Sicherheit auf das Kommando reagiert, auch wenn er sich zuvor sehr intensiv für den anderen Reiz (Mauseloch etc.) interessiert hatte. Trainieren und überprüfen Sie das Erreichen des Ziels an verschiedenen Orten, um sicherzustellen, dass das Kommando generalisiert wird. Falls der Hund nach dem Gucken und dem Belohnungssignal (z. B. „Brav" oder Click) kein Interesse an Leckerli hat, sondern gleich „weiterbuddelt, ist dies zunächst nicht schlimm, sofern es nicht zur Regel wird. Auch das Weiterbuddeln-Können wäre ja eine Form von Belohnung. Kommt dies allerdings häufiger vor, müssen Sie mehrmals und regelmäßig in anderen, ablenkungsärmeren Trainingssituationen die enge Kopplung von „Brav" und Leckerli gezielt erfolgreich durcharbeiten, damit diese Verknüpfung nicht verloren geht.

Wendet sich der Hund seinem Menschen zu, kommt das „Fein" und danach wird das Leckerchen gegeben.

Schritt 1

Ihr Hund fokussiert mit hohem Kopf „etwas" in der Ferne. Sie belohnen das Umgucken auf Kommando sofort und regelmäßig. Weitere Ablenkungen (z. B. andere Hunde) sind nicht vorhanden. Benutzen Sie Ihr Aufmerksamkeitskommando nur in diesen Situationen – sind andere Ablenkungen zugegen, wird es nicht gerufen. Wenn diese Übung pro Spaziergang insgesamt zwanzigmal und mindestens an drei verschiedenen Orten zuverlässig klappt, beginnen Sie mit dem nächsten Schritt.

Schritt 2

Sie geben Ihr Aufmerksamkeitskommando, wenn er sich intensiv mit etwas „Erkennbarem" beschäftigt, also z. B. am Boden schnüffelt, und belohnen jedes korrekte Verhalten. Parallel üben Sie weiterhin Ihr Aufmerksamkeitskommando, wenn er mit erhobenem Kopf fokussiert; hierbei belohnen Sie aber nicht mehr jedes korrekte Verhalten, sondern gehen in die variable Verstärkung über.

Schritt 3

Nach diesem Prinzip üben Sie mit immer konkreteren/spannenderen Ablenkungen. Erstellen Sie eine Liste, welche Dinge Ihren Hund eher mäßig interessieren und welche Sachen er absolut spannend findet. Genau so arbeiten Sie dann die Liste im Training ab und erhöhen langsam den Schwierigkeitsgrad bis hin zu „super-spannend". In Situationen, in denen das Ablenkungskommando schon gut funktioniert, darf nicht mehr regelmäßig jedes korrekte Reagieren belohnt werden. Sie dürfen aber insgesamt nicht zu selten belohnen, sonst wird der Trainingserfolg rückläufig. Hier ist jeder Hund unterschiedlich. Bei einigen muss im Schnitt jedes zweite korrekte Reagieren belohnt werden, bei einem anderen reicht es bei jeder vierten Reaktion.

Schritt 4

Wenn das Aufmerksamkeitskommando an der kurzen Leine bei variabler Verstärkung und mäßig-spannenden Ablenkungsreizen regel-

Auch bei Jagdproblemen ist das Aufmerksamkeits-signal sehr nützlich.

mäßig erfolgreich platziert werden kann, kommt die Schleppleine ins Spiel. In „ungefährlichem Terrain" können Sie auch ganz ohne Leine üben. Jetzt trainieren Sie den gleichen Ablauf, wie zuvor beschrieben (Schritt 1–3), mit einem größer werdenden Abstand zwischen Ihnen und Ihrem Hund. Jetzt wird es besonders wichtig, dass Sie sich nach dem Belohnungssignal für korrektes Reagieren nicht mit dem Leckerli dem Hund nähern; halten Sie das Leckerli leicht erreichbar für den Hund –, aber er muss sich in Bewegung setzen und es bei Ihnen abholen. Genau dieses Verhalten (Zurückkommen, um das Leckerli abzuholen) brauchen Sie, um später mit dem Hund zusammen aus kritischen Situationen herausgehen zu können.

Höchstens eine Wiederholung
Wenn Ihr Hund in einer individuellen Trainingsphase nicht korrekt auf das Kommando reagiert, wiederholen Sie es maximal einmal. Reagiert er auch dann nicht, brechen Sie die Übung ab und machen eine „Fehleranalyse": War der Ablenkungsfaktor eventuell zu schnell gesteigert? Traten unter Umständen gerade heute unkontrollierbare Umweltfaktoren auf, die Ihren Hund zusätzlich ablenkten oder gestresst haben? Haben Sie eventuell bei der

variablen Verstärkung doch zu selten belohnt? Kommt das „Reagieren auf den zweiten Ruf" häufiger vor, sollten Sie im Trainingsprozess auf eine niedrigere Ablenkungsstufe zurückkehren, und diese noch einmal durch viele Wiederholungen festigen.

Desensibilisierung – Gewöhnungstraining

Hohe Wiederholungsraten
Bei der Desensibilisierung muss mit hohen Wiederholungsraten gearbeitet werden. Grundsätzlich gilt immer: Erwünschtes Verhalten wird belohnt, unerwünschtes wird zur Kenntnis genommen und ignoriert. Zur Kenntnis nehmen müssen Sie es, weil es Ihnen die Information gibt, wie weit Sie sich der Grenze angenähert haben, die Sie vom momentanen Gewöhnungsstand her im Training nicht überschreiten sollten.

Im Folgenden ist beispielhaft eine Desensibilisierung für einen Hund beschrieben, der Besucher im Haus massiv verbellt. Sehr wichtig ist hierbei, dass Sie Ernstfall und Training deutlich trennen; außerhalb der Übungen zur Desensibilisierung sollten Sie zunächst keinen Besuch bekommen. Falls sich „ernstfallmäßiger" Besuch nicht vermeiden lässt, muss der Hund vorher in einen separaten Raum kommen und darf diesen über die Zeit des Besuchs nicht verlassen.

> Desensibilisierung

Desensibilisierung bedeutet ein langsames Heranführen an eine Situation, die Stress beziehungsweise Angst auslöst. Dabei werden die Etappen bei den Übungen gerade so klein und kurz gewählt, dass der Hund sich nur ganz leicht erregt (gestresst ist) und dann Zeit hat, sich wieder zu entspannen. Dieses entspannte Verhalten wird belohnt.

Durchführung

Zerstückeln Sie in Gedanken den gesamten Handlungsablauf von „Der Besuch klingelt an der Tür" über „Der Besuch kommt hinein" bis hin zu „Der Besuch bewegt sich im Haus" in Unteretappen und bestimmen Sie dann den Moment, in dem das Problem tatsächlich beginnt: Wann verspannt sich der Hund, wann zeigt er Stresssymptome, wann nimmt die Erregung leicht zu? Wenn der Erregungslevel ansteigt, wenn jemand an der Tür klingelt, beginnen Sie hier mit dem Training; steigt der Erregungslevel, wenn sich der Besuch im Haus bewegt, ist dies der Startpunkt.

Beispielhaft wird hier der Verlauf für einen Hund dargestellt, der ab dem Zeitpunkt des Klingelns unruhig wird.

1. Schritt

Man braucht eine Hilfsperson, die draußen an der Tür klingelt; eventuell kann man sich in dieser Anfangsphase auch mit einem von innen auszulösenden Funk-Gong behelfen. Wenn der Hund beim Klingeln ruhig liegen bleibt: Belohnung! Und weiter bei Schritt 2. Wenn der Hund knurrend oder bellend zur Tür rennt, wird er ignoriert. Der Mensch macht das weiter, was er zum Zeitpunkt des Klingelns gerade getan hat. Der Hund wird eine bestimmte Zeit zetern – und diese Zeit kann anfangs lang sein. Ein perfektioniertes Verhalten gibt der Hund nicht so schnell auf. Deshalb ist auch das Belohnen des erwünschten Verhaltens so wichtig. So arbeitet man mit dem Hund in einem System, in dem er verstehen kann, worum es geht. Misserfolg (keiner beachtet ihn) und Erfolg (Ruhig werden nach Klingelgeräusch lohnt sich) werden sauber gegenüber gestellt. Die Belohnung darf aber nicht zu überschwänglich sein, um den Hund nicht noch stärker zu erregen, als er ohnehin schon ist. Ein kurzes trockenes „Brav" und ein kleines Leckerchen reichen völlig. Danach wird der Hund wieder ignoriert und an den Freund vor der Tür geht das Signal, dass er

wieder klingeln darf. Das Ganze wird so lange wiederholt, bis das Ziel erreicht ist: Es klingelt und der Hund bleibt liegen, oder geht ruhig zum Besitzer, oder bellt vielleicht einmal und geht dann ruhig zum Besitzer. Diese eine Übungseinheit muss häufig und zu unterschiedlichen Tageszeiten geübt werden. Das Ziel soll sein, dass der Hund regelmäßig schon beim ersten Klingeln, mindestens dann aber beim zweiten, ruhig bleibt. Wenn dies klappt – und dies ist meistens die größte Hürde bei solch einer Desensibilisierung – geht man einen Schritt weiter.

2. Schritt

Nun wird die zweite kleine Etappe an die erste angehängt. Der Mensch geht jetzt nach dem Klingeln in Richtung Tür. Wenn der Hund wieder in altes unerwünschtes Verhalten verfällt (z. B. bellt oder an der Tür hochspringt), kehrt der Mensch wieder um. Dabei ist es egal, ob man noch mitten im Flur auf dem Weg zur Tür war, oder schon eine Hand am Türgriff hatte. Dieses Umkehren als Reaktion auf das Bellen wird den Hund etwas verunsichern und zusätzlich Stress erzeugen. Wichtig ist, dass dieser Stresslevel nicht zu stark wird; ist dies der Fall, muss noch ein wenig auf der vorherigen Stufe gearbeitet werden. Jetzt beginnt das gleiche Spiel wie zuvor: Der Mensch dreht sich um und ignoriert den zeternden Hund. Ruhiges Verhalten wird belohnt und die Türklingel wird wieder gedrückt. Auch diesmal übt man die kleine Etappe so lange, bis unerwünschtes Verhalten nicht mehr gezeigt wird.

3. Schritt

Wenn diese ersten Ziele erreicht und über mehrere Tage stabil gehalten wurden, verändert sich die Spielregel wieder. Jetzt wird die Tür leicht geöffnet (vielleicht 10 Zentimeter). Auch wenn der Hund darauf nicht mit unerwünschtem Verhalten reagiert, sollte dieses ruhige Verhalten konsequent belohnt werden. So arbeitet man sich über Tage bis Wochen an eine immer weiter geöffnete Tür heran. Sollte der Hund dabei doch einmal vorpreschen und bellend durch den Spalt laufen wollen, wird ihm die Tür vorsichtig (um ihn nicht zu verletzen), aber ruhig und konsequent vor der Nase zugemacht. Das wäre dann der absolute Misserfolg für ihn.

4. Schritt

Die letzte Etappe ist immer das Eintreten des Besuchers. Hier wird ähnlich verfahren wie bei 3. schon beschrieben. Sollte der Hund vorpreschen, um den Besucher zu begrüßen, wird die Tür wortlos vor seiner Nase geschlossen. Dazu muss sich der Besucher zügig (und ebenfalls wortlos) nach hinten in den Hausflur bewegen. Wenn er schon zu weit in die Wohnung hineingegangen ist, ist das Zurücktreten meist nicht mehr möglich.

> ### > Ablaufschema der Desensibilisierung

> Alle Desensibilisierungen laufen im Grunde nach solch einem Schema ab:

> > Identifizierung der Auslösesignale für das unerwünschte Verhalten

> > Zerstückeln der gesamten problematischen Situation in kleinere Etappen

> > Abarbeiten dieser Etappen hintereinander

> Sehr typisch ist, dass die Zeitabstände zwischen den einzelnen Schritten von Mal zu Mal kürzer werden. Dies liegt daran, dass der Hund beginnt, die neue Spielregel, die ihm präsentiert wird, zu durchschauen und sich in ihr zurecht zu finden.

Dann ist es besser, wenn sich der Besucher wortlos mit dem Gesicht zur Wand dreht und den Hund so lange ignoriert, bis der Hund erwünschtes Verhalten zeigt. Dabei könnte es auch eine Belohnung für das erwünschte Verhalten sein, wenn der Besucher nun dem Hund kurz und neutral Hallo sagt. Auch hier darf der Besucher nicht überschwänglich werden – der Erregungslevel des Hundes soll insgesamt so niedrig wie möglich bleiben.

Schwierigkeiten bei der Desensibilisierung

Bei bestimmten Problemen kann es sehr schwer sein, den oder die eigentlichen Auslösesignale zu identifizieren. Desensibilisieren kann man aber nur gegen etwas, was man kennt! In anderen Fällen kennt man zwar die Auslösesignale, kann aber nicht gegen alle gleich gut desensibilisieren. Bei einem gewitterängstlichen Hund ist das Geräusch des Donners in den seltensten Fällen der alleinige

Jackpot für ruhiges Verhalten an der Tür: mehrere Leckerchen nach dem „Fein".

Dieses Gesicht spricht Bände: Er hat eindeutig Angst!

Auslöser für Angst. Auch starker Regen macht Geräusche; es kommt zu Luftdruckschwankungen, zu erhöhten Ozonwerten und elektrostatischer Aufladung in der Atmosphäre. All dies sind Signale, die der Hund wahrnimmt – aber gut zum Desensibilisieren nutzen kann man tatsächlich nur das Geräusch von Donner und Regen.

Ein weiteres Problem bei einer Desensibilisierung kann darin bestehen, das Auslösesignal so zu „verkleinern", dass der Hund überhaupt in absehbarer Zeit erwünschtes Verhalten zeigen kann. Beim oben genannten Beispiel an der Tür geschieht dieses „Verkleinern" durch das Zerstückeln der Gesamtsitua-

tion in kleine Etappen. Hier hängt der Erfolg der Desensibilisierung davon ab, wie gut sich die gesamte Problemsituation zerstückeln lässt und wie gut man innerhalb der einzelnen Trainingsetappen die jeweilige Situation kontrollieren kann. Bei einem stark ausgeprägten (Gewitter-)Angstproblem kann es jedoch sein, dass man die Lautstärke des Donners aus der Konserve (Geräusch-CD) gar nicht so niedrig halten kann, dass nicht doch stärkere Angst gezeigt wird. Entweder es ist so leise, dass der Hund es überhaupt nicht hört, oder er hört es so gerade eben, und dann ist auch sofort die Panik da. Spätestens dann ist der Punkt erreicht, an dem man professionelle Hilfe benötigen; eventuell ist bei solchen Hunden medikamentelle Unterstützung nötig, um überhaupt mit einer Desensibilisierung beginnen zu können. Die Entscheidung, welches Medikament zum Einsatz kommen sollte, kann aber nur eine fachkundige Tierärztin oder ein Tierarzt fällen.

Anti-Stress-Signal

Sehr nützlich für das Training gegen Angstprobleme ist ein auftrainiertes Anti-Stress-Kommando. Damit erreicht man, dass sich der Hund in einer kritischen Situation spontan entspannt. Bei uns Menschen gibt es dafür autogenes Training: Man bringt sich über einen klassischen Konditionierungsprozess ein Entspannungssignal bei. Diese „autogene" Arbeit kann der Hund nicht leisten – hier muss der Besitzer den Prozess durchführen und steuern.

Schlüsselsignal auftrainieren

Überlegen Sie sich ein „Schlüsselsignal" für eine entspannte Situation ohne Angst oder Stress. Ein Wort, das Ihnen gut von den Lippen kommt (auch wenn Sie Stress haben!) und ansonsten nicht permanent von Ihnen benutzt wird, eignet sich am besten. Benutzen Sie dieses Wort dann häufig, wenn Ihr Hund entspannt neben Ihnen liegt. Sie werden dabei quasi zum Papagei, der sich permanent wiederholt. Es kommt wirklich nur auf die beiläufige Wiederholung an; der Hund wird nicht weiter manipuliert oder belohnt. Nach vielen Wiederholungen kann sich darüber im Gehirn die Assoziation herausbilden. So können Sie später in Stresssituationen die positiven Emotionen, die der Hund mit diesem Wort verbindet, aufleben lassen. Das Signal funktioniert am besten dort, wo eine Situation noch nicht komplett eskaliert ist. Bereits bestehende Panikzustände kann man erfahrungsgemäß damit nicht mehr in den Griff bekommen.

> Emotionale Zustände

Emotionale Zustände zeichnen sich durch bestimmte, oft unbewusste, körperliche Reaktionen aus.

> Stresszustand: schneller Puls, schnelle und flache Atmung;

> Entspannter Zustand: langsamer und ruhiger Puls, tiefe und langsame Atmung.

Dieses entspannte Verhalten wird mit dem Anti-Stress-Signal gekoppelt.

Gegenkonditionierung

Bei der Desensibilisierung wie weiter oben beschrieben arbeitet man mit Gewöhnungsprozessen (Habituation) und instrumenteller Konditionierung (Belohnen des erwünschten Verhaltens). Man kann aber auch klassische Konditionierungsprozesse noch spezieller im Training einsetzen als nur zur Konditionierung eines Belohnungssignals oder zur Konditionierung eines Anti-Stress-Signals: indem man im Problemfall einen strengen Gegenkonditionierungsprozess mit dem Hund durchläuft.

> Gegenkonditionierung

Gegenkonditionierung bedeutet, dass ein Signal, welches ein bestimmtes (unerwünschtes) Verhalten beim Hund auslöst, mit einem anderen Signal verknüpft wird, und darüber dann neues (erwünschtes) Verhalten auslöst. Das Signal „Fremdhund" löst beispielsweise beim eigenen Hund Knurren und Bellen aus. Ein anderes Signal (z. B. Leckerli) löst ein Hinwenden zum Besitzer und Fressen des Leckerli aus. Wenn jetzt „Fremdhund" über viele Wiederholungen mit „Leckerli" assoziiert wird, wird auch „Fremdhund" irgendwann ein Hinwenden zum Besitzer auslösen.

Durchführung

Die Durchführung könnte folgendermaßen aussehen:

Schritt 1

Stellen Sie sich mit Ihrem angeleinten Hund in die Nähe des ebenfalls angeleinten Fremdhundes. Der eigene Hund soll durchaus Interesse am Fremdhund haben und Erregung zeigen. Wählen Sie die Entfernung zum Fremdhund so, dass ihr Hund trotz Erregung noch ein Leckerli frisst, welches Sie ihm direkt vor/neben die Schnauze halten. Sie stehen auf Armlänge neben Ihrem Hund und füttern los: Solange der Hund auf den Fremdhund starrt, werden ihm die Leckerli Stück für Stück vor die Schnauze gehalten. Dies machen Sie solange, bis der Hund anfängt, den Kopf selbstständig Richtung Leckerli umzuwenden. Unter Unständen passiert dies nicht gleich beim ersten Training und deshalb setzen Sie sich von Anfang an ein Zeitlimit. Für zehn Minuten reichen die Leckerli und dann gehen Sie weg – um wenige Stunden später oder am nächsten Tag weiterzumachen. Auch hier gilt: Je mehr Wiederholungen einer Trainingssequenz, desto schneller zum Erfolg.

Schritt 2

Wenn der Hund bei Annäherung an den Fremdhund anfängt, mehr und mehr auf Ihre Hand zu achten, vergrößern Sie die Distanz zwischen sich und Ihrem Hund. Jetzt kommt Ihre Hand nicht mehr zur Hundeschnauze, sondern umgekehrt. Bewegen Sie sich mit dem Hund herum, damit der Fremdhund immer in einem anderen Blickwinkel für Ihren Hund auftaucht. Der Hund sollte den Fremdhund nicht mehr fixieren, sondern beim ersten Anblick sofort nach Ihrer Hand schielen. Dann wissen Sie, dass die Signalverknüpfung Fremdhund-Leckerli stattgefunden hat.

Schritt 3

Üben Sie jetzt mit verschiedenen „Fremdhunden", um das Ganze abzusichern. Wenn ein konkretes Signal „groß/schwarz/Schlappohren" mit Leckerchen assoziiert wurde, wird die Assoziation bei „klein/schwarz/Schlappohren" nicht automatisch auch funktionieren.

Schweigen Sie

Hüten Sie sich bei diesen Übungen davor, mit dem Hund zu reden. Weder ein Rückruf noch ein Belohnungssignal darf über Ihre Lippen kommen, denn sonst rutschen Sie aus dem Bereich der klassischen Konditionierung heraus und in die instrumentelle hinein. Hier gibt es aber unendliche Fehlerquellen – Sie könnten z. B. ungewollt das Fixieren und die Erregung beim Anblick des Fremdhundes belohnen.

Leinentraining: Beim Hinteren erfolgt ein Aufmerksamkeitssignal, beim Vorderen die Gegenkonditionierung.

Angstprobleme

Problem	Mögliche Ursachen	Therapieansätze nach Managementmaßnahmen
Der Hund reagiert generell ängstlich oder nur wenn ganz bestimmte Signale/Situationen vorhanden sind. Der Hund zeigt optisches und/oder akustisches Angstverhalten; er kann in der angstauslösenden Situation bleiben oder fliehen; bleibt er, kann er sich passiv verhalten, den Konflikt deeskalieren oder mehr oder weniger stark aggressives Verhalten zeigen.		
Angst vor Menschen	> Mangelhafte Sozialisation an Menschen / nur bestimmte Menschen > unbewusste und ungewollte Belohnung von Angst > seltener: traumatische Erlebnisse > seltener: genetisch bedingte generelle Ängstlichkeit	> Aufmerksamkeitssignal > Anti-Stresssignal > Desensibilisierung > erwünschtes Verhalten belohnen
Angst vor anderen Hunden	> Mangelhafte Sozialisation an Hunde / nur bestimmte Hunde > unbewusste und ungewollte Belohnung von Angst > seltener: traumatische Erlebnisse > seltener: genetisch bedingte generelle Ängstlichkeit	> Aufmerksamkeitssignal > Anti-Stresssignal > Desensibilisierung > erwünschtes Verhalten belohnen > Gegenkonditionierung
Angst vor Umwelteindrücken, z.B. Geräuschen	> Mangelhafte Habituation > unbewusste und ungewollte Belohnung von Angst > genetische Veranlagung zur Geräuschempfindlichkeit > traumatische Erlebnisse > seltener: genetisch bedingte generelle Ängstlichkeit	> Aufmerksamkeitssignal > Anti-Stresssignal > Desensibilisierung > erwünschtes Verhalten belohnen > Gegenkonditionierung

Trennungsprobleme

Von einem Trennungsproblem spricht man, wenn der Hund unerwünschtes Verhalten zeigt, sobald er allein gelassen wurde: extremes oder langanhaltendes Bellen, Jaulen oder Heulen; Zernagen von Möbelstücken, Türrahmen oder Ähnlichem; versuchtes Graben unter der Tür hindurch; Absetzen von Urin oder Kot im Haus. Einige Hunde reagieren so auch auf das Weggehen nur einer bestimmten Person. Selten reagieren Hunde schon problematisch, wenn zwischen Ihnen und den Besitzern einfach nur eine Zimmertür zugemacht wird, die Besitzer aber ansonsten noch im Haus sind.

Angst vor dem Alleinsein

Sehr häufig handelt es sich bei Trennungsproblemen um „Trennungsangstprobleme". Hunde können Angst und Stress beim Alleinsein empfinden, denn es sind hochsoziale Tiere und das Alleinsein könnte in der Natur den Tod bedeuten.

Das Absetzen von Kot und Urin bei einem ansonsten stubenreinen Hund ist ein Stress-symptom. Bei Panik entleeren sich Blase und/oder Darm. Bellen oder Jaulen ist für Hunde ein typisches Verhalten, um den Rest der Gruppe auf sich aufmerksam zu machen und den Kontakt schnell wieder herzustellen. Angst oder Panik kann für einige Hunde so stark sein, dass sie sich im Bestreben, zum Sozialpartner zu gelangen, selbst verletzen können (z. B. wenn sie versuchen, durch eine geschlossene Glastür zu gelangen).

> Allein sein und allein lassen

Jeder Hund sollte lernen, allein zu bleiben, aber man darf als Mensch auch nicht zu viel fordern. Hunde haben neben dem Bedürfnis nach Sozialkontakt auch das Bedürfnis, mehrmals täglich Blase und Darm zu entleeren. Wer seinen Hund regelmäßig acht oder mehr Stunden allein lässt, ermöglicht ihm kein artgerechtes Leben. Selbst wenn der Hund diese acht Stunden im Zwinger verbringt und zumindest pinkeln kann, wann er will – der Hund wäre ja zusätzlich noch die Zeit allein, die der Mensch mit Schlafen verbringt.

Leicht gestresst wird dem Besitzer hinterhergeguckt ... um Minuten später mit dem Heulen zu beginnen.

Mögliche Ursachen

Trennungsangstprobleme entwickeln sich oft bei Hunden, die A) viele wechselnde Besitzer hatten (z. B. Tierheimhunde); B) in ihrer Jugendzeit eine Phase der intensiven Pflege durch den Besitzer durchlebten (z. B. wegen einer schwereren Krankheit); C) bei denen sich die Lebensumstände drastisch ändern (Frauchen oder Herrchen arbeiten nach der Scheidung auf einmal Vollzeit etc.). Verstärkt wird das Problemverhalten wieder durch die unumgängliche Belohnung vom Besitzer: Hunde mit Trennungsproblem werden dadurch belohnt, dass der Besitzer schließlich irgendwann nach Hause kommt (Nähe des Sozialpartners wird wiederhergestellt).

Eine starke Angstkomponente muss nicht für jedes Trennungsproblem der Grund sein. Man sollte bei zerkauten Möbeln auch an Langeweile denken, bei Kot-/Urinabsatz im Haus an Durchfall oder eine Blasenentzündung und bei Bellen auch an Reaktion auf Umgebungsgeräusche (z. B. Feuerwehrsirene).

Lösungsansätze

Bei Trennungsproblemen sollte man mehrere Lösungsansätze kombinieren. Dabei ist wichtig, dass der Hund bis zu den ersten Trainingserfolgen nicht „ernstfallmäßig" allein bleiben muss, da sonst das Training extrem langwierig wird.

1. Eigene „Weggehsignale" verwässern und verwischen
2. Keine „ausufernden" Abschieds- und Begrüßungsrituale
3. Trennungstraining: Trennung in Haus oder Wohnung in kurzen Intervallen (eine halbe Minute oder sogar noch kürzer), häufig und unregelmäßig am Tag. Langsames Verlängern der Trennungsphase – das Beenden der Trennung stellt für den Hund die Belohnung dar. Später Trennungen über die Haustür oder Wohnungstür hinaus ausdehnen.
4. Weggehritual: Der Hund wird auf seinen Platz geschickt (Korbtraining) und bekommt dort eventuell noch einen Kauknochen zur Beschäftigung.

Ein Kauknochen hilft, die Wartezeit zu überbrücken.

Aggressionsprobleme

Beim Training gegen unerwünschtes Aggressionsverhalten besteht immer ein gewisses Risikopotenzial. Das „Lösen von Aggressionsproblemen" ist etwas für Spezialisten, die über ein großes theoretisches Wissen und große praktische Erfahrung verfügen. Weder Autorin noch Verlag übernehmen die Haftung, wenn Besitzer diese Lösungsansätze nacharbeiten und möglicherweise dabei andere Menschen oder Hunde verletzt werden. Wenn Sie in Ihrem speziellen Fall nur die geringsten Zweifel bezüglich einer Einzelheit haben, fragen Sie lieber einen tierärztlichen Verhaltenstherapeuten um Rat. Im Serviceteil finden Sie Adressen, bei denen Sie nach einem Spezialisten in Ihrer Nähe fragen können.

› Hunde und Kinder

Bei Aggressionsproblemen zwischen Hunden und Kindern sollte immer professionelle Hilfe gesucht werden. Die Ursachen und Begleitumstände sind zu vielfältig und das Gefahrenpotenzial ist zu groß, als dass man im Buch alles abhandeln könnte.

Das Ziel bei Aggressionsproblemen sollte immer sein, dass das aggressive Verhalten nicht mehr gezeigt wird. Aber es wird Fälle geben, wo dieses Ziel nicht oder nur unvollständig erreicht werden kann. Man muss sich eventuell von Zwischenziel zu Zwischenziel arbeiten. Dabei darf man nicht aus den Augen verlieren, dass auf dieser Zwischenziel-Ebene durchaus noch viel Gefahrenpotenzial vorhanden sein kann. Stete Vorsicht und Aufmerksamkeit sind also wichtig.

Unter Hunden wird aggressives Verhalten durchaus zur Lösung von Konflikten eingesetzt – dies eignet sich aber nicht zur Nachahmung. Wenn ein Hund seinem Besitzer gegenüber Demuts- oder anderes Deeskalationsverhalten zeigt, sollte dies ein sofortiges Ende eines Konfliktes nach sich ziehen.

Wenn im Folgenden von Aggressionsverhalten geredet wird, sind damit sowohl die aggressive Kommunikation (Drohverhalten wie Knurren, Bellen, Knurrbellen, Nasenrückenrunzeln, Drohfixieren, Zähnefletschen oder Schnappverhalten) als auch das offensive aggressive Verhalten (Vorspringen mit Schnappen, Beißen, Beißschütteln) gemeint.

Therapieansätze

Zwei grundsätzliche Elemente zur Therapie von Aggressionsproblemen:

1. Trennen Sie ganz deutlich den Ernstfall vom Training und versuchen Sie, Ernstfälle so gut es geht zu vermeiden. Jeder Ernstfall bedeutet, dass der Hund am möglichen Erfolg seiner aggressiven Handlungen lernen könnte – und das sollte vermieden werden. Überlegen Sie sich, welche Managementmaßnahmen für Sie hilfreich sein könnten und seien Sie sich nicht zu schade, diese auch einzusetzen.

2. Vermeiden Sie jede „Gegenaggression" gegenüber Ihrem Hund! Aggression erzeugt Gegenaggression – dies ist ein simples biologisches Prinzip. Insofern ist es nur verständlich, dass viele Menschen auf aggressives Verhalten Ihres Hundes selbst mit Aggression (Schimpfen, Schütteln oder Ähnliches) reagieren. Im Sinne einer effektiven Problemlösung ist dies jedoch kontraproduktiv. Man arbeitet sich damit leicht in ein „Waffenrasseln" und Hochschaukeln der Mittel hinein und für beide Partner in diesem Konflikt erhöht sich der Stresslevel massiv. Logischerweise kann Ihr Hund auf Ihre Gegenaggression auch wieder mit Gegenaggression reagieren – und so kann eine Situation schnell eskalieren. Der Hund lernt eventuell durch Sie, dass Aggressionsverhalten anscheinend ein geeignetes Mittel zur Konfliktlösung ist, wenn Sie es ihm so vorleben.

Aggressionsprobleme und Krankheiten

Bei jedem Verhaltensproblem (besonders bei Verhaltensstörungen) sollte sich Ihr Haustierarzt oder Ihre Haustierärztin den Hund ansehen und mögliche klinische Komponenten behandeln, bevor bzw. während mit dem eigentlichen Training begonnen wird. Gerade bei Aggressionsproblemen ist dies sehr wichtig. Viele Erkrankungen können Einfluss auf Vorgänge im Gehirn haben und Tiere emotional sehr instabil werden lassen. Andere Erkrankungen haben vielleicht keinen direkten Einfluss auf die Emotionalität, senken aber stark die Stresstoleranz und können so eventuell die Aggressionsbereitschaft eines Hundes erhöhen. Ein kompletter klinischer Gesundheitscheck umfasst das Herz-Kreislauf-System und die Sinnesorgane (eingeschränkte Funktionsfähigkeit beim Gehör oder den Augen kann zu einer erniedrigten Stresstoleranz und gesteigerten Ängstlichkeit führen); ein großes Blutbild gibt Informationen über die Funktion der wichtigsten Organe und über mögliche Fehlfunktionen der wichtigsten hormonellen Regelkreise (z. B. können gerade Schilddrüsenfehlfunktionen zu einer gesteigerten Angst- und Aggressionsbereitschaft führen, noch bevor weitere klinische Symptome zu erkennen sind); nicht zuletzt sollte auch nach chronischen oder akuten schmerzhaften Prozessen beim Hund gesucht werden, denn auch diese senken die Stresstoleranz und führen häufig zu schnellem Beißen bei Manipulation.

Eine leicht unsichere „Bitte um Abstand".

Agressionsprobleme

Problem	Mögliche Ursachen	Therapieansätze nach Managementmaßnahmen
In den meisten Fällen wird aggressives Verhalten aus einem Zustand der subjektiven Bedrohung heraus gezeigt. Der Hund hat Angst oder fühlt sich auch nur verunsichert und möchte das, was ihn verunsichert oder ängstigt, auf Abstand halten. Auch in Fällen, in denen man eher von einer „Konkurrenzsituation" sprechen würde (Konkurrenz um eine Ressource), ist Angst die vorherrschende Emotion.		
Aggression gegen fremde Menschen	> mangelhafte Sozialisation an Menschen / nur bestimmte Menschen > niedrige Stress- und Frustrationstoleranz > unbewusste und ungewollte Belohnung von Angst und Aggression > Territoriales Verhalten > seltener: traumatische Erlebnisse > seltener: Ressourcenkonflikte	> Aufmerksamkeitssignal > genereller Gehorsam („Ja/Nein" inkl. Spielregel-Training) > Anti-Stresssignal > Desensibilisierung > erwünschtes Verhalten belohnen (besonders Weggehen aus Konflikten)
Aggression gegen bekannte Menschen	> mangelhafte Sozialisation an Menschen / nur bestimmte Menschen > niedrige Stress- und Frustrationstoleranz > unbewusste und ungewollte Belohnung von Angst und Aggression > Ressourcenkonflikte > traumatische Erlebnisse	> Aufmerksamkeitssignal > genereller Gehorsam („Ja/Nein" inkl. Spielregel-Training) > Ressourcenkontrolle > Anti-Stresssignal > Frustrationstoleranz erhöhen > Desensibilisierung > erwünschtes Verhalten belohnen (besonders Weggehen aus Konflikten)
Aggression gegen fremde Hunde	> mangelhafte Sozialisation an Hunde / nur bestimmte Hunde > niedrige Stress- und Frustrationstoleranz > unbewusste und ungewollte Belohnung von Angst und Aggression > seltener: traumatische Erlebnisse > seltener: Ressourcenkonflikte	> Aufmerksamkeitssignal > Anti-Stresssignal > genereller Gehorsam („Ja/Nein" inkl. Spielregel-Training) > Desensibilisierung > erwünschtes Verhalten belohnen (besonders Weggehen aus Konflikten) > Gegenkonditionierung
Aggression gegen bekannte Hunde	> Ressourcenkonflikte > mangelhafte Sozialisation an Hunde > niedrige Stress- und Frustrationstoleranz > unbewusste und ungewollte Belohnung von Angst und Aggression > seltener: traumatische Erlebnisse	> genereller Gehorsam („Ja/Nein" inkl. Spielregel-Training) > „Nichts-ist-umsonst" > Ressourcenkontrolle > Hund leicht bevorzugen, der höheren Status hat und halten kann > Anti-Stresssignal > Frustrationstoleranz erhöhen > erwünschtes Verhalten belohnen > Aufmerksamkeitssignal als neutraler Unterbrecher

Jagdprobleme und Unerzogenheiten

Jagdprobleme

Der Hund zeigt unangemessenes und/oder unerwünschtes Jagdverhalten gegen Wild, Haustiere, andere Hunde oder Menschen (Jogger, Radfahrer etc.). Jagdverhalten gehört zu den selbstbelohnenden Verhaltensweisen und das Problem entwickelt sich meist schleichend vom Welpenalter an. Anfangs wird es übersehen oder man findet es sogar noch lustig. Da zu diesem Thema allein ganze Bücher geschrieben wurden (siehe Serviceseiten), werden die Trainingsmaßnahmen hier nur kurz aufgelistet.

> ### > Jagdverhalten ist eng genetisch fixiert
>
> Das Ziel, dass Jagdverhalten nicht mehr gezeigt oder perfekt kontrollierbar wird, ist unrealistisch. Jagdverhalten ist sehr löschungsresistent. Viele Besitzer müssen sich damit arrangieren, zeitlebens zumindest anteilig auch immer wieder Kontroll- und Trainingsmaßnahmen mit dem Hund durchzuführen.

> Management mit Schwerpunkt Problemvermeidung
> Ja-Nein-Kommunikation und Training eines guten Grundgehorsams (Schwerpunkt Rückruf)
> Spielregel-Training
> Desensibilisierung oder Gegenkonditionierung gegen Wildanblick oder Wildgeruch.

Unerzogenheiten

Grundsätzlich gilt für alle „Unerzogenheiten", dass sie durch jede Aufmerksamkeit (= Reaktion des Menschen im Sinne von Beruhigen, Bestrafen oder Manipulieren) „belohnt" werden! Deshalb ist zunächst ein striktes Ignorieren des unerwünschten Verhaltens wichtig. Dazu müssen Situationen geschaffen werden, in denen ignoriert werden kann (Management). Aus diesen Situationen heraus wird dann langsam das erwünschte Verhalten über konsequente Belohnung heraus geformt.

Der Besitzer bestimmt durch Konsequenz, Eindeutigkeit und Timing den Erfolg des Trainings.

Unerzogenheit

Problem-situation	Verhalten und Entstehung	Therapieansatz
Verlust der Stubenreinheit	Der Hund setzt plötzlich Urin und/oder Kot im Haus ab. Ursache: > Nieren-/Blasenerkrankungen > Magen-/Darmerkrankungen. > Akuter oder chronischer Stress > Angstzustände > aufmerksamkeitsheischendes Verhalten	> Beseitigen der Ursache > Stubenreinheitstraining: Alle 3–4 Stunden Gassigehen, loben beim Lösen draußen > Urinabsatz auf Signal trainieren > erwünschtes Verhalten belohnen
Betteln	Der Hund bettelt um Futter oder Aufmerksamkeit Ursache: > unbewusste und ungewollte (oder gewollte) Belohnung	> erwünschtes Verhalten belohnen, unerwünschtes ignorieren
Anspringen	Der Hund springt Menschen an. Ursache: > unbewusste und ungewollte (oder gewollte) Belohnung > aufmerksamkeitsheischendes Verhalten	> erwünschtes Verhalten belohnen, unerwünschtes ignorieren
Bellen	Der Hund bellt häufig ohne erkennbaren Grund oder in konkreten Situationen Ursache: > unbewusste und ungewollte (oder gewollte) Belohnung > aufmerksamkeitsheischendes Verhalten > Angst (siehe dort)	> Management > Desensibilisierung > „Bell-Stopp-Kommando" > erwünschtes Verhalten belohnen, unerwünschtes ignorieren
Buddeln	Der Hund buddelt im Garten oder in Blumentöpfen Ursache: > unbewusste und ungewollte (oder gewollte) Belohnung > aufmerksamkeitsheischendes Verhalten	> erwünschtes Verhalten belohnen, unerwünschtes ignorieren > alternative Buddelstelle einrichten
Beknabbern und Benagen	Der Hund beknabbert und benagt Möbelstücke etc. Ursache: > unbewusste und ungewollte (oder gewollte) Belohnung > aufmerksamkeitsheischendes Verhalten	> erwünschtes Verhalten belohnen, unerwünschtes ignorieren > erwünschtes Objekt zum Benagen geben

Verhaltensstörungen

Eine Verhaltensstörung im klinischen Sinne liegt dann vor, wenn über ein bestimmtes gezeigtes Verhalten die Optimierung des eigenen Zustands (die biologische Fitness) stark gefährdet ist. In diesem Sinne sind zum Beispiel Stereotypien (permanentes Lecken der Pfoten, Kreisdrehen, Schwanzjagen, Schattenjagen etc.) echte Verhaltensstörungen. Wenn der Hund solch ein Verhalten wie Schattenjagen in einem Ausmaß zeigt, dass der natürliche Wach-Schlaf-Rhythmus nicht mehr abläuft, der Hund keine oder kaum Sozialkontakte hat und eventuell auch nicht mehr genügend Nahrung zu sich nimmt, weil er dabei ja nicht mehr Schatten hinterherspringen kann, wird er auf Dauer ernsthaft krank werden und womöglich sterben.

Stereotypien bzw. abnorm repetetives Verhalten

Die meisten Verhaltensstörungen entwickeln sich aus kleineren oder größeren Verhaltensproblemen heraus. Die Übergänge zwischen einem Problemverhalten und einer echten Verhaltensstörung laufen dabei fließend ab. Hunde zeigen das stereotype Verhalten als eine Art „Coping Strategie", um ein objektiv oder subjektiv vorhandenes Problem zu lösen und einen, anfangs vielleicht auch noch ganz akuten, Stress- beziehungsweise Erregungszustand zu mildern. Leider findet der Hund über das gezeigte Verhalten nur kurzfristig Entspannung; das ursächliche Problem (der Stressauslöser) bleibt bestehen und der Stresszustand wird auf Dauer chronisch. Da Entspannung eine Belohnung darstellt (man fühlt sich kurzfristig besser), und eventuell noch weitere externe Belohnungen dazukommen (zum Beispiel Aufmerksamkeit des Menschen), wird der Hund nun immer öfter sein entsprechendes Verhalten zeigen. Damit wird dieses Verhalten auf Dauer selbstbelohnend. Der Weg in ein Ritual und dann weiter in eine Stereotypie geht schnell.

Die Menge an Stresshormonen im Blut von Tieren mit Stereotypien ist dabei häufig im normalen Bereich. Hindert man diese Tiere physisch am Zeigen des stereotypen Verhaltens, steigen die Stresshormone allerdings sehr schnell massiv an.

Gene und Umwelt

Bei Zuchtlinien bestimmter Hunderassen treten bestimmte Stereotypien häufiger auf (siehe Tabelle). Für das Vorkommen von Stereotypien spielen aber immer mehrere Faktoren (Gene und Umwelt) zusammen. Bei extrem ungünstigen Haltungsbedingungen entwickeln auch Tiere aus einer nicht-stereotypiebehafteten Linie eine Stereotypie – und ein Hund aus einer „stereotypie-behafteten" Zuchtlinie entwickelt dieses Problem sein ganzes Leben lang nicht, weil er optimal gehalten wird. Hunde, die in ihrer Sozialisationsphase Defizite erlitten haben, neigen häufiger zur Entwicklung von Stereotypien. Sie zeigen als erwachsene Hunde meist eine niedrige Stress- und Frustrationstoleranz und besitzen weniger „Verhaltensinventar", um mit stressreichen Situationen adäquat umzugehen.

> ### > Stereotypie
>
> Bestimmte Verhaltenselemente oder Verhaltensweisen werden regelmäßig und häufig in relativ identischer Form wiederholt. Typisch ist, dass das gezeigte Verhalten meist nicht zur aktuellen Umweltsituation passt, in der sich das Tier befindet. Im Gehirn laufen dabei anteilig Vorgänge ab, die auch bei Suchtverhalten zu beobachten sind. In der Humanmedizin wird je nach Verhalten und ritueller Ausprägung zwischen Stereotypie und „Obsessive Compulsive Disorder" (OCD) unterschieden. In der Veterinärmedizin laufen zurzeit Untersuchungen, ob diese Unterteilung hier auch gerechtfertigt ist. Zum Teil ist es klinisch schwierig, eine Stereotypie gegen spezielle Formen der Epilepsie abzugrenzen.

Stadien der Stereotypien

Stereotypien werden in drei Stadien eingeteilt:

1. Das Verhalten wird regelmäßig, aber nur kurz und auch nur hin und wieder gezeigt. Der Hund hört selbstständig damit auf. Normale Lebensäußerungen sind nicht beeinträchtigt. Typischerweise bedarf es äußerer Einflüsse (erkennbare Stressoren), damit es gezeigt wird.

2. Das Verhalten wird regelmäßig häufiger und länger gezeigt, auch außerhalb von erkennbar stressreichen Situationen. Der Hund hört seltener von alleine damit auf, kann aber durch äußere Einflüsse (zum Beispiel durch den Menschen) gestoppt werden. Normale Lebensäußerungen sind nicht beeinträchtigt. Einzig der Schlaf-Wach-Rhythmus beginnt sich zu verändern. Dieses Stadium kann sehr lange anhalten.

Ungünstige Haltungsbedingungen begünstigen die Entstehung einer Stereotypie.

Verhaltensstörungen und Stereotypien

Problem	Verhalten
Akrale Leckdermatitis (ALD)	Die Hunde belecken und benagen eines oder beide Vorderbeine (seltener Hinterbeine) an der Oberseite von Carpalgelenken und Unterarm. Zunächst wird nur Fell abgeleckt, dann wird langsam die Haut beschädigt. Später können tiefe Wunden entstehen, die bis auf den Knochen gehen. Die Tiere sind oft wenig schmerzempfindlich, denn durch das stereotype Verhalten werden körpereigene Opiate freigesetzt, die eine schmerzstillende Wirkung haben. Seltener werden auch andere Körperstellen beleckt. Häufiger bei Retrievern und Schäferhunden.
Schwanzjagen / Kreisdrehen	Die Hunde drehen sich im Kreis und versuchen dabei manchmal, ihren Schwanz zu fangen. Wenn ihnen dies gelingt, beißen sie den Schwanz kaputt. Häufiger bei Bullterriern.
Flankennuckeln	Der Hund saugt an der Haut im Flankenbereich. Häufiger bei Dobermännern.
Schattenjagen	Der Hund zeigt Jagdverhalten (Hinspringen, Schnappversuche) gegen imaginäre oder reale Schatten an Wand oder Boden. Häufiger bei Hütehunden.
Fliegenschnappen	Der Hund schnappt in der Luft nach imaginären Insekten. Häufiger bei Spaniels und kleinen Terriern.
Pica	Die Hunde fressen oder benagen/belecken Objekte, die nicht zur Nahrung gehören (Steine, Stoff etc.).
Starren	Die Hunde stehen „abwesend" da und starren vor sich hin oder starren eine kahle Wand an.
Bellen	Die Hunde bellen ohne erkennbare Situation und Auslöser vor sich hin.

3. Das Verhalten wird regelmäßig und nur noch mit kurzen Unterbrechungen gezeigt. Andere normale Verhaltensweisen, zum Beispiel die Futteraufnahme, sind deutlich reduziert; der Schlaf-Wach-Rhythmus ist verändert. Der Hund hört nicht mehr von alleine mit dem Zeigen des stereotypen Verhaltens auf und auch starke äußere Einflüsse können ihn kaum unterbrechen.

> ### > No-No's bei der Behandlung von Stereotypien
>
> Versuchen Sie nicht, den Hund über Zwangsmaßnahmen von seinem unerwünschten Verhalten abzubringen. Sie erzeugen dadurch nur Stress, der die Stereotypie auf Dauer verschlimmert.

Elemente aus dem Bereich der eigenen Körperpflege werden häufig unter Stress gezeigt.

Vorbeugung von Stereotypien: artgerechte Haltung

„Langeweile kann tödlich sein" – auch wenn dies zum Glück nicht ganz wörtlich zu nehmen ist, ist ein Funken Wahrheit darin. Langeweile stellt einen Stressor dar. Stress in einer bestimmten Qualität und Quantität ist ungesund. Deshalb bringt jede Tierart ihr spezielles Repertoire an Verhaltensweisen mit, um einen Stresszustand zu beenden oder zu vermeiden. Hunde zeigen unter Stress oft Übersprungsverhalten, Elemente aus dem Bereich der eigenen Körperpflege oder Elemente des Jagdverhaltens. Je intensiver eine Rasse oder Zuchtlinie noch für den Arbeitseinsatz gezüchtet wird, desto negativer machen sich Unterforderung und Langeweile bemerkbar.

Häufiges intensives Training oder einfach nur ein abwechslungsreiches Leben mit Phasen intensiver Beschäftigungsmöglichkeiten sind wichtig, um der Entstehung von Stereotypien vorzubeugen. Überforderung, z. B. beim Training, sollte allerdings genauso vermieden werden.

Der Weg in eine Stereotypie hinein kann auch durch andere Stressoren beschritten werden; zum Beispiel wenn ein unsicherer

Hund permanent Angstauslösern ausgesetzt ist oder wenn ein Hund unter sehr reduzierten Haltungsbedingungen lebt: Kettenhaltung, permanente Zwingerhaltung, genereller Mangel an Sozialkontakten. Begünstigt wird das Entstehen bestimmter Stereotypien auch manchmal durch das Auftreten klinischer Probleme: Eine kleine Wunde am Bein oder ein Parasitenbefall kann das erste Lecken oder Nagen auslösen – die Aufmerksamkeit des Besitzers und das Nachlassen des Juckreizes stellen dann die Belohnung dar und der Hund leckt weiter. Auch eine regelmäßige Verunsicherung durch einen inkonsequenten, aggressiven und für den Hund nicht einschätzbaren Besitzer kann den Weg in die Stereotypie ebnen.

Therapeutische Ansätze bei Stereotypien

1. Management
Optimale, artgerechte Haltungsbedingungen herstellen; Beschäftigungsmöglichkeiten erhöhen; Hund physisch und psychisch auslasten; weitere Stressoren wie Angstauslöser oder unvorhersehbarer Besitzer abstellen.

2. Gesundheitscheck

Gesundheitliche Störungen, die beispielsweise zu chronischen subklinischen Schmerzen führen, können zusätzlich einen starken Stressor darstellen.

3. Training mit einer konsequenten Ja-Nein-Kommunikation

Besonders wichtig ist das gezielte „Ja"-Signal (Belohnung: ja, dieses Verhalten ist gut, davon bitte mehr). Unerwünschtes Verhalten soll konsequent ignoriert und erwünschtes sehr häufig und gezielt belohnt werden. Trainingsmaßnahmen sind bei Stereotypien oft eine sehr mühsame Angelegenheit. Stereotypien ab Stufe zwei sind aufgrund des selbstbelohnenden Charakters des stereotypen Verhaltens sehr resistent gegen das Steuern von Erfolg und Misserfolg durch den Menschen. Wie soll man jemanden beschenken, der schon alles hat? Das interne Belohnungssystem des Gehirns ist zur Genüge durch das Zeigen der Stereotypie aktiviert. Ob nun von außen noch ein positiver Verstärker dazukommt (Belohnung) oder entzogen wird („Nein"-Signal), hat wenig Relevanz.

4. Medikamentelle Behandlung

Trainingsmaßnahmen allein sind eigentlich nur bei einer Stereotypie der Stufe eins eine Option. Bestimmte Medikamente können für Stufe zwei und (mit geringeren Aussichten) Stufe drei eine Grundlage schaffen, auf der mit Trainingsmaßnahmen Erfolge erreicht werden können. Solche Fälle gehören in die Hände von erfahrenen tierärztlichen Verhaltenstherapeuten. Es muss eine gründliche Verhaltensanamnese (Aufarbeitung der Vorgeschichte und der möglichen Entstehungsgeschichte des Verhaltens) und eine gründliche Untersuchung des Hundes durchgeführt werden; mögliche klinische Erkrankungen müssen ausgeschlossen beziehungsweise, wenn vorhanden, behandelt werden. Bei den Medikamenten muss es sich nicht nur um allopathische Präparate wie Psychopharmaca handeln; ergänzend können homöopathische und pflanzliche Präparate oder Akupunktur (gerade bei Angst- und Stressproblemen) helfen. Ihre Tierärztin oder Ihr Tierarzt wird Sie hier entsprechend beraten. Adressen entsprechend ausgebildeter Tierärzte erhalten Sie bei Ihrer zuständigen Landestierärztekammer.

Bei schweren Stereotypien benötigt man oft Medikamente, bevor mit dem Training begonnen werden kann.

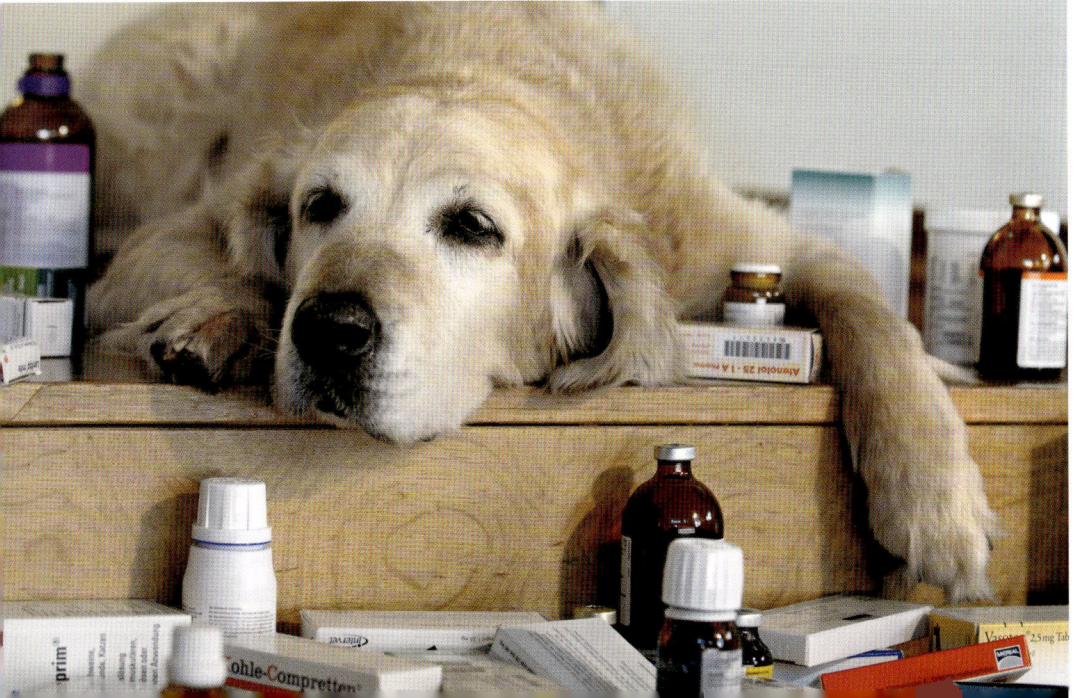

Sie haben das Buch gelesen und möchten noch mehr Informationen? Kein Problem! Im Serviceteil finden Sie weiterführende Literatur zu den Themen Verhalten, Rassen, Haltung, Erziehung, Beschäftigung, Hundeprobleme und Gesundheit, des Weiteren erhalten Sie nützliche Adressen und Links, die weiterhelfen. Wenn Sie schnell etwas nachschlagen möchten, finden Sie die Stichworte im ausführlichen Register.

Zum Weiterlesen

Verhalten

Diese Kosmos-Bücher empfehlen wir Ihnen, wenn Sie noch mehr über Hundeverhalten wissen wollen:

Feddersen, Dr. Dorit: **Hundpsychologie.** Mit DVD. 2013

Feddersen, Dr. Dorit: **Ausdrucksverhalten beim Hund.** 2008

Schöning, Dr. Barbara: **Hundeverhalten.** 2008

Schöning, Barbara und Kerstin Röhrs: **Hundesprache.** 2013

Rassen

Die für Sie passende Hunderasse finden Sie hier:

Krämer, Eva-Maria: **250 Hunderassen.** 2012

Krämer, Eva-Maria: **Der große Kosmos-Hundeführer.** 2009

Krämer, Eva-Maria: **Faszination Rassehunde.** 2013

Schmidt-Röger, Heike: **Familienhunde.** 2014

Nachwuchs

Sie haben einen Welpen und wollen gezielt alles über Haltung, Sozialisation, Erziehung und Beschäftigung des Hundekindes lesen? Zu diesem Thema gibt es:

Esser, Johanna: **Welpe.** 2015

Fichtlmeier, Anton: **Grunderziehung für Welpen.** 2014

Führmann, Petra, Nicole Hoefs & Iris Franzke: **Die Kosmos Welpenschule.** 2008

Lübbe, Perdita & Frauke Loup: **Unser Welpe.** 2012

Winkler, Sabine: **Welpenkindergarten.** 2008

Ernährung

Abwechslung im Futternapf und ausgewogene Ernährung finden Sie in:

Bucksch, Dr. Martin: **Ernährungsratgeber für Hunde.** 2008

Rauth-Widmann, Brigitte: **1x1 der Rohfütterung.** 2009

Erziehung

Wie war das noch mal mit „Sitz", „Platz", „Fuß"? Ausführliche Methoden und verschiedene Herangehensweisen können Sie hier nachlesen:

Führmann, Petra, Nicole Hoefs & Iris Franzke: **Das Kosmos Erziehungsprogramm für Hunde.** 2016

Koring, Mel: **Clicker-Training für Hunde.** 2014

Schneider, Dorothee: **Hunde einfach erziehen.** 2008

Winkler, Sabine: **Hundeerziehung.** 2009

Winkler, Sabine: **So lernt mein Hund.** 2013

Spiele und Beschäftigung

Begeisterte Spielertypen sind immer auf der Suche nach neuen Ideen. Hier finden Sie alles, was Hunden Spaß macht:

Bruns, Sabine und Anett Seidensticker: **Gassi-Training.** 2015

Büttner-Vogt, Inge: **Spiel & Spaß mit Hund.** 2008

Falke, Kristina und Jörg Ziemer: **Spiel und Sport für Hunde.** 2014

Fichtlmeier, Anton: **Suchen und Apportieren.** 2015

Führmann, Petra, Nicole Hoefs und Iris Franzke: **Das große Kosmos Spielebuch für Hunde.** 2012

Kitchenham, Kate: **Spielekiste für Hunde.** 2015

Probleme

Manche Hunde haben Angst, andere pöbeln an der Leine und wieder andere jagen alles, was sich bewegt. Eine detaillierte Anleitung, wie man das jeweilige Problem in den Griff bekommen kann, finden Sie in:

Führmann, Petra & Nicole Hoefs: **Erziehungs probleme beim Hund.** 2004

Mücke, Anke: **Zufrieden an der Leine.** 2007

Rütter, Martin: **Angst bei Hunden.** 2008

Rütter, Martin: **Jagdverhalten bei Hunden.** 2015

Schöning, Dr. Barbara: **Hundeprobleme erkennen und lösen.** 2011

Gesundheit

Was tun bei Krankheit? Kompetenten Rat zu konventionellen und alternativen Heilmethoden sowie zur Ersten Hilfe erhalten Sie in:

Bucksch, Dr. Martin: **Kosmos Praxishandbuch Hundekrankheiten.** 2013

Lausberg, Frank: **Erste Hilfe für den Hund.** 2009

Rakow, Dr. Barbara: **Homöopathie für Hunde.** 2009

Nützliche Adressen

Verband für das Deutsche Hundewesen e. V. (VDH)
Westfalendamm 174
44141 Dortmund
Tel.: 0231-565000
www.vdh.de

Österreichischer Kynologenverband (ÖKV)
Siegfried Marcus-Str. 7
A-2362 Biedermannsdorf
Tel.: 0043-2236-710667
www.oekv.at

Schweizerische Kynologische Gesellschaft (SKG)
Geschäftsstelle
Brunnmattstr. 24
CH-3007 Bern
Tel.: 0041-31-3066262
www.skg.ch

Deutscher Hundesportverband e. V. (dhv)
Vosshoveler Str. 9a
46485 Wesel
Tel.: 0281-2068168
www.dhv-hundesport.de

Berufsverband der Hundeerzieher/innen
und Verhaltensberater/innen (BHV)
Vorsitzender: Rainer Schröder
Auf der Lind 3
65529 Waldems-Esch
Tel.: 06192-9581136
www.hundeschule.de

Gesellschaft für Tierverhaltensmedizin
und –therapie e.V. (GTVT)
Dr. Barbara Schöning
Hohensasel 16
22395 Hamburg
Tel.: 040-60875351
www.gtvt.de

Bundestierärztekammer e.V. (BTK)
Geschäftsstelle
Französische Str. 53
10117 Berlin

Tel.: 030-2014338-0
www.bundestieraerztekammer.de

Hundeschule Struppi & Co.
Dr. Barbara Schöning
Neusurenland 4
22159 Hamburg
Tel.: 040-60849791
www.struppi-co.de

aHa – die andere Hundeausbildung
Sabine Winkler
Bielefelder Str. 126
33824 Werther
Tel.: 05203-883770
www.aha-hundeausbildung.de

Eva-Maria Krämer
www.infohund.de

Register

KOSMOS.
Mehr wissen. Mehr erleben.

Spielekiste auf – Spielideen raus! Mit nur 5 Spielzeugen lassen sich 50 Geschicklichkeits-, Versteck-, Denk-, Such- und Nasenspiele gestalten. Ob drinnen oder draußen, jung oder alt, geschickt oder ungeschickt: Für jeden Hund ist etwas dabei und die bunten Ideen sorgen für neuen Schwung im Hundealltag.

Kate Kitchenham
Spielekiste für Hunde
96 S., €/D 9,99

Das Kosmos Erziehungsprogramm gilt als das Standardwerk für eine erfolgreiche Hundeerziehung und umfasst alle Übungen, die Sie brauchen. Das Besondere an diesem Buch: Für jede Übung werden verschiedene Trainingsmethoden aufgezeigt, dadurch ist für jedes Mensch-Hund-Team das passende dabei.

Nicole Hoefs, Iris Franzke, Petra Führmann
Das Kosmos Erziehungsprogramm für Hunde
ca. 208 S., ca. €/D 24,99

Jetzt bestellen auf kosmos.de

Bildnachweis

Mit 82 Farbfotos von Eva-Maria Krämer. Weitere Aufnahmen von Nele Ellerich (1, S. 6 un.), Melanie Grande/Kosmos (7; S. 183, 198, 202, 203 alle 3, 213). Juniors Bildarchiv (7; S. 16, 44, 56 o., 70, 97, 103, 119), Eva-Maria Krämer/Kosmos (98; S. 7 o., 12 o., 14, 23 beide, 37 o., 45, 46 un., 60, 66, 68, 69, 71, 78, 79, 84, 92, 93, 95 beide, 96, 104, 105 alle 3, 106, 107, 108 alle 3, 111, 112 beide, 113 beide, 114 o. u. mi., 126 beide, 127 beide, 128, 129 beide, 132 beide, 135 beide, 136, 137, 139 alle 3, 140, 141, 142 beide, 143 beide, 144, 145 alle 3, 146, 147, 149 beide, 151, 152, 154, 155, 158, 161, 162, 163 o., 164, 165, 167, 168, 169, 170, 171 alle 3, 172 beide, 173 beide, 174, 175, 176 alle 3, 177, 178 alle 3, 182), Christof Salata/Kosmos (5; S. 110 alle 3, 117, 187), Verena Scholze/Kosmos (3; S. 85, 90 re.), 91), Horst Streitferdt/Kosmos (8; S. 22, 54, 81, 114 un., 134, 159, 179, 180), Sabine Stuewer (2; S. 74, 75), Sabine Stuewer/Kosmos (14; S. 6 o., 21, 76, 80, 88, 120, 121, 122, 123, 130, 131, 163 un., 175 un. beide), Josephine Sydow/Kosmos (3; S. 186 alle 3), Viviane Theby/Komos (3; S. 55, 56 un., 57), Karl-Heinz Widmann/Kosmos (3; S. 26 un., 86, 87), Karin van Klaveren/Kosmos (3; S. 115 o., 184, 200) und Vivien Venzke/Kosmos (12; S. 124, 133 beide, 150, 188, 189, 190, 191, 193 beide, 194, 195).

Impressum

Umschlaggestaltung von eStudio Calamar unter Verwendung eines Farbfotos von Nina Elsässer (Vorderseite) und Jana Weichelt.

Mit 251 Farbfotos.

Unser gesamtes Programm finden Sie unter **kosmos.de.**
Über Neuigkeiten informieren Sie regelmäßig unsere Newsletter, einfach anmelden unter **kosmos.de/newsletter.**

Das Buch erschien erstmals 2008 bei Franckh-Kosmos unter dem Titel „Kosmos Handbuch Hund" (ISBN 978-3-440-10960-1) und wurde für die vorliegende Ausgabe aktualisiert, überarbeitet und um zwei Kapitel gekürzt.

Alle Angaben in diesem Buch erfolgen nach bestem Wissen und Gewissen. Sorgfalt bei der Umsetzung ist indes dennoch geboten. Der Verlag und die Autoren übernehmen keinerlei Haftung für Personen-, Sach- oder Vermögensschäden, die aus der Anwendung der vorgestellten Materialien und Methoden entstehen könnten.

Gedruckt auf chlorfrei gebleichtem Papier

© 2015, Franckh-Kosmos Verlags-GmbH & Co. KG, Stuttgart.
Alle Rechte vorbehalten
ISBN 978-3-440-14884-6
Redaktion der Originalausgabe: Alice Rieger
Redaktion der vorliegenden Ausgabe: Angela Beck
Gestaltungskonzept: eStudio Calamar
Gestaltung und Satz: Atelier Krohmer
Produktion: Eva Schmidt
Printed in Slovenia / Imprimé en Slovénie